Zur Geschichte der Zahl π

Die Quadratur des Kreises als Näherung

Klaus Piontzik

Zur Geschichte der Zahl π
Die Quadratur des Kreises als Näherung

Herstellung und Verlag:
BoD – Books on Demand, Norderstedt

ISBN 9783757881207

Zur Geschichte der Zahl π

INHALTSVERZEICHNIS

Teil 1.2 – Konstruktionen

Teil 2.1 – Geschichte der Zahl π - Mittelalter bis Neuzeit

Teil 2.2 – Ergänzungen

Teil 3.1 – Geschichte der Zahl π - Neuzeit bis Moderne

Teil 3.2 – Weitere Eigenschaften von π

Teil 4 – Quadratur und Geomantie

Teil 1 – Geschichte der Zahl π - Antike

1.0 - Einführung

1.0.1 - Einleitung

Das Verhältnis von Kreisumfang zum Kreisdurchmesser, dass wir heute mit der Zahl π ausdrücken, war der 17. Buchstabe des ursprünglichen und ist der 16. Buchstabe des klassischen griechischen Alphabetes.

Der griechische Buchstabe 'π' (p) **zur Bezeichnung der Verhältniszahl des Kreisumfangs zum Kreisdurchmesser** soll sich ableiten aus dem griechischen Wort περιφερια (periphereia) = Kreis(umfang), Umkreis, Umfangslinie, Randbereich oder auch aus dem Wort περίμετρος (perimetros) = Umfang. [1]

Der griechische Buchstabe π wurde als Abkürzung für "Peripherie" von englischen Mathematikern benutzt und zwar von Oughtred (1667) [2] [3] und Isaac Barrow (1630-1677) [4] und David Gregory (1697) [5] sowie William Jones (1675-1749). [6] Doch ihre Beispiele blieben ohne Nachahmung.

Aufgegriffen wurde der Buchstabe später von Leonhard Euler, etwa ab 1738. [7] Danach etablierte sich der griechische Buchstabe auch bei anderen Mathematikern als Symbol für die Kreiskonstante und setzte sich so dann überall durch.

Heutzutage, hauptsächlich durch die Entwicklung der Analysis, wird π durch die Entwicklung der Kosinus-Funktion über eine Taylorreihe und anschließender Nullstellenbildung, definiert (Edmund Landau). [8][9]

Hauptsächlich in der Antike und noch bis ins 17. Jahrhundert hinein war die Bestimmung der Kreiszahl aber eher ein praktisches sprich **geometrisches** Problem, nämlich einen gegebenen Kreis in eine (gradlinig begrenzte) Fläche zu verwandeln, wobei vorzugsweise das Quadrat benutzt wurde. **Daher ist die Geschichte der Zahl π auch gleichzeitig die Geschichte der Quadratur bzw. der Rektifikation des Kreises.**

Es sind zwei Fälle zu unterscheiden.

1) Die sogenannte *„Rektifikation"* des Kreises, die den Kreisumfang in ein **umfanggleiches** Quadrat transformiert.

2) Und die eigentliche *„Quadratur"* des Kreises, die die Kreisfläche in ein **flächengleiches** Quadrat umwandelt.

Es erfolgt, in dieser Abhandlung, eine Übersicht zur geschichtlichen Entwicklung bzw. Entdeckung und Eingrenzung der Zahl π in der **Antike**.
Im Laufe der geschichtlichen Betrachtung ergeben sich daraus dann auch die meisten (geometrisch nutzbaren) Näherungen in **Bruchform**, also in einer gebrochen rationalen Darstellungsweise, was sich auch als **Proportion** interpretieren und handhaben lässt.

Daher ist die Geschichte der Quadratur auch die Geschichte der Proportionen bzw. der Proportions-Module.

Abgesehen von der Lösung anfallender praktischer Probleme beschäftigte sich die antike Mathematik hauptsächlich mit der Frage nach der richtigen Proportion.

1.0.2 - Proportionen

Die Entwicklung des mathematischen Denkens, bei getrennt lebenden Völkern, hat sich unter ähnlichen gesellschaftlichen Bedingungen fast gleich vollzogen.
Mit dem Entstehen der Hochkulturen in Sumer und Ägypten gegen Ende des 4. vorchristlichen Jahrtausends entwickelte sich die Mathematik, wohl als religiöses, architektonisches, kaufmännisches und verwaltendes Instrument. Ein wichtiger Bestandteil der Mathematik waren Maße und Proportionen, da sie in Kunst und Architektur gebraucht wurden.

Schon die Arche Noah und der Salomonische Tempel waren, wie die Bibel berichtet, in einfachen aber ganz genau bestimmten Verhältnissen gebaut. Mit ziemlicher Sicherheit darf angenommen werden, dass auch die alten Ägypter ihren Bauten geometrische Maßverhältnisse zugrunde legten. Eingehende Untersuchungen haben ergeben, dass das ägyptische Dreieck, also der Pyramidenschnitt mit dem Verhältnis von 8 zu 5 zwischen Höhe und Basis "der Schlüssel aller Verhältnisse" in der ägyptischen Baukunst sein soll.

Bei einzelnen Pyramidenbauten scheinen die Maße der Hypotenuse und die halbe Basis nach dem goldenen Schnitt bestimmt zu sein. Und es existieren einige Pyramiden die ein **14:11** Verhältnis aufweisen, wenn man Pyramidenhöhe und die Hälfte der Basis betrachtet.
Die Griechen haben ihre Tempel nach festgesetzten Normen aufgebaut. Meistens nach einfachen, in ganzen Zahlen ausdrückbaren Verhältnissen, wobei der goldene Schnitt eine besondere Rolle gespielt hat.

Wie John Michell in seinem Buch „*Maßsysteme der Tempel*" zeigen kann existierten quasi bei allen Völkern, die Hochkulturen hervorbrachten, ganze Systeme von Maßen und Maßverhältnissen, also Proportionen und Proportionsmodulen. [10]

Da die antike Mathematik hauptsächlich für praktische Aufgaben verwendet wurde, waren die alten Kulturen lediglich daran interessiert möglichst einfache Zahlenverhältnisse als Lösungen ihrer Probleme zu finden. Wenn dies geschehen war, war das Problem auch erledigt und man dachte nicht weiter darüber nach. Bis die Griechen kamen und alles grundlegend änderten.

Die griechischen Mathematiker schöpften aus dem reichhaltigen Fundus der bis dahin überlieferten mathematischen Aufgaben und Überlegungen der Antike. Der Weg des Wissens ging über Ägypten und Babylon ins griechische Kleinasien und von dort erst nach Griechenland.
Die Griechen waren die Ersten, die durch Anwendung bestimmter Denkstrategien, wie Analyse also Deduktion aufs Wesentliche, Axiomenbildung und Beweis, der Mathematik das Werkzeug gaben zu einer Wissenschaft zu werden.

Die Wiege der Mathematik aber stand in Ägypten und im Zweistromland.
Die Griechen brachten dem Kind lediglich das Laufen bei.
Die folgende Abhandlung gibt eine Übersicht zur geschichtlichen Entwicklung bzw. Entdeckung und Eingrenzung der Zahl π in der **Antike**, speziell an der Quadratur des Kreises auf Basis der **14:11** und **11:7** Proportionen und den dazu gehörigen Quadraturkonstruktionen.

Im ägyptischen Teil wird gezeigt das die **14:11** Proportion bei der **Cheops-Pyramide** eine tragende Rolle spielt.

Im griechischen Teil wird der Weg der Quadratur durch die griechische Geschichte verfolgt, bis hin zur systematischen Eingrenzung der Zahl π durch Archimedes.

In dieser Abhandlung ist auch noch Geschichte der Zahl π in Bibel und Talmud, sowie in China und in Indien zu finden.

1.1 - Ägypten

Einerseits ist durch entsprechende Papyrusfunde historisch nachgewiesen, dass auf dem Gebiet der Algebra den Ägyptern die vier Grundrechenarten und das Lösen von Gleichungen mit einer Unbekannten vertraut waren.
In der Geometrie kannten sie die Berechnung der Flächen von Dreiecken, Rechtecken und Trapezen, sowie die Berechnung von Volumen, u.a. eines quadratischen Pyramidenstumpfes.

Andererseits ist da die heute noch vorhandene Architektur, in Form der Pyramiden, Tempel und Statuen. Diese stellen ein steinernes Zeugnis der darin verwendeten Mathematik dar.

1.1.1 - Die Rektifikation des Kreises

Außer der Verhältnissen **7:6, 7:5, 6:5, 4:3, 5:4, 3:2, 2:1** gehört die **14:11** Proportion zu den in Ägypten verbauten (und von der Ägyptologie anerkannten) Steigungsverhältnissen bei Pyramiden. **[11]** Wobei die **14:11** Proportion schon ein wenig aus dem Kanon der Böschungswinkel herausragt.
Erstens durch das Zahlenverhältnis – die anderen Pyramiden besitzen ziemlich einfache Verhältnisse, alle mit Zahlen unter **10** bzw. genauer sogar kleiner als **8**.
Zweitens wurde die **14:11** Proportion nur im alten Reich in Pyramiden verbaut, genauer während der **4.** und zu Anfang der **5. Dynastie**.
Alle neueren Pyramiden besitzen einfachere Zahlenverhältnisse, während die älteren Pyramiden noch als Stufenpyramiden gebaut wurden.
Es existieren, außer den Pyramiden, bisher keine archäologischen Funde (von Aufzeichnungen) die zeigen, dass den Ägyptern der Zusammenhang der **14:11** Proportion mit der Rektifikation des Kreises bekannt gewesen ist.

Daraus ziehen eine Reihe von heutigen Ägyptologen und auch Mathematiker den Schluss, dass die Übereinstimmung weitgehendst als historisch zufällig anzusehen ist. Verfrüht und voreingenommen, wie noch zu sehen sein wird.

Die Ägypter wurden von ihren Nachbarvölkern als „**Seilschlinger**" bezeichnet wegen ihrer Methoden, mit Seildreiecken (Zwölf-Knoten-Schnur) große Ländereien zu vermessen. **[12]** Mit Seilen lässt sich die Rektifikation des Kreises fast spielerisch vornehmen, ohne sich große Gedanken um π machen zu müssen.

Mit einem Seil und zwei Pflöcken zeichnet man einen Kreis in den Sand. Damit ist schon einmal der Radius bzw. der Durchmesser des Kreises durch die Seillänge bekannt. Es gibt nun zwei Möglichkeiten:

1) Man nimmt den Durchmesser des Kreises als Seillänge und trägt es auf den Kreisumfang ab. Dabei ergibt sich direkt das der Durchmesser etwas mehr als 3-mal auf den Umfang passt. Entsprechend des Radius 6-mal. Damit hätte man also direkt als ersten Näherungswert 3 für π gefunden.

2) Man legt ein weiteres Seil auf den gezeichneten Kreis und schneidet es so ab, dass der Umfang einmal erfasst wird. Dann kann man das Umfangsseil nehmen und hat eine Abbildung des Kreisumfangs auf eine Strecke erhalten.

Diese Abwicklung des Kreisumfanges auf ein Seil ist wahrscheinlich sogar eine allgemein bekannte Methode gewesen. Denn sie erlaubt z.B. die Ermittlung der Ziegelanzahl für ein zylinderförmiges Getreidesilo, ohne die Zahl Pi kennen oder benutzen zu müssen.

Man braucht doch nur das Umfangsseil zu straffen und reiht so viele Ziegel entlang der Strecke auf, bis die Strecke erschöpft ist. Durch die Multiplikation der Ziegelanzahl pro Umfang mit der Anzahl der übereinander gestapelten Reihen erhält man die Gesamtanzahl der Ziegel für das Bauwerk.

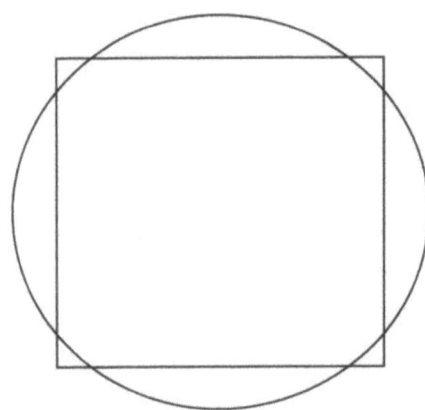

Eine weitere Anwendung mit dem abgewickelten Umfang:
Durch einmaliges Falten des Umfangseiles kann man dieses **halbieren**.
Durch nochmalige Faltung wird das Seil **geviertelt**.
Jetzt braucht man das Seil nur noch so zu falten, dass die einzelnen Viertel jeweils die Seiten eines **Quadrates** bilden.

Abbildung 1.1.1.1 - Seil-Quadratur

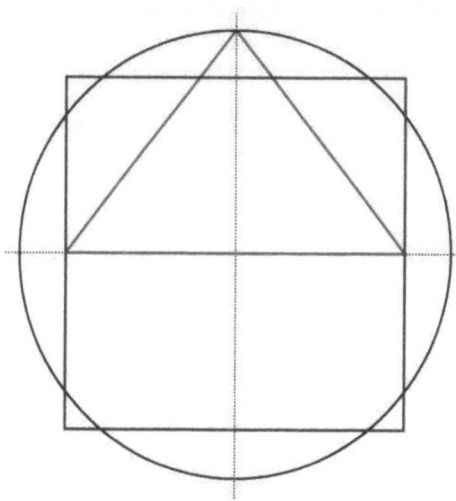

Die einfache wie auch geniale Idee war nun Kreis und Quadrat mit einem **Dreieck** zu verbinden.

Und zwar so, dass die Höhe des Dreiecks gleich dem Radius des Kreises und die Basisseite des Dreiecks gleich der Quadratseite ist.

Abbildung 1.1.1.2 - Seil-Quadratur erweitert

Jetzt braucht man nämlich nur noch das Verhältnis von Dreieckshöhe zur Basisseite ermitteln und hätte damit das Problem der Umfangsmessung auf eine einfache Proportion zwischen zwei Strecken zurückgeführt.

Damit wäre auch unmittelbar einsichtig, dass sich der Umfang eines Kreises in ein Quadrat transformieren lässt. Das dieser Zusammenhang den Ägyptern unbekannt gewesen sein soll ist mehr als unwahrscheinlich.

Wahrscheinlicher ist eher, dass die Ägypter in dem geschilderten Seilakt die **Uridee** für die gesamte Thematik der Quadratur des Kreises fanden.

Die Idee, dass ein Kreis überhaupt in ein Quadrat überführt werden kann.

Auch die Proportionsbestimmung wäre ziemlich einfach gewesen. Man nimmt die längere der beiden Strecken, also die Basisseite des Dreiecks und teilt diese sukzessive durch die natürlichen Zahlen also durch **2, 3, 4, 5, 6, 7, 8, 9, 10, 11...**

Bei jeder Teilung wird die Höhe des Dreiecks mit den Teilungen verglichen. Ob es eine Anzahl von Einheiten gibt, die mit der Höhe übereinstimmen. Bei einem Teilungsfaktor von **11** (also beim 10ten Versuch) wird man fündig. Die Höhe des Dreiecks beträgt dann **7** Teile.

Daraus lässt sich direkt folgende Faustregel ableiten: Nimm den Radius eines Kreises und teile ihn in 7 Teile. Dann ergeben 44 Teile den Umfang des Kreises.

Oder auf den Durchmesser bezogen: Nimm den Durchmesser eines Kreises und teile ihn in 7 Teile. 22 Teile ergeben dann den Umfang des Kreises. Verdoppelt man die Teilungen im Dreieck auf **14:22**, dann lässt sich auch das Böschungsverhältnis für das halbe (rechtwinklige) Quadraturdreieck mit **14:11** direkt ermitteln.

Die Konsequenz insgesamt ist also, dass mit den damaligen Mitteln und der damaligen Sichtweise, gerade für jemand der mit Seilen arbeitet und sich geometrisch beschäftigt, eine Rektifikation des Kreises möglich und auch wahrscheinlich war.

Das Problem lässt sich ja als einfache Proportion sehen und behandeln, ohne nach der Zahl π explizit fragen zu müssen.

1.1.2 - Altägyptische Maße

1.1.2.1 - Zahlen

Ägyptische Zahlen treten seit Anfang des 3. Jahrtausends v.Chr. als bezeugte hieroglyphische Zahlschrift auf. Mit der Weiterentwicklung zur hieratischen Zahlschrift ersetzten, ab Mitte des 3. Jahrtausend v.Chr., diese Hieroglyphen durch hieratische Kursivzeichen. **[13]**

Mit dieser Zahlschrift werden positive ganze und gebrochene, also rationale Zahlen additiv geschrieben, wobei ein dezimales Zahlensystem benutzt wird. Die ersten zehn Ziffern lauten: **[14]**

1	wa
2	senuu
3	chemet
4	fedu
5	diu
6	seresu
7	sefech
8	chemenu
9	pesedj
10	medj

Die Ägypter benutzten ein dezimales Zahlensystem, in dem es für jede Zehnerpotenz von 1 bis 1.000.000 ein eigenes Zeichen gab.

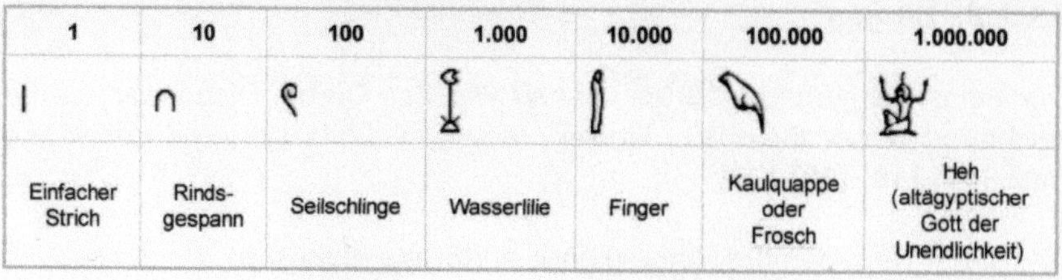

1	10	100	1.000	10.000	100.000	1.000.000
I	∩	ℓ	𐂷	𐂦	𓆏	𓁨
Einfacher Strich	Rinds-gespann	Seilschlinge	Wasserlilie	Finger	Kaulquappe oder Frosch	Heh (altägyptischer Gott der Unendlichkeit)

Abbildung 1.1.2.1.1 - Ägyptische Zahlen

Eine beliebige natürliche Zahl schrieb man, der Größe nach geordneten Zehnerpotenzen, die man jeweils so oft angab bis man, mit deren Gesamtsumme, die Zahl erhielt.

Beispiel für die Zahl **204**:

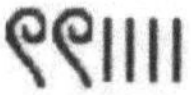

ℓℓIIII

Beispiel für die Zahl **42**:

∩∩∩∩II

Die Ägypter verwendeten gemeine Brüche mit natürlichen Zahlen. Allgemeine Stammbrüche wurden geschrieben, indem man den Nenner unter das Bildzeichen des Mundes schrieb, dass auch das Getreidemaß **Ro** bedeutete und hieratisch mit einem Punkt, demotisch mit einem schrägen Strich abkürzt wurde. **[15]**

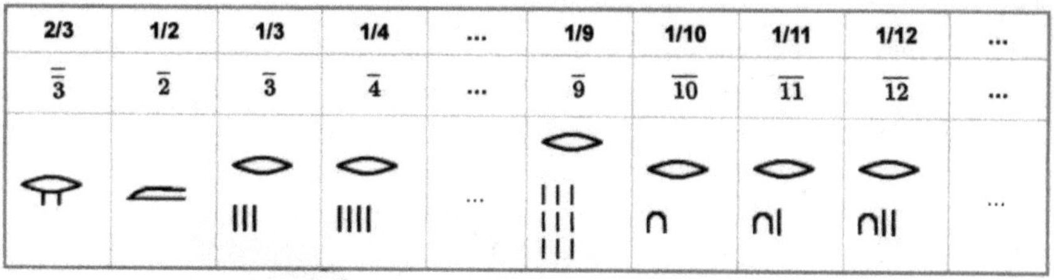

2/3	1/2	1/3	1/4	...	1/9	1/10	1/11	1/12	...
$\overline{3}$	$\overline{2}$	$\overline{3}$	$\overline{4}$	...	$\overline{9}$	$\overline{10}$	$\overline{11}$	$\overline{12}$	...

Abbildung 1.1.2.1.2 - Ägyptische Brüche

Hatte der Nenner zu viele Ziffern, so wurde der Mund nur über die vorderen Ziffern des Nenners gesetzt:

$$= \frac{1}{323}$$

Nach Helmuth Gericke kannten die Ägypter auch die Zahl Null. **[16]**

1.1.2.2 - Längen

Die kleinste ägyptische Längeneinheit war das **Djeba**. Djeba war die Bezeichnung der Maßeinheit „**Finger**" (englisch digit), der 1,87 Zentimeter maß. **[17] [18] [19] [20]**

4 „Finger" ergaben die Länge einer Handbreite (**Schesep**)
20 „Finger" ergaben einen Oberarm (**Remen**)
24 „Finger" ergaben eine kleine Elle (**Meh-scherer**)
28 „Finger" ergaben eine Königselle (**Meh**)

Schesep, auch shep oder henet, (englisch palm) war die altägyptische Bezeichnung der „Handbreite", die etwa 7,48 Zentimeter maß.

7 Schesep ergaben eine Königselle (Meh)
6 Schesep ergaben die kleine Elle (Meh-scherer), mit ca. 0,4488 Meter.
5 Schesep ergaben ein Remen, mit ca. 0,374 Meter

Meh, auch Meh-nesut, (englisch cubit), war die altägyptische Bezeichnung der „Königselle", die ca. 0,5236 Meter maß.

1 Meh   = 7 Schesep = 28 Djeba
1 Meh-scherer = 6 Schesep = 24 Djeba

1.1.2.3 - Messschnüre

Die sogenannten **Harpedonapten** (griechisch: „Seilspanner"; Zusammensetzung aus harpedonä = Seil und hapto = anfassen, anknüpfen) waren die Feldvermesser im alten Ägypten. Sie allein waren zuständig für die Bestimmung von Winkeln und vermaßen Bauwerke und Grundstücke im Auftrag des Pharaos. **[21]**
Für die Bestimmung von Winkeln verwendeten die Harpedonapten Schnüre verschiedener Länge. Die drei grundlegenden Schnüre hatten die Längen:

84 Schesep - lange Schnur   = 12 Meh (Königselle)
72 Schesep - mittlere Schnur = 12 Meh-scherer (kleine Elle)
60 Schesep - kurze Schnur   = 10 Meh-scherer

Die drei grundlegenden Schnüre wurden bei Bedarf noch proportional verkleinert, indem man sie in 12 Abschnitte unterteilte.

Die lange Schnur ist in Abschnitte zu 7 Schesep aufgeteilt.
Die mittlere Schnur ist in Abschnitte zu 6 Schesep aufgeteilt.
Die kurze Schnur ist in Abschnitte zu 5 Schesep aufgeteilt.

Die Schnüre basieren auch auf dem pythagoreischen Tripel 3 : 4 : 5. Durch Verlängerung der kurzen Schnur auf eine Länge von 70 Schesep (10 Meh) oder Verkürzung der mittleren Schnur erhielten sie die Möglichkeit der Aufspannung des pythagoreischen Tripels 20 : 21 : 29.
Das kurze Stück der Schnur wird als Kathete mit 20 Schesep dabei senkrecht aufgespannt. Diese Aufspannung ist die direkte Verbindung zwischen den beiden pythagoreischen Zahlen-Tripel. [22]

Weitere Beispiele für **pythagoreische Zahlen-Tripel**:

Tripel:	(5, 12, 13)	(8, 15, 17)	(7, 24, 25)	(20, 21, 29)	(12, 35, 37)	(9, 40, 41)
Summe:	**30**	**40**	**56**	**70**	**84**	**90**

1.1.2.4 - Winkel

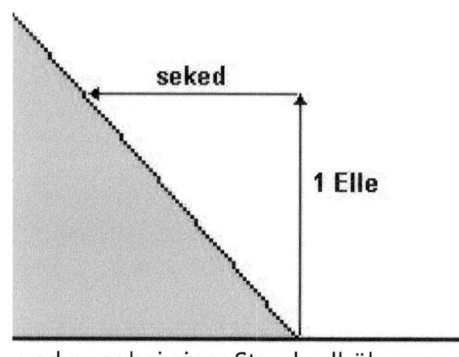

seked

1 Elle

Das **Seked** (seqt) würde man heute als Maß für den Steigungswinkel bezeichnen. Die Ägypter kannten aber keinerlei Einteilung der Winkel in 360°.
Es wurde nicht der Winkel der Neigung gemessen, sondern um wie viele Handbreit (Schesep) und Finger (Djeba) die obere Kante der Mauer zur unteren Kante zurück versetzt war, und zwar bei einer Standardhöhe von einer königlichen Elle.

Allgemein gesehen wird hier eine senkrechte Komponente mit einer waagerechten Komponente verglichen. Wobei die senkrechte Komponente normiert wird, indem sie auf einen Standard von 1 Königselle (1 Meh = 7 Schesep) gesetzt wird.
Zum Abschluss wird die waagerechte Komponente als Steigung (Seked) in Schesep (Handbreite) bestimmt.
Die Definition des Seked würde unserem heutigen Tangens für den Böschungswinkel entsprechen. Da hier eine Strecke mit einer anderen vergli-

chen wird, können wir das, wie die Ägypter, einfach als Proportion betrachten.

Seked = vertikal : horizontal = 1 Königselle : x
dabei ist x eine Länge die in Schesep bestimmt wird.

Es gilt: 1 Königselle = 7 Schesep = 28 Djeba

x = 7 Schesep $\rightarrow$ 7 Seked ==> arc tan 7/7 = arc tan 1:1 = 45°
x = 7 Schesep $\rightarrow$ 5 Seked ==> arc tan 7/5 = 54° 27' 44,36''

Das **11:14 Verhältnis** lässt sich so darstellen:
11:14 = 7 : x
x = 98/11 Schesep = 8 10/11 Schesep $\rightarrow$ 8 10/11 Seked

Es gilt: arc tan 11/14 = 38° 09' 26,01''

Das **14:11 Verhältnis** lässt sich auch als 7:5½ darstellen. Daraus folgt:
x = 5½ Schesep $\rightarrow$ 5½ Seked

Es gilt: arc tan 7/5½ = arc tan 14/11 = 51° 50' 33,98''

Das **7:11 Verhältnis** lässt sich direkt umsetzen:
x = 11 Schesep $\rightarrow$ 11 Seked

Es gilt: arc tan 7/11 = 32° 28' 16,29''

Das **11:7 Verhältnis** lässt sich so darstellen:
11:7 = 7 : x
x = 49/11 Schesep = 4 5/11 Schesep $\rightarrow$ 4 5/11 Seked

Es gilt: arc tan 11/7 = 57° 31' 43,7''

Für die **Chephren-Pyramide** wird ein Seked von 5 Schesep (Handbreit) und 1 Djeba (Finger) angegeben.

5 Schesep + 1 Djeba = 21 Djeba
28 Djeba ergaben eine Königselle (Meh)

Für den Winkel gilt: arc tan 28/21 = arc tan 4/3 = 53,13°

Damit beträgt das Steigungsverhältnis der **Chephren-Pyramide 4:3**.

Für die **Mykerinos-Pyramide** wird ein Seked von 8 Schesep (Handbreit) und 3 Djeba (Finger) angegeben.

8 Schesep + 3 Djeba = 35 Djeba
28 Djeba ergaben eine Königselle (Meh)

Für den Winkel gilt: arc tan 35/28 = arc tan 5/4 = 51,34°

Damit beträgt das Steigungsverhältnis der **Mykerinos-Pyramide 5:4**.

Wie gesehen sind die modernen Proportionen und die altägyptische Darstellungsweise ineinander überführbar und damit äquivalent.

1.1.2.5 - Das Merchet

Mit den Messschnüren bestimmten die Harpedonapten alle Strecken und auch alle Winkel der ägyptischen Welt. Dabei nahmen sie das **Merchet** zur Hilfe. [21]

Das Merchet ist ein Messgerät zur Messung von ägyptischen Böschungswinkeln. Seine Existenz ist durch eine entsprechende Hieroglyphe bekannt geworden.
Beim Merchet wird die kurze Kathete der Messschnur durch eine horizontale Holzleiste und die lange Kathete durch ein senkrecht herunterhängendes Lot ersetzt. Das Schnurteil der Hypotenuse entfällt.
Ein Merchet auf Grundlage der kurzen Schnur hat eine Holzleiste von 42 Schesep. Die Hälfte der Leiste ist mit der Maßeinteilung in Schesep versehen.
An dem Ende der Leiste mit Einteilung ist das Lot mit einer genauen Länge von 20 Schesep befestigt. Die Hälfte der Leiste ohne Einteilung dient zur Auflage auf der oberen Ebene der Böschung. Zur sauberen Messung ist die horizontale Lage der Leiste einzuhalten. Der Anfang der Einteilungen muss mit der oberen Böschungskante übereinstimmen.
Durch Verschiebung der Leiste wird nun der ägyptische Böschungswinkel mit Ablesung an der oberen Böschungskante ermittelt.
Die Verwendung der langen Schnur (12 Königsellen oder 1 Meh) ermöglicht (bei Aufspannung der kurzen Kathete als Basis) eine unmittelbare Umrechnung von Schesep in Seked. Dabei wird bis auf Fingerbreite (Djeba) unterteilt.
Das Merchet ist eine Weiterentwicklung der Erkenntnisse aus der Praxis mit den Schnüren der Harpedonapten.

1.1.2.6 - Konsequenzen

Insgesamt stand den Ägyptern somit ein differenziertes Instrumentarium zur Verfügung, um hinreichend genaue Längen- und Winkelmessungen ausführen zu können.
Alle Betrachtungen zu Proportionen in dieser Abhandlung sind **direkt übertragbar** in altägyptische Steigungen und das hier benutzte Proportionsmodul für die Quadraturen ist **äquivalent** zur altägyptischen Darstellungsweise, bzw. lässt sich in diese transformieren.

Daher können alle hier gemachten Betrachtungen, ohne Einschränkung der Allgemeinheit, weiterhin auf der Grundlage der modernen Proportionsbildung stattfinden. Eine Umrechnung in ägyptische Einheiten ist also nicht unbedingt erforderlich.

1.1.3 - Pyramiden

Um etwa 3000 v.Chr. setzte sich Menes durch und vereinigte Ober- und Unterägypten. Er war der erste Herrscher Ägyptens der den Titel Pharao trug. [23]
Das alte Reich der Ägypter beginnt etwa 2700 v.Chr. mit dem Pharao Djoser, [24] der als erster die Stufenpyramide in Sakkara [25] erschuf. Die Ägypter hätten also 300 Jahre lang Zeit gehabt, über die Landvermessung und die Beschäftigung mit der Geometrie, zur Pyramide zu gelangen.

Die erste Pyramide mit 14:11 Verhältnis wurde unter Pharao **Snofru** (4. Dynastie) [26] zwischen 2670 und 2620 v.Chr. in Meidum gebaut. [27] Danach hätten die Ägypter weitere 30-70 Jahre gebraucht um die Rektifikation des Kreises zu finden.

Es vergingen aber noch mal etwa 50 Jahre bis die Ägypter beide Rektifikationskonstruktionen und die entsprechenden Zahlenverhältnisse kannten und dieses Wissen im Gizeh-Komplex verbauten.

Die **Cheops-Pyramide [28]** wurde 2580 v.Chr. von dem Pharao Chufu [29] erbaut.
Die **Chefren-Pyramide [30]** wurde um 2550 v.Chr. erschaffen.
Der **Sphinx [31]** soll entweder von Cheops, Radjedef (Sohn von Cheops) oder von Chefren [32] errichtet worden sein.
Ungefähr zwischen 2540 und 2520 v.Chr. entstand dann die **Mykerinos-Pyramide [33]** unter Mykerinos [34] Das Grab der Chentkaus I wurde zwi-

schen 2530 und 2500 errichtet. **[35]** Der gesamte Gizeh-Komplex entstand zwischen 2600 und 2500 v.Chr., also während der 4. Dynastie.

Die **Niuserre-Pyramide [36]** des ägyptischen Pharao Niuserre **[37]** wurde 2455 bis 2420 v.Chr. in Abusir errichtet und entstand damit noch mal etwa 100 Jahre später.

Hinzu kommt das Kreis, Dreieck und Quadrat fundamentale Figuren der damaligen Geometrie darstellten und ebenfalls die Basiselemente der gesamten antiken Architektur bildeten.

Eine Konstruktion wie die Quadratur über das 14:11 Dreieck wäre, nach damaliger Sicht, Ausdruck eines perfekten (göttlichen) Zusammenspiels dieser universellen Bauelemente zu einem Ganzen gewesen.

Auch aufgrund der verblüffenden Einfachheit der Quadratur ist es eher unwahrscheinlich das den Ägyptern diese Konstruktion nicht bekannt gewesen ist.

1.1.4 - Die Cheops Pyramide

Die Cheops-Pyramide ist die älteste und größte der drei Pyramiden von Gizeh und wird auch als die Große Pyramide bezeichnet. Die Fertigstellung des Bauwerks wird auf 2580 v.Chr. in die Zeit des Alten Reiches datiert und dem ägyptischen Pharao Chufu zugesprochen, der weitaus bekannter unter seinem griechischen Namen Cheops geworden ist. Im alten Ägypten wurde die Pyramidenanlage Achet Chufu d.h. „Horizont des Cheops" genannt. **[28]**

Abbildung 1.1.4.1 - Cheops-Pyramide

Die Pyramide besitzt eine quadratische Basisfläche, Ihre ursprüngliche Seitenlänge wird auf 230,36 m (ca. 440 Königsellen) geschätzt. Die Seitenlänge heute beträgt noch ca. 225 m.
Die ursprüngliche Höhe wird auf 146,59 m (ca. 280 Königsellen) geschätzt. Da sie in späterer Zeit als Steinbruch diente, beträgt ihre Höhe heute noch 138,75 m. Dass Volumen ergibt sich zu 2.583.283 m³.

Die Pyramide besteht aus etwa 2,5 Millionen Steinblöcken. Als Baumaterial diente hauptsächlich örtlich vorkommender Kalkstein. Für einige Kammern wurde Granit verwendet. Die Verkleidung der Pyramide bestand ursprünglich aus weißem Tura-Kalkstein, der im Mittelalter fast vollständig abgetragen wurde. Das Gesamtgewicht beträgt 6,5 Millionen Tonnen. Was einem durchschnittlichen Gewicht eines Steins von 2.5 Tonnen entspricht.
Die Pyramide ist bis auf 3 Bogenminuten, exakt nach den Himmelsrichtungen orientiert.
Der Unterschied in den Längen ihrer vier Seiten beträgt weniger als ein Promille.
Ihre Einmessung wurde in sehr hoher Genauigkeit vorgenommen. Diese Präzision ist in den nachfolgenden Bauten nicht mehr erreicht worden.

Die geografische Position wird in der Wikipedia wie folgt angegeben:

Geographische Breite: 29° 58' 45'' N
Geographische Länge: 31° 08' 02'' O

Sie ist das bis heute einzigste erhalten gebliebene Monument der klassischen sieben Weltwunder.

Es wird des Öfteren behauptet, die Cheops-Pyramide sei ein architektonischer Ausdruck für die Quadratur des Kreises. Das wird aus dem Neigungswinkel der Seiten geschlossen, der in der Nähe des Winkels für eine Quadraturkonstruktion liegen, die auf dem Zahlenverhältnis 14:11 basiert und damit einen Näherungswert für π Viertel darstellt.

In seinem 1997 veröffentlichtem Buch "*Das erste Weltwunder*" gibt der Ägyptologe Mark Lehner auf Seite 17 einen Wert von 51° 50' 40'' für den Neigungswinkel der Cheops-Pyramide an. [11]
Dieser Wert lässt sich direkt mit der entsprechenden mathematischen Konstruktion vergleichen.

Ebenso wird des Öfteren behauptet, dass die Cheopspyramide mit der Zahl PHI $\Phi=(\sqrt{5}+1)/2$ errichtet worden ist, die auf dem goldenen Schnitt beruht, wie im Buch "*Mathematische Randerscheinungen - Φ - Band II*" von Helmut Zott [38] publiziert.

Auf Seite 98 wird ein Winkel von 51° 49' 38,25" für den Steigungswinkel der Pyramide auf Grundlage der Zahl PHI angegeben.
Auch dieser Wert lässt sich direkt mit der entsprechenden mathematischen Konstruktion vergleichen, was im nächsten Kapitel erfolgen wird.

1.1.5 - Die Quadratur des Kreises

1.1.5.1 - Die Quadraturbedingung

Ausgangspunkt ist die quadratische Basisfläche der Pyramide. Der Kreis der den gleichen Umfang wie das Quadrat besitzt, bestimmt mit seinem Radius auch die Höhe der Pyramide.

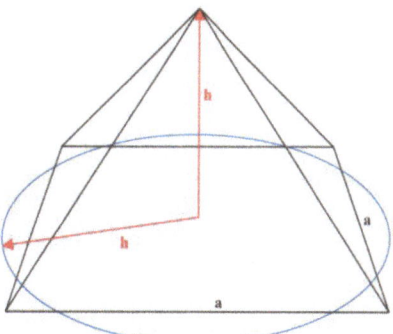

Abbildung 1.1.5.1.1 - Cheopspyramide

$$U = U_{Kreis} = U_{Quadrat}$$

$$U = 2 \cdot \pi \cdot r = 4 \cdot a$$

Der Radius des Kreises ist gleich der Höhe der Pyramide:

$$U = 2 \cdot \pi \cdot r = 2 \cdot \pi \cdot h = 4 \cdot a$$

Einfacher lässt sich der Sachverhalt in einer flächigen Darstellung erläutern. Durchschneidet man die Cheopspyramide in nord-südlicher oder ost-westlicher Richtung, so bildet der Querschnitt ein Dreieck. In diesem Dreieck treten ganz bestimmte Streckenverhältnisse auf.

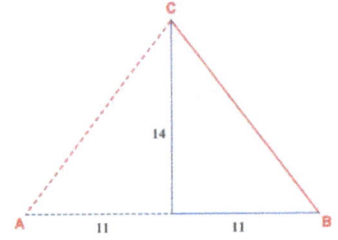

Abbildung 1.1.5.1.2 - Quadraturdreieck

1.1.5.2 - Quadratur 1

Es existiert eine Näherungskonstruktion für die Quadratur des Kreises, die auf einem Dreieck mit dem **Höhen-Basis-Verhältnis 14:22** beruht.

Der Radius des Kreises ist die Höhe des Dreiecks
Die Quadratseite ist gleich der Basisseite des Dreiecks.
Kreis und Quadrat besitzen dann näherungsweise den gleichen Umfang.

Diese Konstruktion wird **Quadratur 1** genannt:

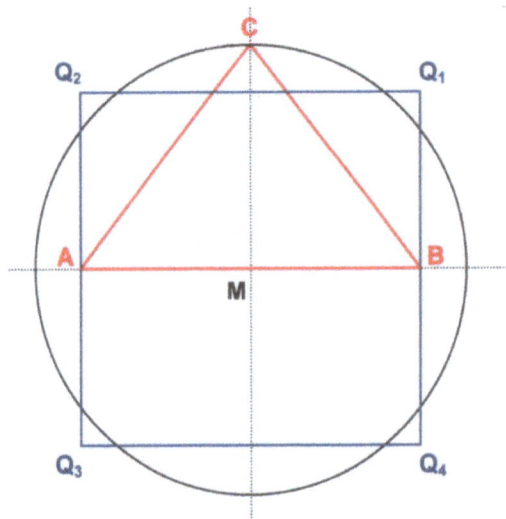

Abbildung 1.1.5.2.1 - Quadratur 1

Nimmt man ein rechtwinkliges Dreieck, (in Abbildung 1.1.5.2.1 entsprechend den **Schnitt- Dreiecken MBC** bzw. **MAC**) mit dem Seiten / Höhen - Verhältnis **11:14**, so lässt sich daraus auch die komplette Quadratur 1 aus Abbildung 1.1.5.2.2 ableiten.

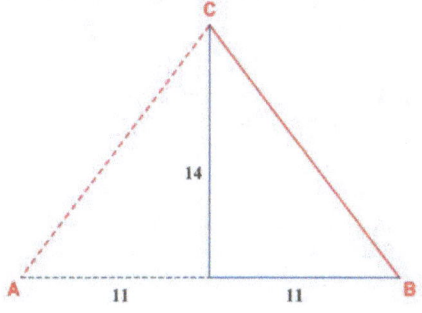

Abbildung 1.1.5.2.2 - Das Quadraturdreieck 1

Es gilt dann:

$$\frac{h}{\frac{a}{2}} = \frac{14}{11} = \frac{2h}{a}$$

$$\frac{h}{a} = \frac{14}{22}$$

1.1.6 - Der Winkel

1.1.6.1 - Der Neigungswinkel der Pyramide

Für die exakte mathematische Berechnung gilt für den Steigungswinkel α im Fußpunkt A des Quadraturdreiecks:

$$\tan \alpha = \frac{h}{s} = \frac{r}{\frac{a}{2}} = \frac{4}{\pi} = 1{,}273239545 \Rightarrow \alpha = 51°51'14{,}31''$$

Für π wird nun eine **Näherung** benutzt, und zwar ein Teil der archimedischen Ungleichung:

$$\pi < \frac{22}{7}\ bzw.alsN\ddot{a}herung : \pi \approx \frac{22}{7}$$

Damit lässt sich die Gleichung für den Winkel modifizieren:

$$\tan\alpha = \frac{4}{\pi} \approx \frac{4}{\frac{22}{7}} = \frac{14}{11} = 1{,}272727 \Rightarrow \alpha = 51°50\ '33{,}98\ ^{\circ}$$

Für einen Näherungswert von 22/7 für π erhält man also das 14:11 Verhältnis für das Quadraturdreieck.

1.1.6.2 - Der Vergleich der Winkel

Da jetzt alle Winkel bekannt sind, lassen sie sich vergleichen:

Bezeichnung	Winkel	Differenz zum Messwert
PHI-Wert	51° 49' 38,25"	61,75"
Exakter Quadratur-Wert	51° 51' 14,31"	34,31"
14:11-Näherungswert	51° 50' 33,98"	6,02"
Messwert Lehner	51° 50' 40"	

Die Differenz des tatsächlichen Wertes an der Pyramide (Lehner) **[9]** mit der exakten Quadratur beträgt etwas mehr als eine halbe Bogenminute, während die Differenz zur 14:11 Näherungslösung nur 6 Bogensekunden ausmacht. Die Differenz zum PHI-Wert liegt sogar etwas über eine Bogenminute.
Ein weiterer Anhaltspunkt für das 14:11 Verhältnis ergibt sich aus der Existenz zweier anderen Pyramiden, deren Steigungswinkel Mark Lehner (und auch ältere Quellen) mit 51° 50' 35". angibt. Snofru (Meidum) und Niuserre (Abusir). **[11]**

Die **Meidum-Pyramide** wurde unter Pharao Snofru zwischen 2670 und 2620 v.Chr. in Meidum erbaut und ist damit älter als die Cheopspyramide. Das heutige Erscheinungsbild dieser Pyramide ist das eines dreistufigen Turmes, der aus einem Trümmerhaufen herausragt. Dies ist auf das Wegbrechen des Außenmantels und der Stufenverfüllungen zurückzuführen ist. Der angegebene Böschungswinkel ist daher ein rekonstruierter.

Die **Niuserre-Pyramide** des ägyptischen Pharao Niuserre (2455 bis 2420 v.Chr.) befindet sich in Abusir. Von der ursprünglich mit Kalkstein verkleideten Pyramide ist nur noch der siebenstufige Kern erhalten geblieben.

In Anbetracht das den Pyramiden die Außenverkleidung fehlt sind Lehners Angaben recht genau, da im Sekundenbereich angelegt. Die Differenz der tatsächlichen Böschungswinkel zur Näherungslösung beträgt nur 1 Bogensekunde.

Alle drei Pyramiden besitzen damit die 14:11-Proportion, mit hinreichender Genauigkeit.

Nimmt man den Fehler für die 14:11-Näherung als Grundlage und vergleicht sie mit den anderen Werten, ergibt sich ein 5-fach größerer Fehler für den exakten Quadraturwert und ein 10-facher größerer Fehler zur Zahl PHI. Daher scheiden beide Möglichkeiten damit aus. Die Konsequenz ist:

Die Ägypter haben die Cheops-Pyramide mit der 14:11 Proportion gebaut und weder mit dem exakten Quadraturwert $\pi/4$ noch mit der Zahl PHI.

Unbeantwortet bleibt allerdings die Frage, ob den Ägyptern der Zusammenhang der 14:11 Proportion mit der Kreisrektifikation bekannt gewesen ist. Ausgehend von den Betrachtungen in Kapitel 1.1.1 zur Seilschlingerei und den damals vorhandenen Meßmitteln (Kapitel 1.1.2), sowie der Findigkeit des ägyptischen Geistes ist es unwahrscheinlich, dass dieser Zusammenhang nicht bekannt war.

1.1.6.3 - Zur Zahl PHI

Da ja des Öfteren behauptet wird, dass die Cheopspyramide mit der Zahl PHI $\Phi=(\sqrt{5}+1)/2$ errichtet worden ist, die auf dem goldenen Schnitt beruht, werde ich hier exemplarisch das Buch "*Mathematische Randerscheinungen - Φ - Band II*" von Helmut Zott [38] behandeln.

Ein Vergleich ob die Zahl π oder PHI benutzt worden ist, erfolgte über die Winkel bereits in Kapitel 1.1.6.2.

1.1.6.3.1 - Winkel der Cheops-Pyramide

Die Differenz des gemessenen Wertes mit der exakten Quadratur beträgt etwa eine halbe Bogenminute, während die Differenz zur Näherungslösung nur 6 Bogensekunden ausmacht. Bei der Niuserre-Pyramide sind es sogar nur 1 Bogensekunde Differenz zur Näherungslösung.

Die Differenz zur Zahl PHI beträgt etwas mehr als eine Bogenminute. Damit ist der Fehler für den PHI-Wert um den Faktor 10 größer als für den Näherungswert 14/11 von π.

Auf Seite 98 nennt Herr Zott **[36]** den Winkel von 51° 49′ 38,25″ für den Steigungswinkel der Pyramide, auf Grundlage der Zahl PHI. Dazu schreibt er: *„Die Differenz zwischen dem Modellwert und dem gemessenen Wert ist so gering, dass man, ergänzt durch weitere Übereinstimmungen, zu Recht annehmen darf, dass das Modell zutreffend ist."*

Hier irrt Herr Zott in zweifacher Weise:

1) Eine kleine Differenz ist noch kein Garant für die Gültigkeit eines Modells.

2) Durch Vergleich lässt sich widerlegen, dass hier die Zahl PHI benutzt wurde.

1.1.6.3.2 - Basisseite der Cheops-Pyramide

Die Cheops-Pyramide ist mehrfach vermessen worden. Die klassischen Ergebnisse lauten:

Basisumfang der großen Pyramide (Flinders-Petrie, 1880-1883) **[39]**
UB_1 = 921,39008 m ± 0,06096 m
S = 230,34752 m

Basisumfang der großen Pyramide (Cole, 1925) **[40]**
UB_1 = 3023,14 ft ± 0,004 ft = 921,453072 m ± 0,0012192 m
S = 230,363268 m

Basisumfang der großen Pyramide (Stadelmann, 1985) **[41]**
UB_1 = 921,441 m ± 0,004 m
S = 230,36025 m

Basisumfang der großen Pyramide (Lehner, 1984) **[11]**
UB_1 = 921,32 m ± 0,04 m
S = 230,33 m

Die vertrauenswürdigsten Messwerte stammen von Cole und von Stadelmann, da diese mit den kleinsten Fehlern behaftet sind.
Bei Finders-Petrie liegt der Fehler für die Pyramidenseite bei 1,5 cm und bei Lehner bei 1cm. Die Messung von Cole besitzet einen Fehler von 0,3 mm und Stadelmann einen Fehler von 1 mm.
Daher werden hier die Messungen von Cole und Stadelmann als Grundlage benutzt.

Die Pyramidenseite liegt daher bei **S = 230,360 - 230,363 m**.

Herr Zott gibt in seinem Buch als Länge der Basisseite auf Seite 99 für die Pyramide 230,386991 m an.
Das sind etwa 2,4-2,7 cm größer als der gemessene Wert (Cole, Stadelmann) und der Fehler mindestens 20-mal größer als die Mess-Ungenauigkeit.

1.1.6.3.3 - Konsequenz

Beim Winkelvergleich stellt der Winkel mit dem PHI-Wert die schlechteste aller Möglichkeiten dar. Fast genau übereinstimmend mit den Messwerten ist das 14:11-Verhältnis.

Beim Vergleich der Basisseite zeigt sich , dass der PHI-Wert über zwei cm größer als der Messwert ist und damit das 20-fache der Fehlergrenze überschreitet. Daher kann die Zahl PHI nicht Grundlage für die Basisseite gewesen sein.

Insgesamt ergibt sich damit, dass die Zahl PHI nicht Grundlage für die große Pyramide gewesen sein kann. Aufgrund der „kleinen" Differenzen bei Winkel und Basisseite ist das Modell mit der Zahl PHI aber als **Näherungsmodell** benutzbar.

1.1.7 - Papyrusfunde

Abgesehen von einigen einfachen Texten (wie der Berechnung einer Quadratfläche) an den Wänden von Gräbern, sind die einzigen dokumentarischen Überlieferungen über den Stand der ägyptischen Rechenkunst hauptsächlich auf den Papyri Rhind, Kahûn, Moskau und Berlin erhalten geblieben. Der wohl älteste dokumentarisch überlieferte Wert für π stammt von den Ägyptern.

1.1.7.1 - Moskauer Papyrus

Etwa um 1850 v.Chr. entstand das **Moskauer Papyrus.** Der Papyrus hat eine Länge von 5,5 Metern und eine Breite von 8 cm. Das Dokument ist in hieratischer Schrift verfasst worden und enthält 25 Aufgaben. **[42]**

Der Papyrus Moskau wurde von Vladimir Semionovitsch Golenischeff 1893 erworben und stammt ursprünglich aus Dra Abu el-Naga bei Theben. **[43]**

Der russische Ägyptologe unternahm etwa 60 Reisen nach Ägypten. Seine gesammelten Antiquitäten, wie der Papyrus Moskau oder auch literarische Papyri, schenkte er 1911 dem Museum von Moskau, wo es sich noch heute unter der Inventarnummer 4676 zu finden ist. **[44]**

Man findet eine Näherung für π durch Aufgabe 10 **[45]** in dem Papyrus. Diese Aufgabe behandelt die Berechnung einer Korboberfläche durch eine Volumenberechnung. Aus dem Originaltext dieser Aufgabe ergibt sich die folgende Berechnungsformel, wobei die Größe **d** für den Öffnungsdurchmesser des Korbes und damit den Durchmesser des Halbkugelbodenkreises steht.

$$A = 2 \cdot d \cdot \frac{8}{9} \cdot \frac{8}{9} \cdot d = \frac{128}{81} \cdot d^2 = 2 \cdot \frac{256}{81} \cdot r^2 = 2 \cdot \pi \cdot r^2$$

Daraus ergibt sich folgende Näherung für π:

$$\pi \approx \left(\frac{16}{9}\right)^2 = \frac{256}{81} = 3{,}16049$$

1.1.7.2 - Papyrus Rhind

Das **Papyrus Rhind [46]** wurde 1858 von dem schottischen Juristen A. H. Rhind erworben und hat daher seinen Namen. Die Papyrusrolle wurde bei illegalen Grabungen am Ramesseum entdeckt. **[47]**

Der Papyrus Rhind hat eine Länge von etwa 5,5 Meter und ist ca. 32 cm breit. Er wurde in hieratischer Schrift vom Schreiber Ahmose (auch Ahmes) um das Jahr 1650 v.Chr. (Zweite Zwischenzeit - Fremdherrschaft der Hyksos - 17. Dynastie) als Kopie einer 200 Jahre älteren Schrift angefertigt und enthält 87 mathematische Textaufgaben mit beispielhaften Lösungen, sowie Tafeln mit Brüchen. **[48]**

In der Aufgabe 48 wird die Fläche eines Kreises berechnet, der einem Quadrat mit einer Seitenlänge von 9 Einheiten eingeschrieben ist. Dazu existiert im Papyrus, außer dem Rechenweg, noch eine kleine Skizze, aus der sich rekonstruieren lässt wie die Ägypter zu einem Näherungswert für π kamen. [49]

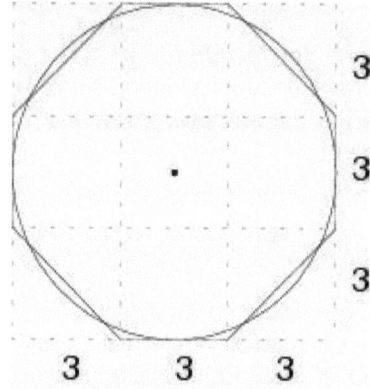

Dazu werden zunächst die Seiten des Quadrats in drei Teile geteilt und man erhält so neun kleinere Quadrate.

Dann schneidet man von den vier Eckzellen jeweils die Hälfte weg und erhält damit ein unregelmäßiges Achteck.

Dieses Achteck wird im Papyrus Rhind als Näherung für die Kreisfläche genommen.

Dieses Achteck (mit der Gesamtfläche von 7 kleinen Quadraten) besitzt den Flächeninhalt von 63 Flächeneinheiten und ist, nach Meinung des Schreibers, etwas kleiner als die Fläche des Kreises. Die dann mit 64 Flächeneinheiten angenommen wird. In moderner Schreibweise:

$$A_{Kreis} = 64 = \left(\frac{4}{5}\right)^2 \cdot \pi$$

$$A_{Kreis} = 8^2 = \left(\frac{9}{2}\right)^2 \cdot \pi$$

$$\pi = \frac{8^2}{\left(\frac{9}{2}\right)^2} = \left(\frac{16}{9}\right)^2$$

In der Aufgabe 50 wird für eine Fläche des Kreises mit dem Durchmesser 9 als Lösung das Quadrat mit der Seitenlänge 8 angegeben. In beiden Aufgaben wird für π die folgende Näherung benutzt:

$$\pi \approx \left(\frac{16}{9}\right)^2 = \frac{256}{81} = 3{,}16049$$

35

Der Papyrus befindet sich seit 1865 unter den Inventarnummern pBM 10057 und pBM 10058 im Britischen Museum in London. Abgesehen von einigen kleinen Fragmenten, die nicht von Rhind erworben wurden und die heute im Brooklyn Museum in New York gelagert werden. **[46]**

Diese beiden Papyri werden von Gegnern der Quadratur an der Cheopspyramide öfters zitiert. Mit dem Argument das hier tausend Jahre nach dem Pyramidenbau ein ungenauerer Wert angegeben wird, also die 14:11 Näherung nicht (mehr) bekannt war.

1.1.8 - Konsequenzen

Man sollte noch folgendes bedenken: Es gab im alten Ägypten keine weitergehenden theoretischen Überlegungen, insbesondere wurde kein Unterschied zwischen exakter Lösung und Näherung gemacht. Derartige Musterlösungen wie in den Papyri wurden aus der Praxis gewonnen und waren für die Praxis bestimmt. Die Ägypter verwendeten die Mathematik anscheinend nur für praktische Aufgaben wie die Lohnberechnung, die Berechnung von Getreidemengen zum Brotbacken oder Flächen- und Volumenberechnungen für bauliche Zwecke.
Das Wissen der damaligen Baumeister und Priester, speziell der Pyramidenbauer, dürfte da schon ein umfassenderes Wissen gewesen sein, als das Wissen einer untergeordneten Verwaltungsebene oder gar der Allgemeinheit.

Posamentier *(The Mathematics Teacher v. 77(1); S.52,47)* führt das Buch "*La Science Mystérieuse des Pharaons*" von Abbé Moreux (Paris 1923) an, wo auf den Seiten 28-29 eine vermutete Näherung von 3,14159294 für π angegeben wird. *(zitiert nach Mäder 1989, S.55)* **[50]**

Es könnte daher auch schon vor und während der Abfassung der Papyri Rhind und Moskau andere Näherungswerte und auch andere Quadrierungskonstruktionen gegeben haben.
Wenn man dann noch berücksichtigt, dass aus 3000 Jahre ägyptischer Geschichte gerade mal etwa ein Dutzend Papyri als mathematische Dokumente erhalten geblieben sind, braucht es auch nicht zu verwundern das über andere Zahlen bzw. andere Konstruktionen direkt nichts übriggeblieben ist.
Indirekt aber schon, wie bei den Griechen noch zu sehen sein wird. Zum anderen wird bei der Betonung der Unterschiedlichkeit der einzelnen π-Werte hier schlichtweg etwas Wichtiges übersehen. Gerade die Unter-

schiedlichkeiten ergeben einen gewichtigen Anhaltspunkt zur Sichtweise der Ägypter.

1) Die Rektifikation des Kreises war mit elementaren geometrischen Operationen wie Abwicklung und Faltung von Seilen und Proportionsbestimmung näherungsweise als Zahlenverhältnisse 44:7, 22:7, 11:7, 11:14, 22:28 bestimmbar.

2) Die Quadrierung des Kreises wurde im Papyrus Rhind über ein unregelmäßiges Achteck erreicht und führte zu einem Zahlenverhältnis 256:81. Wenn für eine Fläche des Kreises mit dem Durchmesser 9 als Lösung das Quadrat mit der Seitenlänge 8 angegeben wird, so finden wir hier den ersten direkten Hinweis auf eine Quadratur des Kreises. Also die Existenz der Möglichkeit einen Kreis in ein Quadrat zu überführen. Hier drückt sich unmittelbar folgende Annahme aus: **Kreisfläche ~ Quadratfläche**.

3) Die Kenntnis über eine Rektifikation des Kreises, also die Überführung des Kreisumfanges in ein Quadrat, könnte hier als Vorlage gedient haben auch die Fläche des Kreises in ein Quadrat zu transformieren.

4) Der Wert für π aus dem Papyrus Moskau entstammt einer Volumenberechnung. Der Wert für π wird dort auch nicht direkt angegeben, sondern kann erst über einen Rechnungsgang extrahiert werden. π lässt sich daraus als Verhältnis 19:6 ermitteln.

Daraus lässt sich nur folgender Schluss ziehen: Zur Zeit der Ägypter sah man in Umfangsbestimmung und Flächenberechnung des Kreises und der Volumenberechnung einer Kugel drei voneinander **völlig unabhängige geometrische Probleme**. Für die man dann auch jeweils eine eigenständige Lösung fand. Also gab es zur damaligen Zeit keine einheitliche Zuordnung für π, d.h. die Ägypter waren sich nicht bewusst, dass bei allen drei Rechnungen nur eine Proportionalitätskonstante, nämlich π, existiert. Da die Ägypter die Mathematik nur für praktische Aufgaben verwendeten, waren sie lediglich daran interessiert möglichst einfache Zahlenverhältnisse als Lösungen ihrer Probleme zu finden. Wenn dies geschehen war, war das Problem auch erledigt und man dachte nicht weiter darüber nach.
So kommt es, dass die Ägypter zwar die Urheber also die Ideenstifter für die Quadratur des Kreises sind und mit der 14:11 bzw. 11:7 Rektifikation auch einen guten Näherungswert besaßen, sich aber der Zahl π, samt ihrer Bedeutung und Relationen, **nicht bewusst** waren.

Bei der Rektifikation des Kreises über die Dreieckskonstruktion findet man die folgenden Zahlenverhältnisse: **44:7, 22:7, 11:7, 11:14, 22:28**.

Bemerkenswert an dieser Zahlenfolge ist der Umstand, dass man sich nur die erste Proportion zu merken braucht. Alle anderen Verhältnisse entstehen jeweils durch fortwährende Halbierung.

Es ist anzunehmen das diese Proportionen spätestens ab Cheops bekannt gewesen sind, zumindest unter den Pyramidenbauern.

Zweitens wurde die 14:11 Proportion nur im alten Reich in Pyramiden verbaut, genauer während der 4. und 5. Dynastie. Alle neueren Pyramiden besitzen einfachere Zahlenverhältnisse.

1.1.9 - Die Quadratur und der Gizeh-Komplex

1.1.9.1 - Der Gizeh-Komplex und die Quadraturwinkel

Grundlage dieser Analyse ist die Karte des Gizeh-Komplexes von Mark Lehner. [51] Die Cheops-Pyramide besitzt eine Steigung von 14:11. Die Frage ist ob die Ägypter das 14:11 Verhältnis nicht nur für die Cheops-Pyramide verwendet haben, sondern auch für die Gestaltung des Gizeh-Plateaus benutzt wurde.

Legt man die Dreiecke der Quadraturkonstruktionen 1 und 2 zusammen, so ergeben die Seiten der Quadraturdreiecke zwei charakteristische Winkel:

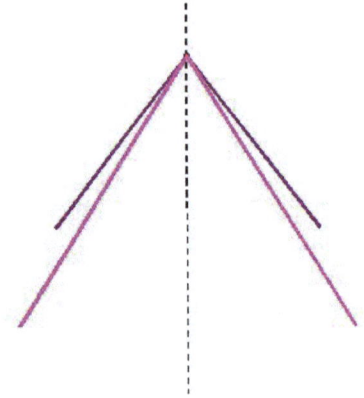

Abbildung 1.1.9.1.1 - Quadraturwinkel

Trägt man diese Winkel an die Cheops-Pyramide in die Karte von Mark Lehner an, so ergibt sich das folgende Bild 1.1.9.1.2:

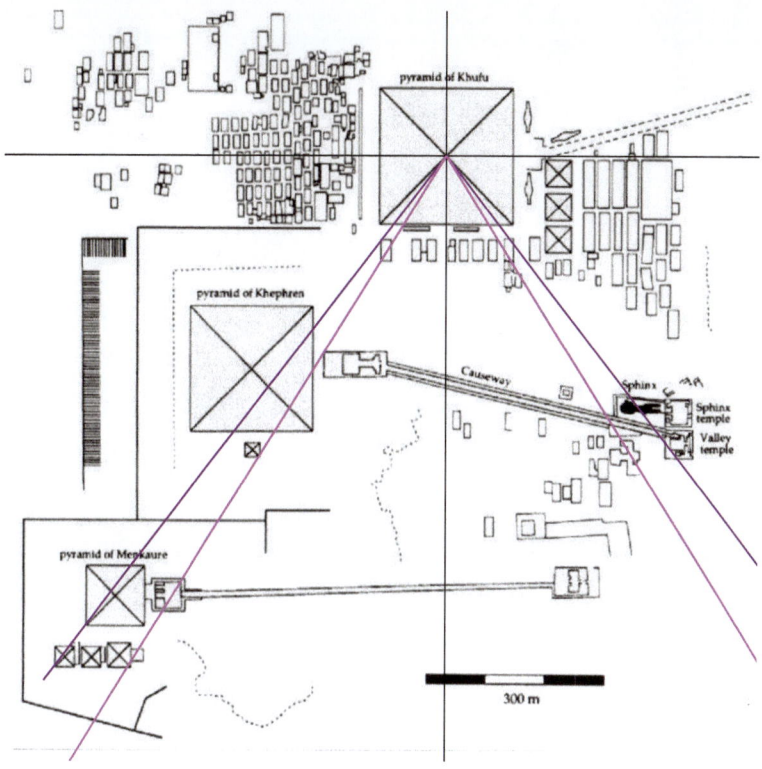

Abbildung 1.1.9.1.2 - Quadraturwinkel im Gizeh Komplex

Deutlich ist zu erkennen, dass der Sphinx genau auf dem östlichen Schenkel des 14:11 Winkels liegt.

Der 11:7 Schenkel geht durch den Mittelpunkt der Ostseite der Chephren-Pyramide.

Der Mykerinos-Komplex liegt ebenfalls zwischen den beiden Schenkeln und der 14:11 Schenkel geht durch den südwestlichen Eckpunkt der Mykerinos-Pyramide.

Damit existieren mehrere Relationen zwischen der Architektur des Komplexes und den 14:11 und 11:7 Proportionen.

1.1.9.2 - Die Quadratur 2 und die Chephren-Pyramide

Durch die eingezeichneten Breiten- und Längengrade der Pyramiden und durch die Schenkel der Winkel kann man für die Chephren-Pyramide sofort die Quadraturkonstruktion 2 erzeugen. Siehe dazu das Bild 1.1.9.2.1:

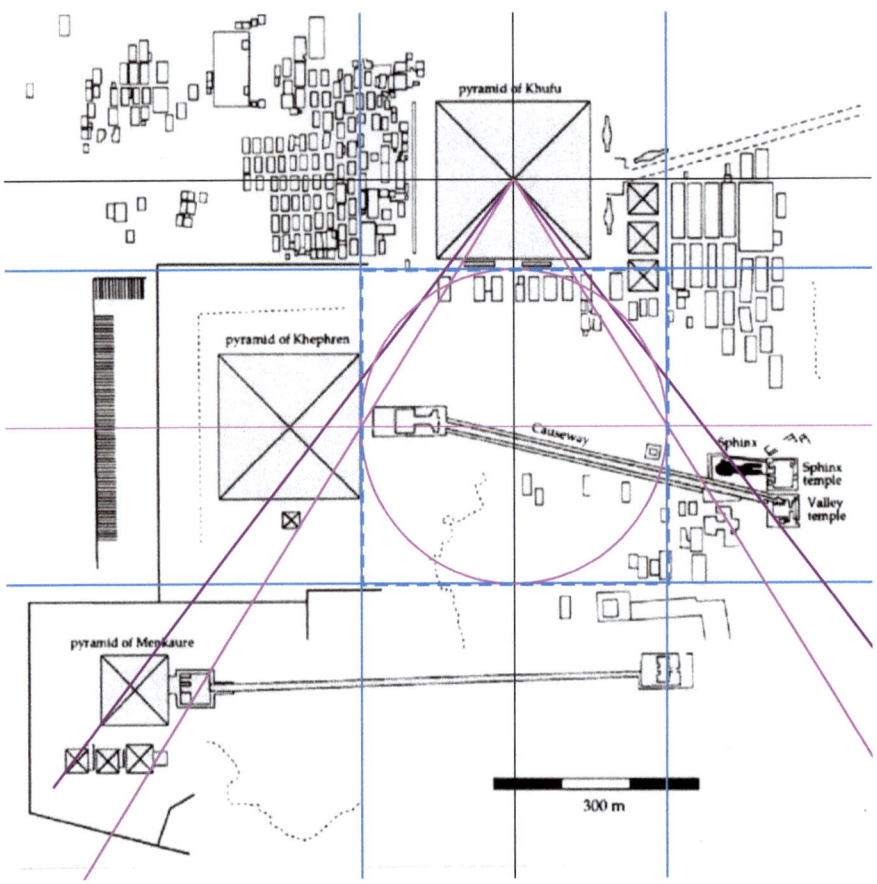

Abbildung 1.1.9.2.1 - Quadratur 2 im Gizeh Komplex

1.1.9.3 - Die Quadratur 1 und Sphinx

Das Quadraturdreieck 2 (Magenta) hat die Proportion 11:7. Die Strecke Cheops-Chephren-Pyramide kann man daher in 11 Einheiten zerlegen. Daraus lässt sich die Quadratur 1 gewinnen, indem diese Strecke auf 14 Einheiten verlängert wird. Durch Einzeichnen der Grundseite (waagerechte violette Linie) erhält man dann sofort das Quadraturdreieck 1. Siehe dazu die folgende Abbildung 1.1.9.3.1:

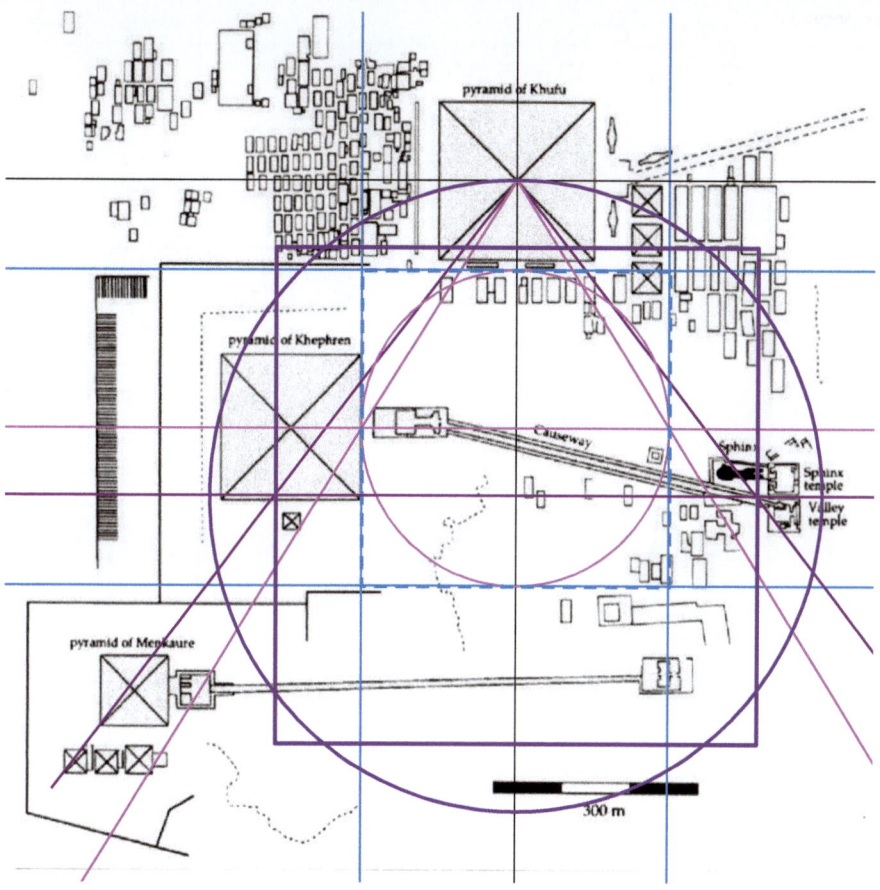

Abbildung 1.1.9.3.1 - Quadratur 1 und Sphinx im Gizeh Komplex

Deutlich ist zu erkennen, dass der Sphinx genau in der rechten Ecke des violetten Dreiecks liegt.

1.1.9.4 - Die gesamte Quadratur im Gizeh-Komplex

Trägt man die gesamte Quadratur, mit den entsprechenden In- und Umquadraten (siehe auch das Kapitel Erweiterungen 1) in den Gizeh-Komplex ein, so ergibt sich das folgende Bild 1.1.9.4.1:

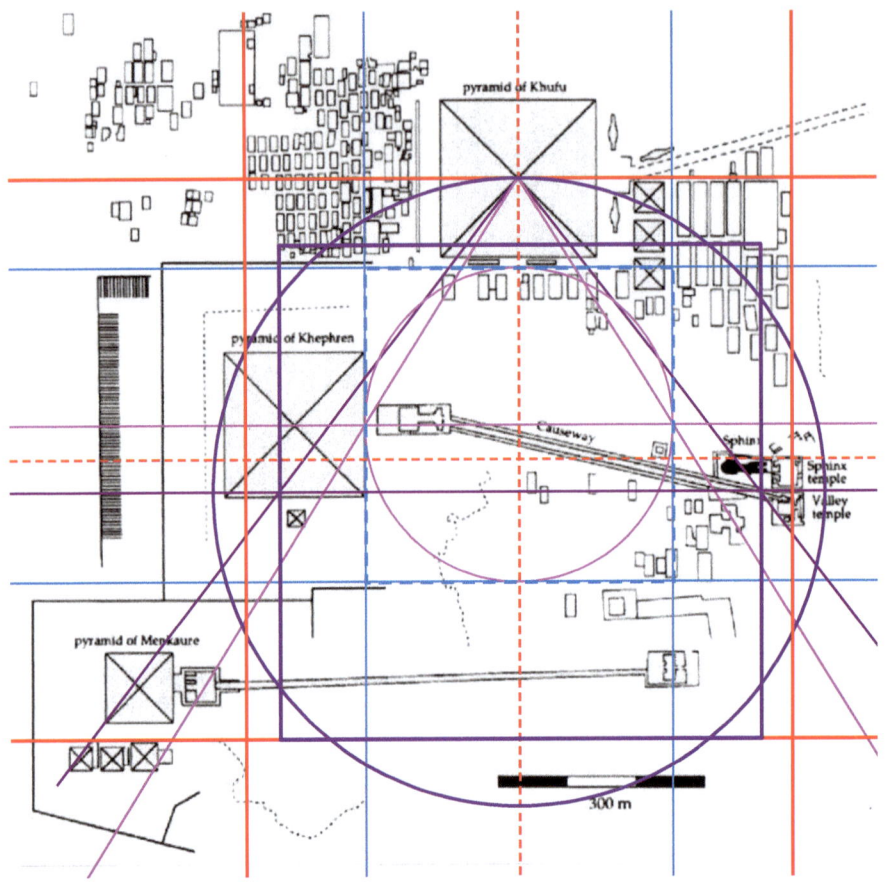

Abbildung 1.1.9.4.1 - Die gesamte Quadratur im Gizeh Komplex

Aus der Abbildung 1.1.9.4.1 lässt sich eigentlich nur eine Konsequenz ziehen:

Die Quadratur des Kreises, also die geometrische Konstruktion der Näherung mit den Zahlenverhältnissen 14:11 und 11:7, war den Ägyptern durchaus bekannt.

Dies sagt allerdings noch gar nichts darüber aus, ob die Ägypter den tatsächlichen Wert von π kannten. Noch besser lässt sich die Situation erkennen, wenn man die Längenverhältnisse in das Bild 1.1.9.4.2 einträgt:

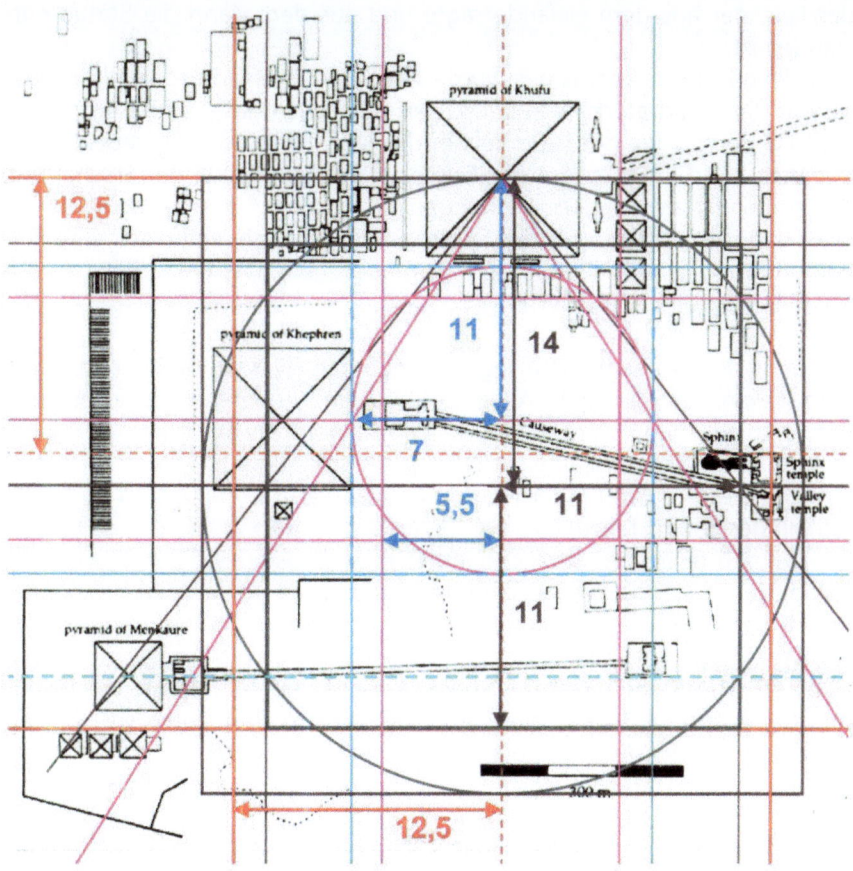

Abbildung 1.1.9.4.2 – Längenverhältnisse der Quadratur im Gizeh Komplex

1.1.10 - Analyse des Gizeh-Komplexes

Dreh- und Angelpunkt des gesamten Gizeh-Komplexes ist der Sphinx. Zur Sphinx gibt es zwei Meinungen:

1) der Sphinx existierte schon vor den Pyramiden

2) der Sphinx entstand erst mit den Pyramiden

Für diese Betrachtung ist es jedoch unerheblich ob der Sphinx schon vorher da war oder nicht. Denn wenn der Sphinx noch nicht existierte, war da der Fels, der aus dem Gelände ragte und aus dem dann die Statue entstanden ist.

Vom Standort der Sphinx aus wurde die große Pyramide so geplant, dass sie mit der Quadraturkonstruktion 1 an der Spitze des Quadraturdreiecks lag und der Sphinx oder der Fels in der linken Ecke des Dreiecks seinen Standort hatte. Damit wäre der Fels bzw. der Sphinx bei der Erschaffung der großen Pyramide schon mit eingeplant worden.

Die Cheops-Pyramide und der Sphinx bilden so architektonisch eine Einheit und man kann in jedem Fall davon ausgehen, dass die Sphinx vor der Chephren-Pyramide existierte.

Das lässt sich am Tempelaufweg der Chephren-Pyramide erkennen. Hätte man diesen, wie damals in Ägypten üblich, in horizontaler östlicher Richtung geplant, dann wäre er oberhalb, also nördlich der Sphinx angelegt worden und hätte die Einheit von Cheops-Pyramide und Sphinx zerschnitten. Um dieses zu verhindern wurde der Aufweg so angelegt, dass er unterhalb der Sphinx führte.

So lässt sich festhalten, dass in der ersten Bauphase des Gizeh-Komplexes, Sphinx und Cheops-Pyramide die entscheidende Rolle spielen und der Sphinx spätestens bei der Erstellung der Chephren-Pyramide bereits existierte.

Geometrisch gesehen liegt der Sphinx zwischen der Grundseite des Quadraturdreiecks 1 in 14 Einheiten Abstand und der Mittellinie des Grundquadrates (gestrichelt rote horizontale Linie) in 12,5 Einheiten Abstand und zwar so, dass der östliche Schenkel des 14:11 Winkels durch den Sphinx verläuft.

Das deutet auch darauf hin, dass das Grundquadrat (rot) mit 25 Einheiten, dass den gesamten Gizeh-Komplex umspannt, schon von Anfang an gegeben war. Daraus lässt sich schließen, dass der gesamte Komplex schon von Beginn an, geplant war und die Cheops-Pyramide keine isolierte Einzelkonstruktion darstellte.

In der zweiten Bauphase wurde die Chephren-Pyramide so in die Gesamtkonstruktion gelegt, dass die Grundseite des Quadraturdreiecks 2 die horizontale Mittellinie der Chephren-Pyramide bildet, mit 11 Einheiten Abstand vom Mittelpunkt der Cheops-Pyramide aus gesehen. Dabei bildet die westliche Seite des Umquadrates (hellblau) des Quadraturkreises 2 die östliche Seite der Chephren-Pyramide und der westliche Schenkel des 11:7 Winkels geht durch die Mitte der Pyramidenseite.

Dabei liegt die Grundseite des 14:11 Quadraturdreiecks 1 knapp oberhalb der südlichen Seite der Chephren-Pyramide.

In der dritten Bauphase wurde der Mykerinos-Komplex so festgelegt, dass die südliche Seite des Grundquadrates die Basislinie des Komplexes bildet.

Der westliche Schenkel des 11:7 Winkels geht dabei durch den Vortempel und der westliche Schenkel des 14:11 Winkels geht durch die westlich-nördliche Ecke der Mykerinos-Pyramide.

Verbindet man die beiden südlichen Schnittpunkte des Quadraturkreises 1 und des Quadraturquadrates 1 miteinander (gestrichelt hellblaue Linie) so geht diese Linie durch die Spitze der Mykerinos-Pyramide.

Natürlich bleibt hier noch manche Fragen offen. Hätte man die Chephren-Pyramide nur ein wenig kleiner gebaut, würde sie genau in den rechten Winkel zwischen der Grundseite des Quadraturdreiecks 1 und der westlichen Seite des Umquadrates (hellblau) des Quadraturkreises 2 liegen. Hätte man die Mykerinos-Pyramide nur ein paar Meter weiter westlich gebaut, so würde der westliche Schenkel des 14:11 Winkels genau durch die Pyramidenspitze gehen.

Im Nachhinein lässt sich vielleicht in Zukunft klären, ob es sich hier um mangelnde Genauigkeit oder um architektonische Freiheiten der Erbauer handelt.

Man kann ebenfalls an den umliegenden Gräberfeldern erkennen, dass sich auch diese an der geometrischen Gesamtkonstruktion orientieren. Insgesamt wird an der geometrischen Konstruktion des Komplexes sichtbar, dass es sich hier um eine Gesamtplanung handelt und nicht um einzelne isolierte Bauabschnitte.

1.1.11 - Fazit zur Quadratur

Die erste Pyramide mit **14:11** Verhältnis wurde unter Pharao Snofru (4. Dynastie) zwischen **2670** und **2620 v.Chr.** in Meidum gebaut.

Der gesamte Gizeh-Komplex entstand zwischen **2600** und **2500 v.Chr.**, also während der 4. Dynastie.

Bis zum Mittelalter (1400) sind das etwa **4000** Jahre lang, in denen die **14:11** und **11:7** Proportion sowie das **22:7** Verhältnis und zugehörige Quadraturkonstruktionen wahrscheinlich benutzt worden sind.

Die Rektifikation des Kreises war mit elementaren geometrischen Operationen wie z.B. Abwicklung und Faltung von Seilen und Proportionsbestimmung näherungsweise als Zahlenverhältnisse **44:7, 22:7, 11:7, 11:14, 11:28** sowie **22:28** schon in der Antike bestimmbar.

Der Gizeh-Komplex ist ein eindrucksvolles Beispiel für das Wissen der Ägypter bzgl. der Quadratur des Kreises und der dazugehörigen Konstruktionen und Proportionen.

Von heute aus gesehen sind das etwa **4700 Jahre** in denen sich die Beschäftigung des Menschen mit der **Quadratur des Kreises** belegen lässt.

1.2 - Babylonien

Historisch nachgewiesen, durch entsprechende Funde von Keilschrifttafeln, ist das den Babylonier auf algebraischem Gebiet die vier Grundrechenarten und das Lösen von einfachen Gleichungssystemen vertraut waren. **[52]**

Neben dem Algorithmus für die Berechnung von Quadratwurzeln, legten sie Zahlentabellen an z.B. für Quadrate, Kuben, Quadratwurzeln, Kubikwurzeln, Logarithmen, pythagoreische Zahlen. **[53]**

In der Geometrie waren die allgemeinen Regeln zur Flächen- und Volumenberechnung bekannt. Die Babylonier benutzten den Satz des Pythagoras und kannten auch den Halbkreis des Thales.

Eine mathematische Beweisführung jedoch wurde von den Babyloniern offenbar nicht angestrebt, da sie sich nur unter praktischen Gesichtspunkten für Mathematik interessierten.

Etwa zur selben Zeit wie in Ägypten (1900-1600 v.Chr.) sind auch schon in **Babylonien** erste Näherungen für π dokumentiert.

Der Wert **3** wurde als solche Näherung benutzt.

Keilschrifttexte, die 1936 in Susa entdeckt wurden, **[54]** geben für π diesen Wert an:

$$\pi \approx 3\frac{1}{8} = \frac{25}{8} = 3{,}125$$

1.3 - Bibel und Talmud

In der Bibel im *ersten Buch der Könige, Kapitel 7, Vers 23* (siehe auch zweites Buch der Chronik, 4, 2–5) wird berichtet, dass ein Bronzeschmied aus Tyros Arbeiten für König Salomo ausgeführt haben soll:
„Dann machte er das Meer. Es wurde aus Bronze gegossen und maß 10 Ellen von einem Rand zum anderen; es war völlig rund und 5 Ellen hoch. Eine Schnur von 30 Ellen konnte es rings umspannen."

Anhand dieses konkreten Beispiels lässt sich ein Verhältnis von Durchmesser zu Radius mit dem Wert 3 für π ermitteln.
Im Talmud heißt es: "*Was im Umfange drei Handbreiten hat, ist eine Hand breit.*" Auch hier wird für π der Wert 3 angenommen.

Diese Informationen aus Bibel und Talmud entstammen etwa der Zeit 500 v.Chr.
In J. Wiesenbauers Buch "*Algorithmen zur numerischen Berechnung von π*" wird auf Seite 301 angegeben, dass der Rabbi Nehemiah etwa 150 n.Chr. bereits den Wert von Archimedes für π mit 3 1/7 kannte. **[54]**

1.4 - Griechenland

1.4.1 - Die Verbindung Ägypten-Griechenland

Die Griechen werden heute noch oft als die Erfinder der Mathematik dargestellt. Dies ist so nicht ganz richtig. Die griechische Mathematik ist nicht aus dem Nichts entstanden, sondern geht aus dem Fundus der damals bekannten Konstruktionen und Überlegungen der Antike (also Ägypten und Zweistromland) hervor.
Eine Reihe griechischer Mathematiker, am bekanntesten sind **Thales** (624-546 v.Chr.) **[55]** und **Pythagoras** (570-510 v.Chr.), **[56]** reisten nach Ägypten und ins Zweistromland um sich dort in die Mathematik überhaupt erst einweisen zu lassen. Also etwa 1000 Jahre nach Papyrus Moskau und Papyrus Rhind!
Die Konstruktion des (Thales)Kreises über einem rechtwinkligen Dreieck war sowohl den Ägyptern als auch den Babyloniern schon bekannt. Erst **Thales** erkannte die Allgemeinheit der Konstruktion und bewies sie auch. Daher sprechen wir heute vom Halbkreis bzw. vom Satz des Thales.
Die Babylonier besaßen Keilschrifttafeln mit Listen von sogenannten pythagoreischen Zahlen, also Zahlentripel durch die ein rechtwinkliges Dreieck bestimmt ist. Aus Ägypten stammt die sogenannte Zwölf-Knoten-

Schnur, die entsprechend gefaltet (3:4:5) ein rechtwinkliges Dreieck bildet und in der Landvermessung benutzt wurde.

Aber erst **Pythagoras** erkannte die Essenz in der Konstruktion und den Zahlenverhältnissen. Er war der erste der diese Beziehungen auch allgemein beweisen konnte. Daher sprechen wir heute vom „Satz des Pythagoras".

Die griechischen Mathematiker schöpften aus dem reichhaltigen Fundus der bis dahin überlieferte mathematische Aufgaben und Überlegungen der Antike. Der Weg des Wissens ging über Ägypten und Babylon ins griechische Kleinasien und von dort erst nach Griechenland.

Die Griechen waren die Ersten die durch Anwendung bestimmter Denkstrategien wie Analyse also Deduktion aufs Wesentliche, Axiomenbildung und Beweis, der Mathematik das Werkzeug gaben zu einer Wissenschaft zu werden.

Die Wiege der Mathematik aber stand in Ägypten und im Zweistromland. Die Griechen brachten dem Kind lediglich das Laufen bei.

Die Konsequenz ist, dass die Beschäftigung der Griechen mit der Quadratur des Kreises ebenfalls ihre Wurzel in Beispielaufgaben, Konstruktionen und Überlegungen aus der Antike gehabt haben muss. Was auf die Existenz von Konstruktionen mitsamt den entsprechenden Zahlenverhältnissen und auch Betrachtungen hinweist, die als Vorläufer für die Griechen gedient haben müssen.

1.4.2 - Die Hinwendung zur Geometrie

Hippasos von Metapont [57] war ein griechischer Mathematiker und Musiktheoretiker und gehört zu den bekanntesten Pythagoreern der Frühzeit. Er lebte im späten 6. und frühen 5. Jahrhundert v.Chr. Mit seiner Entdeckung der inkommensurablen Strecken, stellte sich heraus, dass es konstruierbare Objekte gibt (beispielsweise die Diagonale eines Quadrates), die nicht als Verhältnis ganzer Zahlen darstellbar sind.

Als Folge dieser Entdeckung trat die Arithmetik zugunsten der Geometrie in den Hintergrund, Gleichungen wurden jetzt geometrisch gelöst, etwa durch Aneinanderlegung von Figuren und/oder durch Überführung verschiedener Figuren in Dreiecke, Rechtecke oder Quadrate.

Neben der Dreiteilung des Winkels, der Verdopplung des Würfels (Delphisches Problem) war die Quadratur des Kreises eines der klassischen Probleme der antiken griechischen Mathematik.

Die Aufgabe der Kreisquadratur war, zu einem gegebenen Kreis, nur mit Hilfe von Lineal und Zirkel, ein umfang- bzw. flächengleiches Quadrat zu konstruieren.

Eine Beschränkung der Konstruktionsmittel auf Zirkel und Lineal wurde dabei anfänglich nicht generell gefordert. Während der Beschäftigung mit den klassischen Problemen wurden daher auch schon früh Lösungen gefunden, die auf weitergehenden Hilfsmitteln basierten.

Es kristallisierte sich im Lauf der Zeit aber eine Haltung heraus, die eine möglichst weitgehende Beschränkung, also auf Zirkel und Lineal, verlangte. Die Konstruktion sollte auch in einer begrenzten Anzahl von Schritten bewältigt werden. Spätestens seit **Pappos** (um 300 n.Chr.) **[58]** war diese weitest gehende Beschränkung zur allgemeinen Regel geworden.

1.4.3 - Anaxagoras

Anaxagoras (499 bis 428 v.Chr.) **[59]** war ein Vorsokratiker und stammt aus Klazomenai in Kleinasien. Er ging um das Jahr 462 v.Chr. nach Athen und machte dort seine Lehren bekannt und erlebte den politischen Durchbruch zur entwickelten Attischen Demokratie. Mit Anaxagoras gelangte die ionische Aufklärung nach Athen.

Anaxagoras verbrachte die wichtigsten Jahrzehnte seines Lebens in Athen und stand dem leitenden Staatsmann Perikles als philosophischer Lehrer und Berater nahe. Auch der Tragödiendichter Euripides ließ sich von ihm in das philosophische Denken und Forschen einführen. **[60]**

Vier Grundsätze bilden den Kern von Anaxagoras' philosophischem Denken. Sie besagen, dass am Anfang alles miteinander vermischt war, dass es in allem einen Anteil von allem gibt, dass es keinen kleinsten Teil von irgendetwas gibt und dass nichts aus etwas entsteht, was nicht ist. **[61]**

Die Sonne betrachtete Anaxagoras nicht wie viele seiner Zeitgenossen als Gottheit, sondern als einen rotglühenden Stein, der größer sei als die Peloponnes. Als erster Philosoph vertrat er die Erkenntnis, dass der Mond nicht von sich aus leuchtet, sondern nur indirekt, indem er von der Sonne angestrahlt wird.

Nach Aristoteles (384-322 v.Chr.) **[62]** soll Anaxagoras die Auffassung vertreten haben, dass die Menschen die klügsten Lebewesen seien, weil sie Hände haben. Die Hände seien also die Ursache dafür, dass der Mensch das intelligenteste Lebewesen geworden sei. Dieser Erklärung widersprach Aristoteles. **[63]**

Auch die Untersuchung von Naturphänomenen auf experimenteller Basis beschäftigte Anaxagoras.

Eine Wasseruhr, die sogenannte „Klepsydra", diente ihm zu dem – unterdessen widerlegten – Nachweis der Nichtexistenz des leeren Raumes.

Um ca. 430 v.Chr. wird Anaxagoras der Gottlosigkeit angeklagt, durch den Einfluss des Perikles zwar vor der Todesstrafe gerettet, aber auf Dauer verbannt. **[64]**
Seine letzten zwei, drei Lebensjahre verbrachte er in Lampsakos im Exil. Sein Werk *„Über die Natur"* wurde für eine Drachme in Athen unter der Hand verkauft und beeindruckte auch Sokrates.
Dem griechischen Schriftsteller Plutarch (45-125 n.Chr.) **[65]** zufolge soll Anaxagoras im Gefängnis die Quadratur des Kreises aufgeschrieben oder gezeichnet haben. Nähere Angaben zu der Konstruktion von Anaxagoras macht Plutarch jedoch nicht.

1.4.4 - Hippokrates von Chios

Hippokrates von Chios **[66]** war ein antiker griechischer Mathematiker und Astronom. Er lebte um die Mitte oder in der zweiten Hälfte des 5. Jahrhunderts v.Chr.
Hippokrates soll als erster ein Lehrbuch der Mathematik verfasst haben. Es ist verloren; auch sonst ist von seinen Werken nichts erhalten geblieben. Daher können seine Leistungen nur indirekt aus späterer Literatur erschlossen werden. Unter anderem befasste er sich mit dem Problem der Verdoppelung des Würfels, auch „Delisches Problem" genannt, dass er einer Lösung näherbrachte, indem er es in die Planimetrie verlagerte.

Über sein Leben liegen keine sicheren Informationen vor. Unzweifelhaft ist seine Herkunft von der Insel Chios. In Anekdoten wird erzählt, dass er auf einer Seereise um sein Vermögen gebracht wurde. Er soll in Athen gelebt haben. Mitunter wird vermutet, er sei von den Pythagoreern beeinflusst gewesen. **[67]**
Über die astronomischen Ansichten des Hippokrates berichtet Aristoteles, er habe „den Kometen" für einen selten sichtbaren Planeten gehalten und den Kometenschweif für eine optische Täuschung, die von Dämpfen des Kometen verursacht sei. **[68]**

Nach ihm sind die **Möndchen des Hippokrates [69]** benannt, bestimmte von Kreisbögen eingeschlossene Flächen, deren Quadratur ihm gelang. Von den Möndchen ausgehend versuchte er die Quadratur des Kreises.
Ausgehend von dem bei ihm noch als Axiom benutzten Satz, dass sich die Flächen ähnlicher Kreissegmente wie die Quadrate über ihren Sehnen verhalten, gelang es Hippokrates, von Kreisbögen begrenzte Flächen, die so genannten „Möndchen des Hippokrates", zu quadrieren.

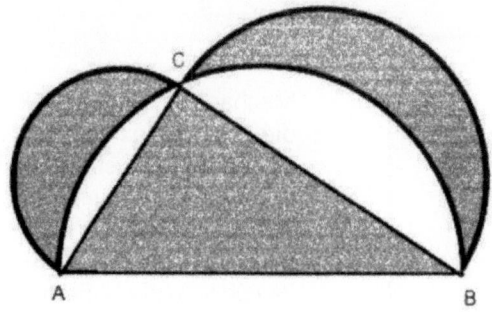

Die Summe der „Möndchen" entspricht der Fläche des rechtwinkligen Dreiecks.

Abbildung 1.4.4.1 - Möndchen des Hippokrates

Da nur bestimmte Möndchen, z.B. die über der Seite des Quadrates, nicht jedoch die über der Seite eines regelmäßigen Sechsecks, quadrierbar sind ist die allgemeine Quadratur des Kreises auf diese Weise jedoch nicht zu erreichen.

Die Überführung von Dreiecken in Rechtecke, von Rechtecken in Quadrate oder die Addition zweier Quadrate war mit den bekannten geometrischen Sätzen bereits damals elementar zu bewältigen.

Die grundlegende Frage, ob auch krummlinig begrenzte Flächen exakt in Quadrate überführt werden können, konnte um 440 v.Chr. erstmalig von dem Mathematiker und Astronom Hippokrates von Chios positiv beantwortet werden.

So konnte man also bereits im antiken Griechenland nachweisen, dass auch (bestimmte) krummlinig begrenzte Flächenstücke durch rationale Zahlen berechnet werden können.

1.4.5 - Hippias von Elis

Hippias von Elis **[70]** war ein enzyklopädisch gebildeter Sophist des ausgehenden 5. Jahrhunderts v.Chr. aus Elis.

Er war ein jüngerer Zeitgenosse des Protagoras, und wurde von Platon in zwei Dialogen (Hippias Minor und Hippias Maior) sowie im Dialog Protagoras dargestellt. **[71]**

Hippias war der Erfinder (etwa 425 v.Chr.) der kinematisch erzeugten Kurve **Quadratrix**, **[72]** die zur Lösung von zweien der drei Probleme der griechischen Geometrie, der Drittelung eines Winkels und der Quadratur des Kreises, verwendet wurde. **[73]**

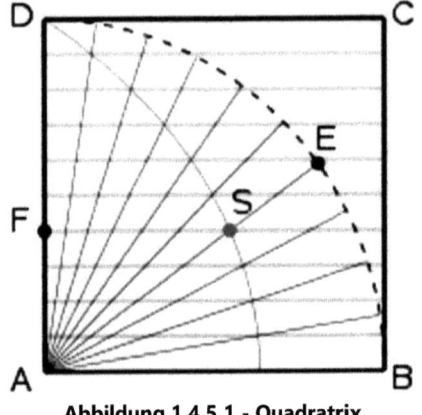

Abbildung 1.4.5.1 - Quadratrix

Mechanisch gesehen kann die Quadratrix durch die Überlagerung einer kreisförmigen mit einer linearen Bewegung erzeugt werden. Sie ist eines der ältesten Beispiele einer kinematisch erzeugten Kurve.

Die folgende Abbildung 1.4.5.2 zeigt die Quadratur eines Einheitskreises mit r=AD=AE mit der Quadratrix des Hippias, deren bogenförmiger Graph durch E, 2/π und D verläuft.

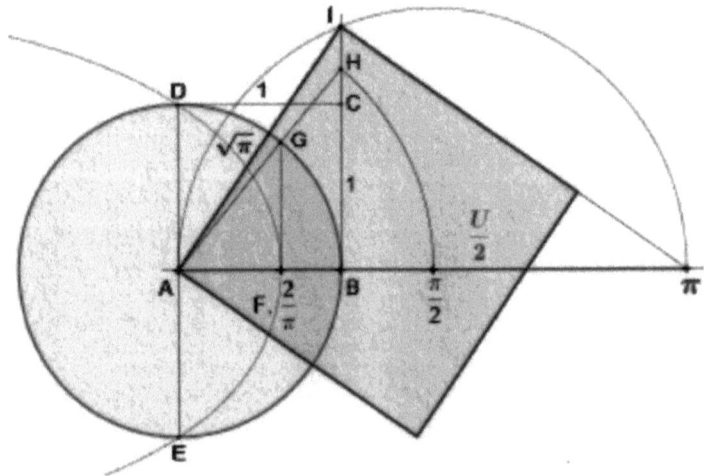

Abbildung 1.4.5.2 – Quadratur durch Quadratrix

Es erfolgt die Verlängerung der Strecke BH - nach dem Satz des Thales – wobei die Wurzel aus der Strecke A·π = AI = √π ist. Das eingezeichnete Quadrat mit der Seitenlänge √π hat den gleichen Flächeninhalt wie der Kreis um A.

1.4.6 - Deinostratos

Deinostratos (ca. 390 v.Chr. bis ca. 320 v.Chr.) **[74]** war ein griechischer Mathematiker und Geometer und Bruder von Menaichmos. Er ist dadurch bekannt, dass er die Quadratrix des Hippias zur Lösung des Problems der Quadratur des Kreises entwickelte.

Deinostratos' Hauptbeitrag zur Mathematik war seine Lösung der Quadratur des Kreises. Um dieses Problem zu lösen, nutzte Deinostratos die **Trisektrix** von Hippias von Elis, die dann später – nachdem Deinostratos das Problem gelöst hatte – als **Quadratrix** bekannt wurde. **[75]**

Obwohl Deinostratos dieses Problem löste, benutzte er hierfür nicht allein Lineal und Zirkel und daher war es für die Griechen klar, dass seine Lösung gegen die fundamentalen Prinzipien ihrer Mathematik verstoßen hatte.

Deinostratos konnte zeigen, dass mit Hilfe der Quadratrix, die Strecke der Länge $2/\pi$ (und damit mit Hilfe weiterer elementarer Konstruktionen ein Quadrat der Fläche π) konstruiert werden kann. So gelang ihm die Rektifikation des Viertelkreisbogens und die Quadratur des Kreises. Die Quadratrix selbst ist jedoch eine so genannte **transzendente Kurve**, also nicht mit Zirkel und Lineal erzeugbar. Daher war die Lösung im strengen klassischen Sinne damit nicht erreicht.

1.4.7 - Nikomedes

Nikomedes (um 280 v.Chr. bis um 210 v.Chr.) **[76]** war ein griechischer Mathematiker, der um die Wende des 3. zum 2. Jahrhundert vor Christus lebte.

Er führe die sogenannte **Konchoide [77]** des Nikomedes (Muschelkurve) ein, mit deren Hilfe er geometrische Probleme der Antike lösen konnte.

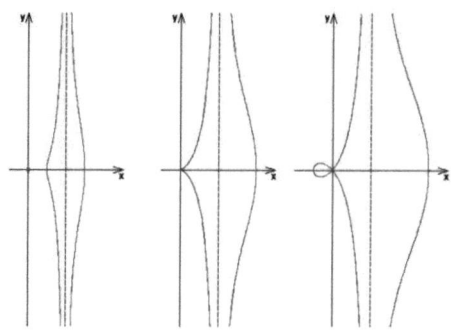

Abbildung 1.4.7.1 - Konchoide

In Polarkoordinaten: $r = \dfrac{a}{\cos\varphi} \pm b$

In kartesischen Koordinaten: $(x-a)^2 \cdot (x^2 + y^2) - b^2 \cdot x^2 = 0$

Zu den Lebensdaten des Nikomedes liegen keine genauen Quellen vor. Nikomedes nimmt jedoch in seinen Schriften auf das Werk des Eratosthenes (276/273 v.Chr.-194 v.Chr.) Bezug, danach müsste er etwa um die gleiche Zeit wie Eratosthenes oder etwas später gelebt haben. Die Bezeichnung bestimmter Kurven als Konchoid-ähnlich in den Überlieferungen des Apollonios von Perge (262 v.Chr.–190 v.Chr.) kann auch als Bezug auf Nikomedes Werk ausgelegt werden, woraus abgeleitet wird, dass Apollonios etwa um die gleiche Zeit wie Nikomedes oder etwas später gelebt haben muss.

Außerdem befasste sich Nikomedes mit der Quadratur des Kreises. Er soll ebenfalls die von Hippias von Elis angegebene Quadratrix zur Quadratur des Kreises verwendet haben. [78]

In historischen Quellen wird die Quadratrix bei Proklos (412-485 v.Chr.), [79] Pappos (3./4. Jahrhundert v.Chr.) [58] und Iamblichos (ca. 240-325 v.Chr.) [80] erwähnt. Proklos gibt Hippias als den Entdecker einer als Quadratrix bezeichneten Kurve an und beschreibt an einer anderen Stelle, wie Hippias diese Kurve zur Dreiteilung eines beliebigen Winkels verwendet.

Pappos hingegen beschreibt, wie eine als Quadratrix bezeichnete Kurve von Deinostratos, Nikomedes und anderen zur Quadratur des Kreises verwendet wurde. Dabei erwähnt er jedoch weder Hippias namentlich, noch benennt er explizit einen Entdecker der Kurve.

Iamblichos gibt lediglich in einem kurzen Satz an, dass Nikomedes eine als Quadratrix bezeichnete Kurve zur Quadratur des Kreises verwendet hat.

Obwohl es aufgrund der Bezeichnung der Kurve als Quadratrix bei Proklos denkbar ist, dass Hippias die Kurve auch selbst zur Quadratur verwendet hat, wird diese Quellenlage von Mathematikhistorikern meist so gedeutet, dass Hippias die Kurve zwar entdeckt, aber selbst nur zur Dreiteilung des Winkels verwandt hat und ihre Anwendung zur Quadratur auf spätere Mathematiker, insbesondere Deinostratos und Nikomedes zurückgeht.

1.4.8 - Antiphon

Antiphon aus Athen [81] war ein griechischer Philosoph und Sophist des 5. Jahrhunderts v.Chr., der mit einem Dichter, Tragiker und Traumdeuter identifiziert wurde, was aber inzwischen als widerlegt gilt. [82]

Der eine Kunst, kummerfrei zu leben verfasste und von dem Cicero Hinweise auf eine Schrift *„Über Traumdeutung"* überliefert. Schließlich sind unter Antiphons Namen auch Überlegungen zur Mathematik überliefert. **[83]** Umstritten ist seine Identität mit dem Redner Antiphon.

Der Sophist Antiphon verfasste u. a. zwei Schriften *„Über den Gemeinsinn"* und *„Über die Wahrheit"*. Aus beiden waren nur kümmerliche Zitate überliefert, bis im 20. Jh. im ägyptischen *„Oxyrhynchos Papyros-Fragmente"* mit längeren Abschnitten aus Antiphons Schrift *„Über die Wahrheit"* gefunden wurden. Da diese für eine Gleichheit aller Menschen (bzw. genauer gesagt Männer) eintreten und sich gegen die Unterscheidung von 'Griechen' und 'Barbaren' aussprechen, kann dies als Argument gegen die Identität mit dem als Oligarchen bekannten Redner Antiphon betrachtet werden. **[84]**

Antiphon war der Meinung, dass die Quadratur des Kreises und damit die exakte Bestimmung von π möglich sein müsse.

Jedes Dreieck lässt sich in ein Quadrat überführen. Daher lässt sich auch jedes Polygon in ein Quadrat verwandeln. Seine Idee ging davon aus, dem Kreis (regelmäßige) Vielecke mit immer größerer Seitenzahl einzuschreiben, so dass diese schließlich nicht mehr vom Kreis zu unterscheiden sind und damit der Kreis völlig "erschöpft" ist.

Auf Grund dieser Vorgehensweise nennt man diese Technik **Exhaustions-Methode**. **[85]** Der lateinische Ausdruck heißt "exhaurire", was herausnehmen, erschöpfen, vollenden bedeutet.

1.4.9 - Eudoxos

Eudoxos von Knidos **[86]** (zwischen 397 und 390 v.Chr. in Knidos, Kleinasien bis zwischen 345 und 338 v.Chr. in Knidos) war ein berühmter griechischer Mathematiker, Astronom, Geograph, Arzt, Philosoph und Gesetzgeber der Antike.

Seine Werke sind bis auf Fragmente verloren. Daher sind seine wissenschaftlichen Leistungen nur aus Berichten anderer Autoren bekannt bzw. zu erschließen. Mit seiner mathematischen Darstellung der Himmelskörperbewegungen leistete er einen maßgeblichen Beitrag zur Geometrisierung der Astronomie.

In der Mathematik begründete er die allgemeine Proportionenlehre. Dabei konnte er erstmals die irrationalen Größen einbeziehen, da seine Proportionenlehre auch auf inkommensurable Größen anwendbar ist. Seine Definitionen von Verhältnis und Proportion sind im fünften Buch von Euklids Elementen überliefert.

In der Forschung ist vermutet worden, dass das nach Archimedes benannte „Archimedische Axiom" in Wirklichkeit von Eudoxos stammt. Die Ausgangsproblematik hat Eudoxos offenbar gekannt, doch inwieweit er sich damit auseinander gesetzt hat, ist unklar. **[87]**

Eudoxos befasste sich mit dem in der Antike intensiv diskutierten Problem der Würfelverdoppelung, auch *„Delisches Problem"* genannt. **[88]** Er fand dafür eine nicht näher bekannte Lösung durch den Schnitt von Kurven, deren Schnittpunkte ergaben die zur Lösung des Problems erforderlichen zwei mittleren Proportionalen zur Kante des gegebenen und der des gesuchten Würfels. Ferner erfand Eudoxos, wie Plutarch berichtet, auch eine mechanische Vorrichtung zur annähernden Konstruktion von zwei mittleren Proportionalen.

Um 365/364 v.Chr. reiste Eudoxos in Begleitung eines Mitbürgers, des Arztes Chrysippos, nach Ägypten. **[89]** Ein Empfehlungsschreiben des Königs Agesilaos II von Sparta ebnete ihm den Weg zum Pharao Nektanebos I Der Aufenthalt dauerte sechzehn Monate. Sein besonderes Interesse galt den Kenntnissen der ägyptischen Priester, in deren Astronomie er sich Einblick verschaffte.

Zu den Schülern des Eudoxos gehörten der Arzt Chrysippos, **[90]** der ihn nach Ägypten begleitete, die Mathematiker Menaichmos **[91]** und Deinostratos und der Astronom Polemarchos von Kyzikos.

Eudoxos untersuchte die Volumenverhältnisse von Körpern und zeigte, dass das Volumen einer Pyramide einem Drittel des entsprechenden Prismas und dasjenige eines Kegels einem Drittel des entsprechenden Zylinders entspricht.

Für seinen Beweis verwendete er ein infinitesimales Berechnungsverfahren, die Exhaustionsmethode. Mit dieser Methode konnte er auch das Verhältnis der Kreisfläche und des Kugelvolumens zum Radius bestimmen.

Durch die Idee des Exhaustionsverfahren inspiriert, entwickelte Eudoxos von Knidos die Exhaustionsmethode zu einem funktionierenden Verfahren und berechnete so das Volumen von Pyramide und Kegel.

Die Aussage von Antiphon setzt das Wissen bzw. die Idee voraus, dass eine Kreisfläche in ein Quadrat überführt werden kann.

Wie beim Papyrus Rhind zu sehen war, setzten die Ägypter die Fläche eines Kreises mit dem Durchmesser 9 einem Quadrat mit der Seitenlänge 8 gleich, d.h. die Idee einen Kreis in ein Quadrat zu transformieren stammt damit von den Ägyptern bzw. letztlich aus dem allgemeinen Fundus der antiken Mathematik.

Anaxagoras, Hippokrates von Chios, Hippias von Elis, Deinostratos, Nikomedes und Antiphon greifen auf die Idee der Quadrierung aus der Antike zurück. Dann kann Antiphon, durch das Exhaustionsverfahren, aber als Erster aufzeigen, dass die Quadratur der Kreisfläche eine legitime (weil berechenbare) Konstruktion darstellt.

Unter der Voraussetzung, dass bei zwei gegebenen Quadraten immer ein Proportionalitätsfaktor existiert, lässt sich auch direkt diese Aussage folgern: Das Quadrat aus dem Durchmesser ist proportional zum Quadrat das die Kreisfläche darstellt. Damit ist das Durchmesserquadrat auch proportional zur Kreisfläche.

Dieser Zusammenhang wurde erst 100 Jahre später durch Euklid publiziert, muss aber schon zu Zeiten Antiphons bekannt gewesen sein.

1.4.10 - Bryson von Herakleia

Bryson von Herakleia [92] (450 bis 390 v.Chr.) war Mathematiker und Philosoph aus Herakleia Pontike. Er war ein Schüler des Euklid von Megara. [93]

Bryson ging noch einen Schritt weiter als Antiphon und berechnete die Fläche von zwei Vielecken. Eines das den Kreis von innen begrenzte und eines zweiten, dass den Kreis von außen umschloss. Die Fläche des Kreises, so folgerte Bryson, müsse zwischen den Flächen der beiden Vielecke liegen.

Bryson näherte den Kreis durch ein- und umbeschriebene regelmäßige Vielecke an und schloss mit Hilfe des Axioms *„Wozu es ein Größeres und ein Kleineres gibt, dazu gibt es auch ein Gleiches"* auf die Existenz eines dem Kreis flächengleichen Vielecks. [94]

Damit legten Antiphon und Bryson den Grundstein für die erfolgreiche Arbeit vieler Mathematiker in späterer Zeit, nicht zuletzt des Archimedes, der eben diese Methodik ausbaute und für seine Kreisberechnung benutzte.

1.4.11 - Euklid

Euklid von Alexandria [95] (360 bis 280 v.Chr.) war Mathematiker. Die überlieferten Werke umfassen sämtliche Bereiche der antiken griechischen Mathematik: das sind die theoretischen Disziplinen Arithmetik und Geometrie (*Die Elemente, Data*), Musiktheorie (*Die Teilung des Kanon*), [96] eine methodische Anleitung zur Findung von planimetrischen Problemlösungen von bestimmten gesicherten Ausgangspunkten aus (Porismen) sowie die physikalischen bzw. angewandten Werke (Optik, astronomische Phänomene).

In seinem berühmten Werk „*Die Elemente*" (vermutlich um 325 v.Chr. entstanden) **[97]** leitete er die Eigenschaften geometrischer Objekte, der natürlichen Zahlen und bestimmter Größen aus einer Menge von Axiomen (Elementaraussagen) ab. Seine axiomatische Methode wurde zum Vorbild für die gesamte spätere Mathematik.

Er trug das mathematische Wissen seiner Zeit zusammen und gibt uns damit einen guten Überblick über den mathematischen Kenntnisstand der Griechen gegen Ende des 4. Jahrhunderts v.Chr.
Viele Sätze der Elemente stammen nicht von Euklid selbst. Seine Hauptleistung besteht in der Sammlung und einheitlichen Darstellung mathematischen Wissens.

Euklid gelang der Beweis, dass **3 < π < 4** gilt. Doch erst Archimedes konnte rund 100 Jahre später diese Ungleichung verfeinern.
Euklid gibt in seinen „*Elementen Buch XII, § 2*" an, dass sich die Fläche eines Kreises proportional zum Quadrat seines Durchmessers verhält.

$$A_{Kreis} \sim d^2$$

Diese Proportionalität taucht hier so ganz unvermittelt aus dem Dunkel der Geschichte auf, muss aber schon länger bekannt gewesen sein. Denn diese Proportionalität konnte bereits 100 Jahre früher, nämlich aus der Aussage von Antiphon gefolgert werden.
Wenn die Fläche eines Kreises proportional zu einer Quadratfläche ist, dann existiert ebenfalls ein Proportionalitätsfaktor zwischen dieser Quadratfläche und dem Quadrat aus dem Durchmesser. Damit ist insgesamt die Kreisfläche proportional zum Quadrat des Durchmessers. Die Frage die hier auftaucht, ist die nach der Größe des Proportionalitätsfaktors. Und diese Frage werden sich die Griechen auch gestellt haben.

Und dies ist ein Indiz für die Existenz mindestens einer Quadraturkonstruktion. Wenn eine Quadratur des Kreises als Konstruktion existierte, dann ist es logisch, dass es auch einen Proportionalitätsfaktor zwischen dem Quadrat aus dem Durchmesser und dem Quadrat aus der Quadrierung (Kreisfläche) gibt.

Es ist davon auszugehen, dass Euklid in seinen Werken nur gesichertes Material aufgenommen hat, also die Proportionalität Kreisfläche zum Durchmesserquadrat zur damaligen Zeit eine allgemein bekannte war.
Ausgehend bzw. ableitbar von einer Quadraturkonstruktion müssen damals schon Zahlenverhältnisse also Proportionalitätsfaktoren bekannt ge-

wesen sein. Weil aber auch bekannt war, dass es sich um Näherungen handelte, hat Euklid in seinem Werk darauf verzichtet hier ein Zahlenverhältnis zu nennen und sich nur auf die Proportionalität von Kreisfläche und Durchmesserquadrat beschränkt.

1.4.12 - Archimedes

Archimedes von Syrakus **[98]** (287 bis 212 v.Chr.) war Mathematiker, Physiker und Ingenieur. Er gilt als einer der bedeutendsten Mathematiker der Antike, der u.a. die Gesetze für den Auftrieb, den Hebel und den Flaschenzug fand. **[99]**
Eine ausführliche Abhandlung von Archimedes mit dem Titel *„Kreismessung"* ist dokumentarisch überliefert. Archimedes beweist in seiner Arbeit drei grundlegende Sätze:

Satz 1: Die Fläche eines Kreises ist gleich der Fläche eines rechtwinkligen Dreiecks, mit dem Kreisradius als der einen und dem Kreisumfang als der anderen Kathete.

Berechnen lässt sich die Kreisfläche dann als:

$$A_{Kreis} = \frac{1}{2} \cdot Radius \cdot Umfang$$

Archimedes beweist den Satz indirekt. Indem er die Fläche des Kreises einmal als größer und einmal als kleiner als die Dreiecksfläche annimmt. Beide Aussagen werden dann zum Widerspruch geführt. Die Konsequenz ist daher, dass die Kreisfläche nur gleich der Dreiecksfläche sein kann.
Nach heutiger Sicht hat Archimedes mit diesem Satz das Problem der Quadratur des Kreises auf die Frage nach der Konstruierbarkeit des Umfangs eines Kreises (aus dem vorgegebenen Radius) zurückgeführt. Und damit auf die Konstruierbarkeit von π.

Mit diesem Satz taucht auch hier wieder unvermittelt ein Wissen auf, dass schon länger bekannt gewesen sein muss bzw. für das es Vorläufer gegeben haben muss. In diesem Satz verborgen steckt das Wissen das die Kreisfläche proportional zum Produkt aus Radius und Umfang ist.
Wie zu sehen war, lässt sich die Proportionalität von Kreisfläche und Durchmesserquadrat schon aus der Aussage von Antiphon folgern. Das ließe sich allgemein so formulieren:

$$A_{Kreis} = d^2 \cdot Faktor_1$$

Man kann voraus setzen, dass eine Rektifikation des Kreises bekannt war und damit auch diese Beziehung:

$$U_{Kreis} = d \cdot Faktor_2$$

Bildet man das Produkt Durchmesser mal Umfang dann ergibt sich:

$$d \cdot U_{Kreis} = d \cdot (d \cdot Faktor_2) = d^2 \cdot Faktor_1$$

Also ist das Rechteck aus Durchmesser (Radius) und Umfang auch proportional zum Durchmesserquadrat bzw. zur Kreisfläche. Das müsste schon zu Zeiten Antiphons bekannt gewesen sein. Und ohne zu wissen, dass es nur einen einzigen Proportionalitätsfaktor gibt.

Außerdem ist in dem Satz über die Kreisfläche auch das Wissen enthalten das bei Rektifikation und Quadratur des Kreises nur ein Proportionalitätsfaktor nämlich π existiert.

Hier könnte es ebenfalls Vorläufer gegeben haben, denn diese Zusammenhänge sind auch in der Rektifikationskonstruktion über das 14:11 Dreieck enthalten, wenn man diese zur Quadratur erweitert. Die von Archimedes angegebene Gleichung:

$$A_{Kreis} = \frac{1}{2} \cdot Radius \cdot Umfang$$

Durch eine kleine Umstellung der Gleichung entsteht:

$$A_{Kreis} = Radius \cdot \frac{Umfang}{2}$$

Und dies lässt sich unmittelbar als ein Rechteck interpretieren, mit den Seitenlängen r und U/2. Dieses Rechteck lässt sich auch direkt aus der Rektifikationskonstruktion über das 14:11 Dreieck ableiten.

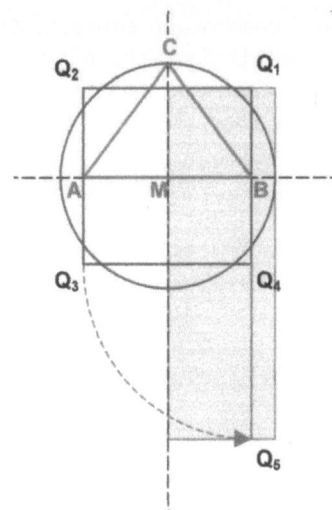

Quadrat und Kreis besitzen den gleichen Umfang, also ist eine Quadratseite gleich U/4.

Durch Anlegen einer Quadratseite an eine zweite Quadratseite entsteht eine Strecke mit der Länge U/2.

Das graue Rechteck ist dann das Rechteck Radius mal Umfang-Halbe und entspricht also der Kreisfläche.

Durch die komplette Abwicklung des Umfanges lässt sich das archimedische Dreieck dann leicht konstruieren.

Abbildung 1.4.12.1 - Quadrat und Kreis

Insgesamt ist die Konsequenz das die Beziehung **A**Kreis~ **Radius · Umfang** also schon länger bekannt gewesen sein muss. Es ist daher sehr wahrscheinlich das Archimedes, genau wie Thales und Pythagoras, bei seinem ersten Satz aus dem Fundus der allgemein bekannten Überlegungen und Konstruktionen schöpfte. Die Genialität liegt darin das er als Erster eine exakte Gleichung für die Kreisfläche angeben konnte und diesen Sachverhalt durch ein rechtwinkliges Dreieck derart darstellte, das Umfang und Fläche des Kreises so miteinander verknüpft sind, dass nur ein Proportionalitätsfaktor (nämlich π) existiert.

Satz 3: Der Umfang eines Kreises ist größer als 3 10/71 und kleiner als 3 1/7 des Durchmessers.

Daraus folgt direkt:

$$3\frac{10}{71} < \pi < 3\frac{1}{7} \qquad \text{bzw.} \qquad \frac{223}{71} < \pi < \frac{22}{7}$$

Archimedes greift hier den Gedanken von Bryson auf, nämlich der beliebigen Annäherung des Kreises durch eingeschriebene und umschreibende regelmäßige Vielecke. Ausgehend vom eingeschriebenen Sechseck und einem umschreibenden Dreieck gelangt Archimedes, durch sukzessive Verdoppelung der Seitenzahl, jeweils bis zum 96-Eck.

Eine Abschätzung der in den einzelnen Rechenschritten auftretenden Quadratwurzeln ergibt die genannten Schranken. Und gleichzeitig wird, durch die obere Schranke der Ungleichung, eine ebenso einfache wie genaue Näherung dieser Zahl, nämlich 22/7 angegeben. Ein Wert, der für praktische Zwecke, bis heute Verwendung findet.

Archimedes liefert damit als Erster ein vollständiges Verfahren zur Ermittlung der Kreiszahl. Dieses Verfahren war bis ins 17. Jahrhundert praktisch das wichtigste Verfahren zur Bestimmung der Kreiskonstanten. Erst mit der Arbeit von Huygens war der rein geometrische Ansatz zur Bestimmung der Kreiszahl im Wesentlichen ausgeschöpft.

Satz 2: Die Fläche eines Kreises verhält sich zum Quadrat seines Durchmessers nahezu wie 11/14.

Also:

$$A_{Kreis} = d^2 \cdot \frac{11}{14}$$

Der zweite Satz ist eine Folgerung aus den beiden anderen Sätzen. Dass sich die Fläche eines Kreises proportional zum Quadrat seines Durchmessers verhält, war ja bereits seit Antiphon bekannt und erstmals 100 Jahre zuvor von Euklid angegeben worden. Archimedes gibt hier als Erster explizit den Wert der Proportionalitätskonstanten mit 11:14 an.

Mit den drei Sätzen des Archimedes ist auch die Rektifikation des Kreises also die Umfangsbestimmung eindeutig gegeben. Es gilt:

$$A_{Kreis} = \frac{1}{2} \cdot Radius \cdot Umfang = \frac{1}{2} \cdot r \cdot U = \frac{1}{4} \cdot d \cdot U$$

$$A_{Kreis} = d^2 \cdot \frac{11}{14} = r^2 \cdot \frac{22}{7}$$

Zusammen genommen ergibt sich:

$$\frac{1}{4} \cdot d \cdot U = A_{Kreis} = d^2 \cdot \frac{11}{14}$$

Umstellen der Gleichung zum Umfang hin ergibt:

$$U = d \cdot \frac{11}{14} \cdot 4 = d \cdot \frac{22}{7}$$

$$U = d \cdot \frac{22}{7} = r \cdot \frac{44}{7}$$

In einer weiteren Arbeit *„Über Spiralen"* beschreibt Archimedes die Konstruktion der später nach ihm benannten Spirale, die durch die Überlagerung einer kreisförmigen mit einer linearen Bewegung gewonnen wird.

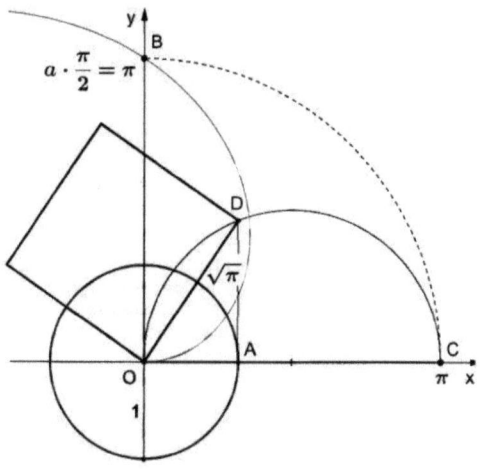

Abbildung 1.4.12.2 - Quadratur durch archimedische Spirale

Im Bild 1.4.12.2 zeigt die Quadratur eines Einheitskreises durch die archimedischen Spirale. Deren Windungsabstand beträgt $a \cdot \pi/2$. Der Graph der Spirale schneidet die y-Achse in B und liefert somit die Kreiszahl als Strecke OB. Nun wird die Kreiszahl π auf die x-Achse projiziert. Das eingezeichnete Quadrat mit der Seitenlänge $\sqrt{\pi}$ hat den gleichen Flächeninhalt wie der Kreis um O.

Auf die damit geleistete Quadratur des Kreises verweisen erst spätere Kommentatoren hin. Archimedes selbst macht hierzu keine Aussage. Wie bei der Quadratrix sind weder die Spirale selbst noch ihre Tangente mit Zirkel und Lineal konstruierbar.

1.4.13 - Heron von Alexandria

Heron von Alexandria [100] (10 bis 75 n.Chr.) war Mathematiker, Ingenieur und Erfinder. Seine Lebensdaten lassen sich nur ungenau ermitteln. Er muss nach Archimedes, aber vor Pappos gelebt haben, d.h. etwa zwischen 200 v.Chr. und 300 n.Chr.
Heron lehrte am Museion von Alexandria, das berühmt für seine Bibliothek war. Seine Werke sind teilweise nur fragmentarisch überliefert, offenbar handelt es sich zum Teil um Vorlesungsnotizen. Sie beschäftigen sich unter anderem mit mathematischen, optischen und mechanischen Themen.

Bekannt sind vor allem seine Ausführungen zu automatischen, teilweise sogar schon programmierbaren Geräten und der Ausnutzung von Wasser, Luft und Hitze als treibende Kraft. Hier sind insbesondere die Erfindung der „Aeolipile", auch Heronsball [101] genannt, und der Heronsbrunnen [102] zu nennen.

Er fand u.a. das Heron-Verfahren zum Berechnen der Quadratwurzel, sowie den Satz des Heron, der es erlaubt, den Flächeninhalt eines Dreiecks nur mit Kenntnis der drei Seiten zu berechnen. (ohne Winkel oder andere Teile des Dreiecks zu kennen) [103]
In einem der zahlreichen Bücher mit Namen „Metrika" (Buch der Messung) liefert der Gelehrte den Beweis zur später nach ihm benannten Heronschen Formel. Auch die Bezeichnung Heronisches Dreieck [104] erinnert an den antiken Mathematiker. [105]

Nach Angaben von Heron von Alexandria soll Archimedes sogar eine noch bessere Abschätzung für π gefunden haben. Es ist aber nicht vollständig geklärt, ob dieser Ausdruck wirklich von ihm stammt.
Seine Angabe lautet:

$$\frac{195882}{62351} < \pi < \frac{211882}{67441}$$

Dies Näherung soll aber falsch überliefert worden sein. Eine Korrektur von Wilbur Knorr lautet:

$$3\frac{8915}{62991} < \pi < 3\frac{9552}{67441}$$

1.4.14 - Apollonius von Perge

Apollonios von Perge [106] (262 bis 190 v.Chr.) war Mathematiker. Sein bedeutendstes Werk "*Über Kegelschnitte*" beschäftigt sich in eingehenden Untersuchungen über die Problematik der Kegelschnitte. Er wies nach, dass die drei verschiedenen Kegelschnitte (Ellipse, Parabel und Hyperbel), deren Namen und Definitionen er einführte, vom selben allgemeinen Kegeltypus stammen. [107] Nach Apollonios von Perge sind auch der Kreis des Apollonios [108] und das Apollonische Problem [109] benannt.

In der Astronomie trug Apollonios zur Epizykeltheorie bei und zeigte deren Verbindung zur Exzenter-Theorie. Er erklärte damit die rückläufige Planetenbewegung und die Bewegung des Mondes. Seine Theorien wurden unter anderem von Hipparchos und Claudius Ptolemäus aufgegriffen und weiterentwickelt.

Über sein Leben ist nur wenig bekannt. Er studierte und arbeitete in Alexandria unter Ptolemaios III und Ptolemaios IV, besuchte Kleinasien und lebte für kurze Zeit in Pergamon.

Auf Apollonios geht folgender Wert für π zurück:

$$\pi \approx \frac{211875}{67441} = 3,1416$$

Es ist aber nicht sicher ob der Wert von Apollonios oder von Archimedes selbst stammt.

1.4.15 - Claudius Ptolemäus

Claudius Ptolemäus, [110] lateinisch Claudius Ptolomaeus (um 100 n.Chr., möglicherweise in Ptolemais Hermeiou, Ägypten bis vor 180 n.Chr., vermutlich in Alexandria), war ein griechischer Mathematiker, Geograph, Astronom, Astrologe, Musiktheoretiker und Philosoph. Ptolemäus wirkte als Bibliothekar an der berühmten antiken Bibliothek in Alexandria. Insbesondere seine drei Werke zur Astronomie, Geografie und Astrologie galten in Europa bis in die frühe Neuzeit als wichtige umfangreiche Datensammlungen und wissenschaftliche Standardwerke. [111]

So schrieb Ptolemäus die *„Mathematike Syntaxis"* (mathematische Zusammenstellung), später *„Megiste Syntaxis"* (größte Zusammenstellung), heute *„Almagest"* (abgeleitet vom Arabischen al-mağisṭī) genannte Abhandlung zur Mathematik und Astronomie in 13 Büchern. **[112]** Sie war bis zum Ende des Mittelalters ein Standardwerk der Astronomie und enthielt neben einem ausführlichen Sternenkatalog eine Verfeinerung des von Hipparchos von Nicäa vorgeschlagenen geozentrischen Weltbildes, dass später nach ihm Ptolemäisches Weltbild genannt wurde. **[113]**

Claudius Ptolemäus nützte die Vorarbeit des Archimedes und setzte dessen Methode bis zum 720-Eck fort. Damit erreichte er für π die Näherung:

$$\pi \approx 3\frac{17}{120} = \frac{377}{120} = 3,1416...$$

1.4.16 - Karpos von Antiochia

Karpos von Antiochia **[114]** war Astronom und Mathematiker des 1. oder 2. Jahrhunderts n.Chr. Er verfasste ein heute verlorenes Werk (*Astrologike pragmateia*), dass bei Proklos zitiert wird. Dort behauptet er den Vorrang der visuellen Evidenz von Konstruktionen gegenüber der formalen Ableitung von Lehrsätzen. Da er dort auch Mechaniker (griechisch: Μηχανικὸς) genannt wird, kann angenommen werden, dass er sich mit der Konstruktion astronomischer Instrumente beschäftigte. **[115]**

Darüber hinaus befasste er sich mit der Quadratur des Kreises. Seine Konstruktionen sind, wegen des Verlustes, heute nicht mehr nachvollziehbar, ähneln jedoch der Quadratrix des Hippias und der Spirale des Archimedes.

1.5 - China

Von Wang Fan **[116]** um 250 n.Chr. stammt die Näherung:

$$\pi \approx \frac{142}{45} = 3,15...$$

1.5.1 - Liu Hui

Liu Hui **[117]** (220 bis 280 n.Chr.) war ein chinesischer Mathematiker. Er lebte im Wei-Reich.

Liu Hui ist bekannt für seine Kommentare zu den Jiuzhang Suanshu, den *„Neun Büchern arithmetischer Technik"*. **[118]** Dies ist eine Sammlung zur Lösung mathematischer Probleme aus dem Alltagsbereich.

Liu Hui veröffentlichte das Jiuzhang Suanshu im Jahre 263 n.Chr. mit eigenen Kommentaren, das ist gleichzeitig die älteste erhaltene Ausgabe. Zu seinen herausragenden Arbeiten gehören:
Die Lösung linearer Gleichungssysteme mit Hilfe eines Verfahrens, das später als Gaußsches Eliminationsverfahren bekannt wurde. Die Berechnung der Volumina von Prisma, Pyramide, Tetraeder, Zylinder, Kegel und Kegelstumpf.

Außerdem verfasste er das „*Haidao suanjing*" (Mathematisches Handbuch der Seeinsel), [119] eines der zehn Klassiker (*Suanjing shi shu*) [120] der mittelalterlichen chinesischen Mathematik. Es wurde 263 n.Chr. geschrieben und enthält Methoden für die Landvermessung, die in den folgenden tausend Jahren in Ostasien nach diesem Buch verwendet wurden. [121]
Liu Hui bestimmte aus dem 192-Eck die folgenden Schranken 3,141024 und 3,142704, später aus dem 3072-Eck den Näherungswert 3,14159. Er schlug 3,14 als gute Näherung vor.

1.5.2 - Tsu Chu'ung-Chi

Der Astronom Tsu Chu'ung-Chi [122] (430 bis 501 n.Chr.) und sein Sohn Tsu Keng-Chi fanden diese Näherung:

$$\pi \approx \frac{355}{113} = 3{,}14159292$$

Tsu Ch'ung Chi (Zu Chong Zhi) wurde als Mathematiker und Astronom bekannt und war etwa 800 Jahre lang der Weltrekordhalter in der Präzision der Darstellung von π.
Die Wissenschaftshistoriker wissen nicht sehr viel über ihn. Insbesondere ist rätselhaft, wie Tsu seine erstaunliche Approximation der Kreiszahl π berechnet hat. Wahrscheinlich benutzten sie eingeschriebene Polygone, die bis zu 24576 Seiten enthielten. [123]

Über den Ursprung dieses einfachen Bruches gibt es nur Vermutungen, die besagen, dass Tsu einfach die bekannten Brüche von Ptolemäus und Archimedes verwendet hat. Indem er die Differenz der Zähler und Nenner bildete:

$$\pi \approx \frac{377 - 22}{120 - 7} = \frac{355}{113}$$

Wie in manchen anderen gesellschaftlichen und kulturellen Bereichen gab es auch in der Mathematik in den westlichen Kulturen eine sehr lange Zeit der Stagnation nach Ende der Antike und während des Mittelalters.

Fortschritte in der Annäherung an π erzielten in dieser Zeit vor allem chinesische und persische Wissenschaftler. Im dritten Jahrhundert bestimmte Liu Hui – ähnlich wie Archimedes – die Schranken 3,1410 und 3,1427.

Um 480 n.Chr. berechnete der chinesische Mathematiker und Astronom Zu Chong Zhi (430–501 n.Chr.) die folgenden Schranken für die Kreiszahl **3,1415926 < π < 3,1415927**, also im Grunde die ersten 7 Dezimalstellen exakt. Er kannte auch den fast genauso guten Näherungsbruch 355/113 (das ist der dritte Näherungsbruch der Kettenbruchentwicklung von π), der in Europa erst im 16. Jahrhundert gefunden wurde.

1.6 - Indien

Um 500 v.Chr. waren für π Näherungen in Gebrauch, wie zum Beispiel:

$$\pi \approx \left(\frac{7}{4}\right)^2 = \frac{49}{16} = 3,0625$$

Noch öfter findet man einen Wert, der auch als **Hinduwert [104]** bezeichnet wird:

$$\pi \approx \sqrt{10} = 3,162277$$

1.6.1 - Brahmagupta

Brahmagupta **[125]** (598 bis 668 n.Chr.) war ein indischer Mathematiker und Astronom. Er leitete das astronomische Observatorium in Ujjain und verfasste in dieser Funktion zwei Arbeiten zur Mathematik und zur Astronomie, dass *„Brahmasphutasiddhanta"* **[126]** im Jahre 628 n.Chr. und das *„Khan-dakhadyaka"* **[127]** im Jahre 665 n.Chr.

Das Brahmasphutasiddhanta ist, wenn man vom Zahlensystem der Mayas absieht, der früheste bekannte Text, in dem die Null als geschriebene Zahl behandelt wird. Zuvor hatten im 6. Jahrhundert v.Chr. bereits die Babylonier den Wert Null als Leerzeichen verwendet. Darüber hinaus stellte Brahmagupta in diesem Werk Regeln für die Arithmetik mit negativen Zahlen und mit der Zahl „0" auf, die schon weitgehend unserem modernen Verständnis entsprechen. Der größte Unterschied bestand darin, dass Brahmagupta auch die Division durch „0" zuließ, während in der modernen Mathematik Quotienten mit dem Divisor „0" nicht definiert sind. **[128]** Zu seinen bekanntesten Resultaten gehören zwei nach ihm benannte Lehrsätze über Sehnenvierecke. Der Satz von Brahmagupta, der eine Seitenhalbierung in bestimmten Sehnenvierecken beschreibt und die Formel von Brahmagupta, die die Fläche eines beliebigen Sehnenvierecks berechnet. Auf ihn geht auch die Brahmagupta-Identität zurück.

Brahmagupta fand 640 n.Chr. ebenfalls den sogenannten Hinduwert, indem er die Summe der Seitenlängen von 12-, 24-, 48- und 96-seitigen Polygonen berechnete.

1.6.2 - Aryabhatiya

Aryabhata I **[129]** (476 n.Chr. in Ashmaka bis um 550 n.Chr.) war ein bedeutender indischer Mathematiker und Astronom. Geboren in Ashmaka, lebte er später in Kusumapura, dass später Bhaskara I (629 n.Chr.) als Pataliputra, das heutige Patna identifizierte.

Es wird vermutet, dass das Konzept der Zahl „0" (Null) auf Aryabhata zurückgeht, wenngleich erst bei Brahmagupta die Null offensichtlich als eigenständige Zahl behandelt wird und dafür Rechenregeln angegeben sind.

Er konnte Quadratwurzeln und Kubikwurzeln ziehen sowie verschiedene lineare und quadratische Gleichungen lösen. Er entwickelte auch die Trigonometrie weiter. Selbst seine Sinustafeln sind in alter indischer Tradition in Versform geschrieben. **[130]**

Als seine größte mathematische Leistung ist aber die *„unbestimmte Analytik"* für verallgemeinerte diophantische Gleichungen anzusehen. Vermittelt durch muslimische Mathematiker gelangte sein mathematisches Wissen indirekt auch ins spätere mittelalterliche Europa.

Aryabhata bestimmte die Kreiszahl π für damalige Verhältnisse sehr genau auf 3,1416 und scheint schon geahnt zu haben, dass es sich um eine irrationale Zahl handelt.

Seine Näherung, die auch im *„Paulisha Siddhanta"* **[131] [132]** erwähnt wird:

$$\pi \approx \frac{3927}{1250} = 3,1416$$

1.7 - Eingrenzung der Zahl π

Archimedes **[98]** (287 bis 212 v.Chr.) greift den Gedanken von Bryson von Herakleia (450 bis 390 v.Chr.) **[92]** auf, nämlich der beliebigen Annäherung des Kreises durch **eingeschriebene und umschreibende regelmäßige Vielecke.**
Ausgehend vom eingeschriebenen Sechseck und einem umschreibenden Dreieck gelangte Archimedes, durch sukzessive Verdoppelung der Seitenzahl, jeweils bis zum **96-Eck.**

Archimedes lieferte damit als Erster ein **vollständiges systematisches Verfahren** zur Ermittlung der Kreiszahl π und lieferte auch eine erste Eingrenzung.
Dieses Verfahren war bis ins 17. Jahrhundert praktisch das wichtigste Verfahren zur Bestimmung der Kreiskonstanten. Erst mit der Arbeit von Christiaan Huygens (1629 bis 1695) **[182]** und Ludolph van Ceulen (1540 bis 1610) **[173]** war der rein geometrische Ansatz zur Bestimmung der Kreiszahl im Wesentlichen ausgeschöpft.

Auf rein elementargeometrischem Weg gelang Huygens eine so gute Eingrenzung der zwischen Vieleck und Kreis liegenden Fläche, dass er bei entsprechender Seitenzahl der Polygone die Kreiszahl auf mindestens dreimal so viel Stellen genau erhielt wie Archimedes mit seinem Verfahren.

Ludolph van Ceulen widmete einen großen Teil seiner Arbeit und seines Lebens der Berechnung der Zahl π. 1596 errechnete er 20 richtige Stellen und kurz vor seinem Tod weitere 15 Stellen.
Dabei diente ihm die Archimedische Methode als Grundlage. Er benutzte ein- und umschriebene Polygone mit 2^{62} Seiten. Die letzten drei der von ihm berechneten Ziffern wurden in seinen Grabstein eingemeißelt. Daher wird π auch manchmal als **Ludolphsche Zahl** bezeichnet.

Christoph Grienberger (auch Gruemberger, Grünberger) (1561 bis 1636) **[176]** war ein österreichischer Jesuitenpater und Astronom. 1630 errechnete Christoph Grienberger 39 Ziffern für π. Das ist bis heute die genaueste Annäherung durch manuell verwendende polygonale Algorithmen.

Von Archimedes bis heute gesehen sind das mindestens **2300 Jahre** in denen sich die Beschäftigung des Menschen mit der **Kreiszahl π** gesichert belegen lässt.

1.7.1 - Reihenentwicklungen der Zahl π

François Viète oder Franciscus Vieta, **[166]** wie er sich in latinisierter Form nannte (1540 bis 1603), war ein französischer Advokat und Mathematiker. Er führte die Benutzung von Buchstaben als Variablen in die mathematische Notation der Neuzeit ein. Er wird manchmal auch „Vater der Algebra" genannt.

Francois Viète drang 1579, in Fortsetzung der archimedischen Methode, bis zum 393216-Eck vor. Er erhielt eine Ungleichung, die den Wert für π bis auf 9 Dezimalstellen angab.

Viète stellte erstmals eine geschlossene Formel für π vor, die sich aus einem **unendlichen Produkt** ableiten lässt.

Der rein geometrische Ansatz zur Bestimmung der Kreiskonstanten war mit Huygens Arbeit im Wesentlichen ausgeschöpft. Bessere Näherungen ergaben sich mit Hilfe von **unendlichen Reihen**, speziell der Reihenentwicklung **trigonometrischer** Funktionen.

Zwar hatte François Viète schon Ende des 16. Jahrhunderts durch die Betrachtung bestimmter Streckenverhältnisse aufeinander folgender Polygone eine erste exakte Darstellung von π durch ein unendliches Produkt gefunden, doch erwies sich diese Formel als unhandlich.

Eine einfachere Reihe, die darüber hinaus nur mit rationalen Operationen auskommt, stammt von John Wallis (1616 bis 1703) **[213]** war ein englischer Mathematiker, der Beiträge zur Infinitesimalrechnung und zur Berechnung der Kreiszahl π leistete.

Eine weitere Darstellung der Kreiszahl als **Kettenbruch** stammt von William Brouncker. (1620 bis 1684) **[218]** war ein irischer Mathematiker und 1660 Gründungsmitglied der Royal Society in London.

1655 fand Brouncker, aufgrund der Gleichung von Wallis, eine Kettenbruchdarstellung für den Kehrwert von $\pi/4$.

Wichtiger für die Praxis war die von James Gregory **[219]** und davon unabhängig von Gottfried Wilhelm Leibniz **[226]** gefundene Reihe für den Arcustangens.

James Gregory (1638 bis 1675) war ein schottischer Mathematiker und Astronom. Die von ihm gefundene Reihe erschloss neue Wege bei der Berechnung der Kreiszahl π.

Gottfried Wilhelm Leibniz (1646 bis 1716) war ein deutscher Philosoph und Wissenschaftler, Mathematiker, Diplomat, Physiker, Historiker, Politiker, Bibliothekar und Doktor des weltlichen und des Kirchenrechts in der frühen Aufklärung.

Von Gottfried Wilhelm Leibniz stammt auch eine Reihe für π, die er bei der Untersuchung des Konvergenzverhaltens unendlicher Reihen 1673 fand. Die einfache, aber nur sehr langsam konvergierende Formel lässt sich mit Hilfe der Potenzreihe des Arkustangens ableiten.
Obwohl diese Reihe selbst nur langsam konvergiert, kann man aus ihr andere Reihen ableiten, die sich wiederum sehr gut zur Berechnung der Kreiszahl eignen.

Sir Isaac Newton (1642 bis 1727) **[223]** war ein englischer Naturforscher und Verwaltungsbeamter.
Durch die Ausarbeitung der Analysis, von Isaac Newton konnten bessere Näherungswerte von π gefunden werden.
Newton verfügte 1665 über 16 Stellen von π. Dies geschah durch **Reihenentwicklungen**, die mit Hilfe der **Infinitesimalrechnung** erstellt wurden.

Anfang des 18. Jahrhunderts waren mit Hilfe solcher Reihen über 100 Stellen von π berechnet, neue Erkenntnisse über das Problem der Kreisquadratur konnten dadurch allerdings nicht gewonnen werden.

1.7.2 - Transzendenz

Johann Heinrich Lambert (1728 bis 1777) **[252]** war ein schweizerisch-elsässischer Mathematiker, Logiker, Physiker und Philosoph der Aufklärung.
1761 (im Druck 1768) wies Lambert die Irrationalität der Kreiszahl π mit Hilfe der Theorie der Kettenbrüche nach. Irrationalität einer Zahl besagt, dass sie nicht als Bruch zweier ganzen Zahlen darstellbar ist.
Lambert näherte sich der Kreiszahl durch eine Folge von Brüchen. Mit Hilfe von Kettenbrüchen konnte er auch die besten Näherungen von π in Form von Brüchen berechnen.
Diese Vorarbeit machte sich Lambert zunutze, der mit Hilfe einer der Eulerschen Kettenbruchentwicklungen 1766 erstmals zeigen konnte, dass **e** und **π** irrationale, also nicht durch einen ganzzahligen Bruch darstellbare Zahlen sind.

Charles Hermite (1822 bis 1901) **[264]** war ein französischer Mathematiker. Er erzielte wichtige Ergebnisse über doppelt periodische Funktionen und Invarianten quadratischer Formen. 1858 löste er eine algebraische

Gleichung fünften Grades mit Hilfe elliptischer Funktionen. 1873 erzielte er sein wohl berühmtestes Resultat: Er bewies, dass die Eulersche Zahl **e** transzendent ist.

Carl Louis Ferdinand von Lindemann (1852 bis 1939) **[267]** war ein deutscher Mathematiker. Aus 1882 stammt sein Beweis, dass die Kreiszahl π eine **transzendente Zahl** ist (siehe Satz von Lindemann-Weierstraß).
Lindemann griff in seiner Arbeit auf ein Ergebnis des französischen Mathematikers Charles Hermite zurück. Dieser hatte bewiesen, dass die Eulersche Zahl e transzendent ist.
Lindemann bewies dann, dass auch π eine **transzendente** Zahl ist, d.h. unter anderem: π **ist unendlich und unperiodisch**.

Unendlichkeit und Unperiodizität langen allein allerdings nicht aus, um Transzendenz einer Zahl zu gewährleisten.
Transzendenz einer Zahl bedeutet: Nicht Lösung einer Gleichung mit GANZZAHLIGEN oder RATIONALEN Koeffizienten zu sein. Den Beweis veröffentlichte er in dem Artikel "*Über die Zahl π*" in den "Mathematischen Annalen" in München. **[268]**
Die Konsequenz ist, dass eine Konstruktion der Zahl π durch Lineal und Zirkel, also die geometrische Quadratur des Kreises **nicht exakt** möglich ist, also ein Beweis für **die Unmöglichkeit der exakten Quadratur des Kreises als geometrische Konstruktion oder mit geometrischen Mitteln**.

Zu erwähnen wäre da noch das, seit den Griechen, quasi ganze Generationen von Mathematikern vorher versucht hatten, eine Lösung der Quadratur mit Zirkel und Lineal zu erreichen. Lindemanns Beweis zeigt demzufolge auch die Aussichtslosigkeit eines solchen Unterfangens. Was andererseits bedeutet, das vorhandene geometrische Konstruktionen, die Quadratur des Kreises betreffend, als **Näherungslösungen** zu betrachten sind.

Daher sind alle geometrischen Quadraturkonstruktionen nur Näherungskonstruktionen.

Und bei Näherungen, dass heißt bei ihrer Anwendung und Benutzung, spielt eher die Frage der **Genauigkeit** eine große Rolle.

1.7.3 - Die geometrisch günstigste Näherung

Praktisch geometrisch gesehen, also aus Gründen der Konstruierbarkeit, sind quasi nur die Bruchdarstellungen deren Nenner kleiner als 1000 sind, verwendbar. Und hier fallen lediglich 4 Werte auf:

Tsu Chu'ung-Chi

Die Darstellung von π durch **355/113** - die ersten 6 Stellen hinter dem Komma sind exakt.

Adriaen Metius

Die Darstellung von π durch **333/106** - die ersten 4 Stellen hinter dem Komma sind exakt.

Claudius Ptolemäus

Die Darstellung von π durch **377/120** - die ersten 3 Stellen hinter dem Komma sind exakt.

Archimedes

Die Darstellung von π durch **22/7** - die ersten 2 Stellen hinter dem Komma sind exakt.

Die angegebenen Näherungen lassen sich geometrisch nutzen bzw. umsetzen, so dass eine Quadratur des Kreises, **als annähernde Konstruktion**, lediglich mit Zirkel und Lineal ausgeführt, also durchaus möglich ist.

Die am häufigsten verwendete Näherung ist der von Archimedes verwendete Wert 22/7.

Dadurch reduziert sich das Thema Quadratur des Kreises auf zwei Zahlen: die **7** und die **11**. Es ergeben sich hier zwei Möglichkeiten: dass **14:11** und das **11:7** Verhältnis. Aus jeder Proportion resultiert eine spezifische Quadraturkonstruktion.

In den nächsten Kapiteln werden daher beide Konstruktionen gezeigt. Ferner erfolgt eine Untersuchung ihrer Genauigkeit.

1.7.4 - Näherungen für π in Bruchdarstellung

Wie in der obigen historischen Betrachtung behandelt worden ist, lässt sich π durch Bruchdarstellungen annähern. Hier einige Beispiele, wie sie im Laufe der Zeit auch immer wieder von verschiedenen Autoren benutzt worden sind. Die erste abweichende Dezimalstelle ist dabei grau markiert und die Ziffernfolge wird hier abgebrochen.

Näherung für π	Dezimale Darstellung
$\dfrac{19}{6}$	3,16
$\dfrac{22}{7}$	3,142
$\dfrac{25}{8}$	3,12
$\dfrac{49}{16}$	3,0
$\dfrac{142}{45}$	3,15
$\dfrac{223}{71}$	3,140
$\dfrac{256}{81}$	3,16
$\dfrac{333}{106}$	3,141 50
$\dfrac{355}{113}$	3,141 592 9
$\dfrac{377}{120}$	3,141 6
$\dfrac{3727}{1250}$	3,141 6
$\dfrac{20612}{6561}$	3,141 594

$\dfrac{54648}{17395}$	**3,141 592 4**
$\dfrac{75948}{24175}$	**3,141 592 5**
$\dfrac{103993}{33102}$	**3,141 592 653 0**
$\dfrac{100798}{32085}$	**3,141 592 64**
$\dfrac{195882}{62351}$	**3,141 6**
$\dfrac{211875}{67441}$	**3,141 6**
$\dfrac{211882}{67441}$	**3,141 7**
$\dfrac{312689}{99532}$	**3,141 592 654**

Tabelle 1 - Näherungen für π in Bruchdarstellung

Teil 1.2 – Konstruktionen

1.8 - Die Rektifikation des Kreises 1

1.8.1 - Quadratur des Kreises 1 und Quadratur-Dreieck 1

Die **Quadratur des Kreises** kann geometrisch wie folgt dargestellt werden: Nimmt man einen Kreis und ein Quadrat, die den gleichen Umfang besitzen und ordnet beide symmetrisch zu einem Mittelpunkt **M**, in einem kartesischen Koordinatensystem an (Abbildung 1.8.1.1), so lässt sich ein Dreieck **ABC** konstruieren, dessen Höhe gleich dem Radius des Kreises, und dessen Grundseite gleich einer Quadratseite ist.

Das Dreieck **ABC** wird als **Quadratur-Dreieck** bezeichnet.

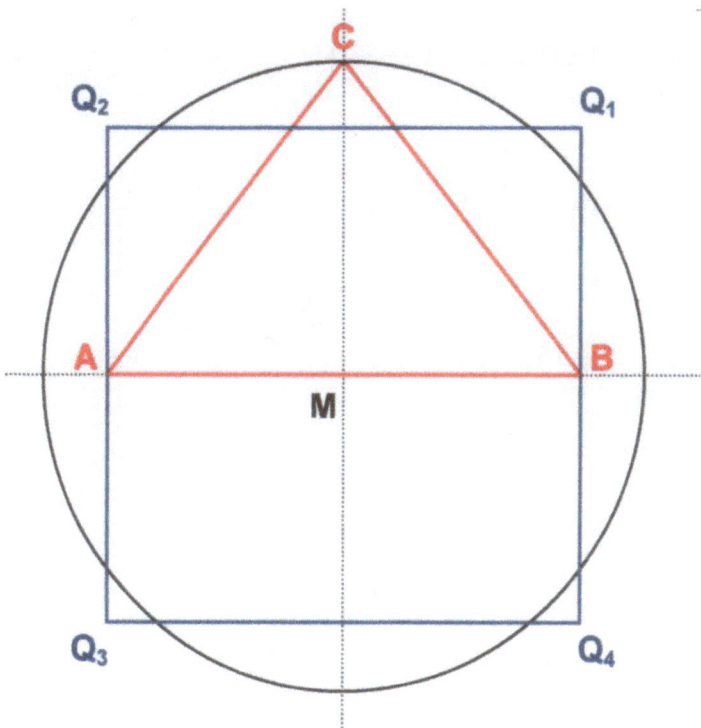

Abbildung 1.8.1.1 - Die Quadratur des Kreises - Konstruktion 1

1.8.2 - Definition der Strecken der Quadratur-Konstruktion 1

Um die Gesamtkonstruktion in ihren Größen bestimmen zu können, müssen die vorkommenden Strecken, anhand Abbildung 1.8.1.1, erst einmal definiert werden.

Die Höhe des Dreiecks ist gleich dem Radius des Kreises:

$$\overline{MC} = h = r$$

Die Seiten des Quadrates:

$$\overline{Q_1Q_2} = \overline{Q_2Q_3} = \overline{Q_3Q_4} = \overline{Q_4Q_1} = a$$

Die Grundseite des Quadraturdreiecks ABC:

$$\overline{AB} = g$$

Die Grundseite der Schnittdreiecke AMC und BMC:

$$\overline{AM} = \overline{MB} = s = \frac{g}{2}$$

Für die Gesamtkonstruktion gilt:

$$a = g = 2s$$

Die Schnittseiten des Quadraturdreiecks:

$$\overline{AC} = \overline{BC} = \ell = \sqrt{h^2 + s^2}$$

Der Winkel ABC = BAC ist der Böschungswinkel α

Der Winkel ACB = BCA ist der Spitzenwinkel β

1.8.3 - Die Quadratur-Bedingung

Kreis und Quadrat besitzen gleichen Umfang :

$$U_{Kreis} = U_{Quadrat}$$

$$2 \cdot \pi \cdot r = 4 \cdot a$$

1.8.4 - Das Verhältnis für die Seiten

Als Verhältnis Kreisradius zu Quadratseite ergibt sich:

$$\frac{r}{a} = \frac{h}{g} = \frac{2}{\pi} = 0{,}636619772$$

Also gilt:

$$\frac{d}{a} = \frac{h}{s} = \frac{4}{\pi}$$

1.8.5 - Das Verhältnis für die Winkel

Für den Böschungswinkel α gilt:

$$\tan \alpha = \frac{h}{s} = \frac{4}{\pi} = 1{,}273239545 \Rightarrow \alpha = 51°51'14{,}31''$$

Für den Spitzenwinkel β gilt:

$$\tan \beta = \frac{s}{h} = \frac{\pi}{4} = 0{,}785398163 \Rightarrow \beta = 38°08'45{,}69''$$

1.8.6 - Die Näherung für π

Die bisherigen Betrachtungen sind mathematisch exakt. In der Konstruktion aber, wie in Abbildung 1.8.1.1 dargestellt, ist dies durch Zirkel und Lineal **nicht** lösbar. Für die geometrische Konstruktion müssen die einzelnen Längen erst durch **eine Rechnung** ermittelt werden. Dieser Umstand lässt sich vereinfachen, wenn für π eine **Näherung** benutzt wird. Wie schon im ersten Kapitel dargestellt, besteht die einfachste Annäherung an π in der Anwendung eines Teiles der archimedischen Ungleichung:

$$\pi < \frac{22}{7} \qquad \text{bzw. als Näherung} \qquad \pi \approx \frac{22}{7}$$

1.8.7 - Die Näherung für die Seiten

Für die Gesamtkonstruktion 1 bzw. das Quadratur-Dreieck 1 ergibt sich dann folgendes Verhältnis:

$$\frac{r}{a} = \frac{h}{g} = \frac{2}{\pi} \approx \frac{2}{\frac{22}{7}} = \frac{7}{11} = 0,6363...$$

Für das Höhen / Seiten-Verhältnis der Schnitt-Dreiecke gilt dann:

$$\frac{h}{s} = \frac{14}{11}$$

1.8.8 - Die Näherung für die Winkel

Für die Winkel gilt mit der Näherung:

$$\tan \alpha = \frac{4}{\pi} \approx \frac{4}{\frac{22}{7}} = \frac{14}{11} = 1,2727... \Rightarrow \alpha = 51°50'33,98''$$

$$\tan \beta = \frac{\pi}{4} \approx \frac{22}{7 \cdot 4} = \frac{11}{14} = 0,785714286 \Rightarrow \beta = 38°09'26,02''$$

1.8.9 - Das erste Quadratur-Dreieck

Nimmt man ein rechtwinkliges Dreieck, (in Abbildung 1.8.1.1 entsprechend den Schnitt-Dreiecken MBC bzw. MAC) mit dem Höhen / Seiten-Verhältnis **14:11**, so lässt sich daraus auch die komplette Quadratur aus Abbildung 1.8.9.1 ableiten.

Aus Abbildung 1.8.9.1 wird erkenntlich, wie mittels eines Schnitt-Dreieckes und dessen Entwicklung, durch Spiegelung, das Quadratur-Dreieck 1 erzeugt wird.

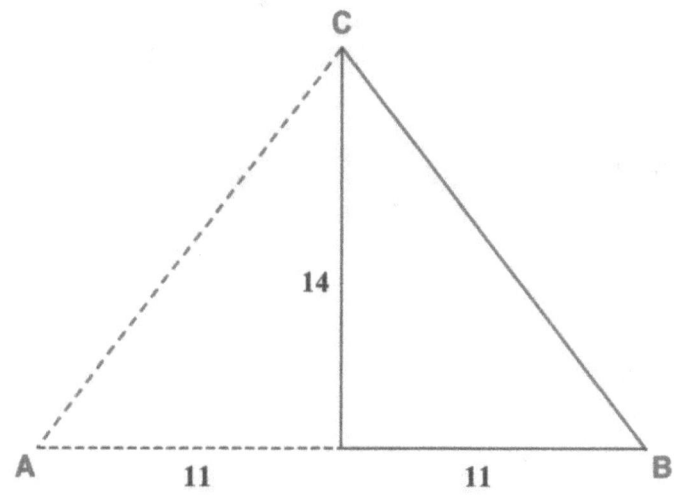

Abbildung 1.8.9.1 - Das Quadraturdreieck 1

Der nächste Schritt wäre die weitere Entfaltung in die Gesamtkonstruktion 1, also die Erzeugung des Kreises und des Quadrates.

Somit steht eine Technik mit dem 14:11 Verhältnis zur Verfügung, die es gestattet einen Kreis in ein umfanggleiches Quadrat, oder umgekehrt ein Quadrat in einen umfangsgleichen Kreis, auf geometrischen Wegen, zu transformieren.

1.9 - Genauigkeitsbetrachtung 1

1.9.1 - Die Genauigkeit der Winkel des Quadratur-Dreiecks 1

Bei einer Näherungslösung ist immer die Frage nach der Genauigkeit angebracht. Dazu kann man im Fall der Quadratur die Winkel und auch die Höhen / Seiten-Verhältnisse des Quadratur-Dreiecks benutzen. Beginnen wir mit den Winkeln.

Die Differenz zwischen genauem Wert und dem Näherungswert besitzt bei Alpha und Beta den gleichen Betrag nämlich: 0° 0′ 40,33".
Rechnet man dies prozentual auf die genauen Winkel um, so ergibt sich für Alpha eine Ungenauigkeit von ±0,0216 % und für Beta eine Ungenauigkeit von ±0,0294 %.

Winkelmäßig gesehen ist die Ungenauigkeit also stets kleiner als eine Winkelminute, und prozentual gesehen bedeutet dies eine Ungenauigkeit, die im Betrag **0,03% nicht überschreitet**.
Was sich als hinreichend genau, für die meisten vorkommenden Verhältnisse, bezeichnen lässt.

Beim Zeichnen in der Größenordnung DinA3 oder DinA4 beträgt die Zeichengenauigkeit maximal 0,1 Grad, was 6 Winkelminuten entspricht.
Damit hat die Quadratur-Ungenauigkeit **keinen Einfluss** auf die Zeichengenauigkeit und ist in diesem Größenbereich daher unerheblich.

1.9.2 - Die Näherungslösung für die Kreis-Quadratur

Die Quadratur-Konstruktion ist ja dazu gedacht, einen vorgegebenen Kreis in ein umfanggleiches Quadrat zu verwandeln. Da der Radius bekannt ist, entsteht für die Quadratseite daraus eine eindeutige Beziehung.
Dies gilt auch, wenn für π die Näherungslösung eingesetzt wird und die entsprechende Gleichung lautet dann:

$$a = \frac{\pi}{2} \cdot r \approx \frac{11}{7} \cdot r$$

1.9.3 - Die Verhältnisse für das Quadrat

Zur weiteren Untersuchung kann man zuerst von einem **Einheitskreis** (r=1) ausgehen und dann die zugehörigen Quadrate betrachten. Also die genaue Quadratseite und die durch die Näherung ermittelte Seite. Die Differenz zwischen genauem Wert und Näherungswert lässt sich zur Ungenauigkeits-Bestimmung benutzen.

Für das Seiten / Radiusverhältnis des Quadratur-Dreiecks gilt: **a : r = π : 2**

Für die Näherung des Seiten / Radius-Verhältnis gilt: **a : r = 11 : 7**

1.9.4 - Die Differenz zwischen genauem und angenähertem Wert

Die Differenz zwischen genauen Wert und Näherungswert des Seiten / Radius-Verhältnisses erhält man:

$$\Delta a = \left(\frac{\pi}{2} - \frac{11}{7} \right) \cdot h$$

Um einen Überblick der Abweichungen bei verschiedenen Größenverhältnissen zu erhalten, braucht man jetzt nämlich nur den Einheitsradius in 10er Schritten zu vergrößern. Aus Übersichtsgründen wurde die minimale Größe für den Radius des Grundkreises mit 10 cm angesetzt.

Kreisradius	Differenz = wahrer Wert - Näherung
	für die Seiten der Quadrate
10 cm	0,063224 mm
1 m	0,63224 mm
10 m	6,3224 mm
100 m	6,3224 cm
1km	63,224 cm
10 km	6,3224 m
100 km	63,224 m

Tabelle 1

Bei der Berechnung der Differenz ergibt sich eigentlich ein negatives Ergebnis, heißt also der Näherungswert ist etwas zu groß geraten.

1.9.5 - Die Genauigkeit der Quadratseiten

Aus der Tabelle 1 wird ersichtlich das im Größenbereich von ein paar 10 cm, also **DinA4** oder auch **DinA3** Format, die Ungenauigkeit maximal 0,2 mm beträgt. Damit liegt sie in der Größenordnung der Zeichenungenauigkeit und kann daher vernachlässigt werden. Die Quadratur-Konstruktion könnte in dieser Größenordnung also als **gute Näherung** genutzt werden.

Im Meter wie im 10 Meter-Bereich beträgt die Ungenauigkeit maximal 1-2 cm. Bei architektonischen Objekten, wie Häusern oder Parks, können Wände und Ränder von Beeten oder Wegen, sowohl die Näherungslösung als auch den wahren Wert enthalten.

Desgleichen gilt für den 100 bis 200 Meter-Bereich. Hier liegt die Ungenauigkeit bei etwa 10 cm. Und kann daher auch in Mauern oder Beeträndern oder Wegen beide Quadratur-Lösungen enthalten.

Im 1 bis 2 Kilometer-Bereich beträgt der Fehler etwa einen Meter. Auch hier lässt sich die Quadratur-Konstruktion noch, durch Wege, Straßen, Beete oder Gebäude markiert, ohne Einschränkung benutzen.

Im 10 bis 20 km-Bereich liegt die Ungenauigkeit bei etwa 10 m. Selbst hier noch lassen sich Wege, Straße, Beete oder auch Gebäude noch so gebrauchen, dass eine Quadratur ermöglicht wird.

Rechnet man die, in Tabelle 1 angegebenen, Differenzen prozentual auf die wahren Seitenlängen der Quadrate um, so erhält man einen Fehler von **± 0,07 %, für alle auftretenden Fälle.**
Genau genommen bezieht der Fehler sich ja auf die gesamte Quadratseite. Da in der Quadratur-Konstruktion aber alle vorkommenden Elemente entlang einer Symmetrie-Achse angeordnet sind, werden die Quadratseiten halbiert. Damit verteilt sich auch der Fehlabstand zu beiden Seiten der Symmetrie-Achse, d.h. der Fehler wird ebenfalls halbiert.

Der mittlere Fehler für die Quadratseiten kann daher mit ± 0,035 % angesetzt werden.

1.9.6 - Das Seiten/Höhen-Verhältnis

Nimmt man also ein Schnitt-Dreieck und betrachtet darin die Höhe **h** und die Grundseite **s**, indem die Verhältnisse dieser Größen zueinander gebildet werden, so ergibt sich:

Für das Seiten / Höhen-Verhältnis des Schnitt-Dreiecks gilt: **s : h = π : 4**

Für die Näherung des Seiten / Höhen-Verhältnis gilt dann: **s : h = 11 : 14**

1.9.7 - Differenz zwischen genauem und angenähertem Wert

Die Differenz zwischen genauem Wert und Näherungswert lässt sich zur Ungenauigkeitsbestimmung benutzen:

$$\Delta s = \left(\frac{\pi}{4} - \frac{11}{14} \right) \cdot h$$

Um einen Überblick der Abweichungen bei verschiedenen Größenverhältnissen zu erhalten, braucht man ja nur, wie oben schon geschehen, den Einheitsradius in 10er Schritten zu vergrößern. Aus Übersichtsgründen wurde auch hier die minimale Größe für den Radius des Grundkreises mit 10 cm angesetzt.

Höhe/Radius	Differenz = wahrer Wert - Näherung
	für die Grundseite des Schnitt-Dreiecks
10 cm	0,0316122 mm
1 m	0,316122 mm
10 m	3,16122 mm
100 m	3,16122 cm
1km	31,6122 cm
10 km	3,16122 m
100 km	31,6122 m

Tabelle 2

Bei der Berechnung der Differenz ergibt sich eigentlich ein negatives Ergebnis, heißt also der Näherungswert ist etwas zu groß geraten.

Rechnet man die, in Tabelle 3 angegebenen, Differenzen prozentual auf die wahre Höhe des Schnitt-Dreiecks (bzw. dem Radius des Kreises) um, so erhält man einen Fehler von **± 0,04 %, für alle auftretenden Fälle.**

Aus der Tabelle 2 im Vergleich zu Tabelle 1 ist ersichtlich, dass die vorkommenden Fehlergrößen nur die Hälfte des Quadratseiten-Fehlers ausmachen. Damit gelten alle Genauigkeitsbetrachtungen, die für die Quadratseite gemacht worden sind, auch in diesem Fall.

1.9.8 - Die Schnittseiten des Quadratur-Dreiecks 1

Eine weitere Fehlerabschätzung für die Quadratur-Konstruktion lässt sich gewinnen, wenn die Schnitt-Seiten des Quadratur-Dreiecks in Betracht gezogen werden.

In Abbildung 1.8.1.1 entsprechen die Schnitt-Seiten ja den Strecken **BC = AC = ℓ** . Gleichzeitig sind diese Strecken aber auch die Hypotenusen der rechtwinkligen Schnitt-Dreiecke MAC und MBC. Da Höhe und Seite bekannt sind, kann die Länge der Hypotenuse über den Satz des Pythagoras ermittelt werden:

$$\ell = \sqrt{h^2 + s^2}$$

Die Höhe **h** ist ja gleich dem Radius **r** und die Seite **s** ist gleich der Hälfte der Quadratseite **a**. Diese Bezüge, in die obige Gleichung eingesetzt, ergeben dann:

$$\ell = \sqrt{r^2 + \left(\frac{a}{2}\right)^2}$$

Durch Einsetzen der Beziehung **a = π · r/2** und Ausklammerung ergibt sich:

$$\ell = r \cdot \sqrt{1 + \left(\frac{\pi}{4}\right)^2} = r \cdot \frac{\sqrt{16 + \pi^2}}{4}$$

1.9.9 - Die Näherung für die Schnittseiten

Dieses Ergebnis lässt sich sowohl für die genaue als auch für die Näherungslösung benutzen. So dass insgesamt also gilt:

$$\ell = \frac{r}{4} \cdot \sqrt{16 + \pi^2} = \frac{r}{14} \cdot \sqrt{317}$$

1.9.10 - Differenz zwischen genauem und angenähertem Wert

Wie bei der Betrachtung zur Genauigkeit der Quadratseiten lassen sich die Differenzen zwischen genauem Wert und Näherungswert zur Bestimmung der Ungenauigkeit benutzen.

Wiederum von einem Einheitskreis ausgehend, lassen sich die Differenzen bei verschiedenen Größenverhältnissen darstellen. Wie gehabt, braucht man ja nur den Einheitsradius in 10er Schritten zu vergrößern. Die hier gewählte Größe für den Radius des Grundkreises beträgt ebenfalls 10 cm.

Kreisradius	Differenz = Näherung - wahrer Wert für die Schnitt-Seiten
10 cm	0,019528 mm
1 m	0,19528 mm
10 m	1,9528 mm
100 m	1,9528 cm
1 km	19,528 cm
10 km	1,9528 m
100 km	19,528 m

Tabelle 3

Aus der Tabelle 3 im Vergleich zu Tabelle 2 ist ersichtlich, dass die vorkommenden Fehlergrößen nur 1/3 des Quadratseiten-Fehlers ausmachen. Damit gelten alle Genauigkeitsbetrachtungen, die für die Quadratseite gemacht worden sind, auch in diesem Fall.

Rechnet man die, in Tabelle 3, angegebenen Differenzen prozentual auf die wahren Schnittlängen des Quadratur-Dreiecks um, so erhält man **einen Fehler von ± 0,02 %, für alle auftretenden Fälle**

1.9.11 - Bilanz für die Konstruktion 1

Somit bietet die Quadratur-Konstruktion 1, ausgehend von der 14:11 Proportion als Näherungslösung, eine Technik, die eine **praktische Handhabung der Kreisquadratur** gestattet.

In der praktizierten Geometrie, genau genommen in den kleineren Bereichen von Blattgrößen etwa. Sowie die Anwendung in der Architektur oder der Landschaftsgestaltung, als **strukturierendes Element**. Und das mit hinreichender Genauigkeit, wie zu sehen war.

1.10 - Die Rektifikation des Kreises 2

1.10.1 - Quadratur des Kreises 2 und das Quadratur-Dreieck 2

Es existiert, wie weiter oben schon erwähnt, eine weitere Quadratur-Konstruktion, die Umfangsgleichheit liefert, und mit einem Dreieck **ABC** (siehe dazu Abbildung 1.10.1.1) realisiert wird, dass nicht nur ein anderes Höhen / Seiten-Verhältnis besitzt, sondern auch in der Gesamtkonstruktion abweicht.

Die Höhe des Dreiecks ist hier gleich einer Quadratseite. Die Grundseite des Dreiecks ist gleich dem Durchmesser des Kreises.
Dieses Dreieck **ABC** wird hier in der Folge als **Quadratur-Dreieck 2** bezeichnet.

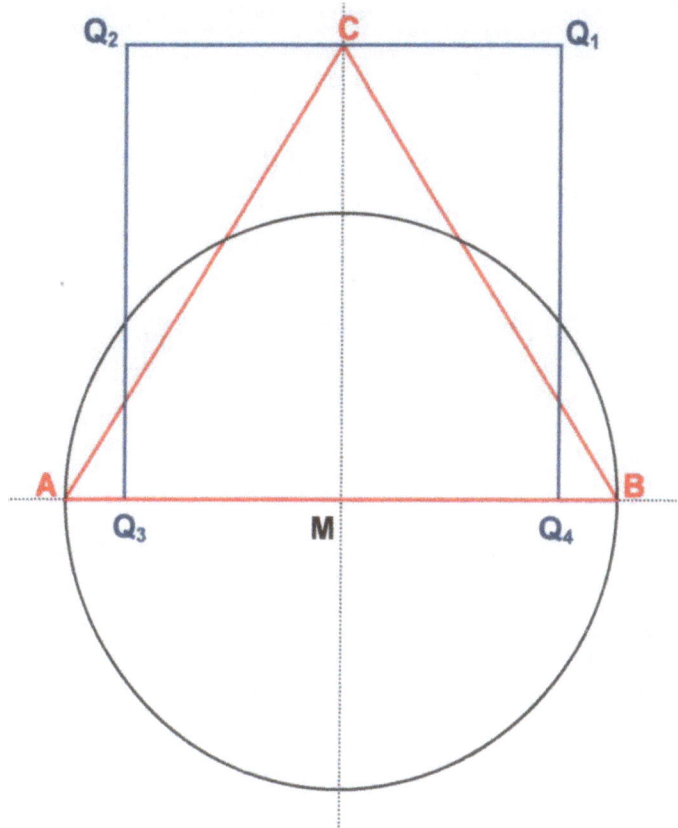

Abbildung 1.10.1.1 - Die Quadratur des Kreises - Konstruktion 2

1.10.2 - Definition der Strecken der Quadratur-Konstruktion 2

Es müssen auch hier erst einmal einige Definitionen bezüglich der vorkommenden Strecken, anhand Abbildung 1.10.1.1, getätigt werden.

Die Grundseite der Schnittdreiecke AMC und BMC:

$$\overline{AM} = \overline{MB} = s = \frac{g}{2} = r$$

Die Seiten des Quadrates:

$$\overline{Q_1Q_2} = \overline{Q_2Q_3} = \overline{Q_3Q_4} = \overline{Q_4Q_1} = a$$

Die Höhe des Dreiecks ist gleich einer Quadratseite:

$$\overline{MC} = h = a$$

Die Grundseite des Dreiecks ist gleich dem Durchmesser des Kreises:

$$\overline{AB} = g = 2r = d$$

Die Schnittseiten des Quadraturdreiecks:

$$\overline{AC} = \overline{BC} = \ell = \sqrt{h^2 + s^2}$$

Der Winkel ABC = BAC ist der Böschungswinkel α

Der Winkel ACB = BCA ist der Spitzenwinkel β

1.10.3 - Die Quadratur-Bedingung

Kreis und Quadrat besitzen gleichen Umfang :

$$U_{Kreis} = U_{Quadrat}$$

$$2 \cdot \pi \cdot r = 4 \cdot a$$

1.10.4 - Das Verhältnis für die Seiten

Als Verhältnis Kreisradius zu Quadratseite ergibt sich:

$$\frac{2r}{a} = \frac{2s}{h} = \frac{4}{\pi} = 1{,}27323945$$

1.10.5 - Das Verhältnis für die Winkel

Für den Böschungswinkel α gilt:

$$\tan\alpha = \frac{h}{s} = \frac{a}{r} = \frac{\pi}{2} = 1{,}570796327 \Rightarrow \alpha = 57°31'06{,}11''$$

Für den Spitzenwinkel β gilt:

$$\tan\beta = \frac{s}{h} = \frac{2}{\pi} = 0{,}636619772 \Rightarrow \beta = 32°28'53{,}89''$$

1.10.6 - Die Näherung für π

Die bisherigen Betrachtungen sind, wie bei der Konstruktion 1 mathematisch exakt. In der praktischen Konstruktion aber, wie in Abbildung 1.10.1.1 dargestellt, ist dies durch Zirkel und Lineal ebenfalls nicht lösbar. Für die geometrische Konstruktion müssen die einzelnen Längen erst durch eine Rechnung ermittelt werden.

Auch hier lässt sich dieser Umstand vereinfachen, wenn für π eine Näherung benutzt wird. Wie im vorherigen Fall, also der Quadratur 1, besteht die einfachste Annäherung an π mit Hilfe eines Teiles der archimedischen Ungleichung:

$$\pi < \frac{22}{7} \qquad \text{bzw. als Näherung} \qquad \pi \approx \frac{22}{7}$$

1.10.7 - Die Näherung für die Seiten

Für die Gesamtkonstruktion 1 bzw. das Quadratur-Dreieck 1 ergibt sich dann folgendes Verhältnis:

$$\frac{2r}{a} = \frac{h}{g} = \frac{4}{\pi} \approx \frac{4}{\frac{22}{7}} = \frac{14}{11} = 1,2727...$$

Für das Höhen / Seiten-Verhältnis der Schnitt-Dreiecke gilt dann:

$$\frac{h}{s} = \frac{11}{7}$$

1.10.8 - Die Näherung für die Winkel

Für die Winkel gilt mit der Näherung:

$$\tan\alpha = \frac{\pi}{2} \approx \frac{22}{7\cdot 2} = \frac{11}{7} = 1,571428571 \Rightarrow \alpha = 57°31'43,71''$$

$$\tan\beta = \frac{2}{\pi} \approx \frac{7\cdot 2}{22} = \frac{7}{11} = 0.6363... \Rightarrow \beta = 32°28'16,29''$$

1.10.9 - Das zweite Quadratur-Dreieck

Nimmt man also ein rechtwinkliges Dreieck, (in Abbildung 1.10.1.1 entsprechend den Schnitt- Dreiecken MBC bzw. MAC) mit dem Höhen / Seiten-Verhältnis **11:7**, so lässt sich daraus auch die komplette Quadratur aus Abbildung 1.10.9.1 ableiten.

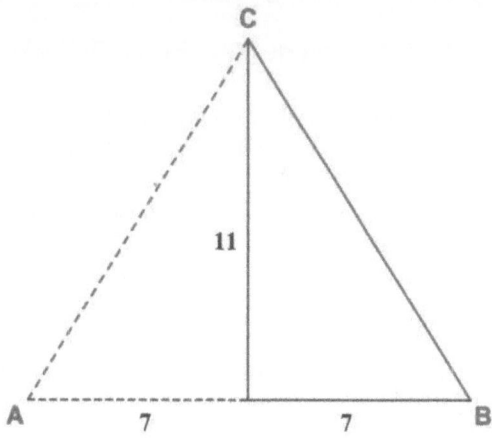

Abbildung 1.10.9.1 - Das Quadraturdreieck 2

Aus Abbildung 1.10.9.1 wird erkenntlich, wie mittels eines Schnitt-Drei-eckes und dessen Entwicklung, durch Spiegelung, das Quadratur-Dreieck 2 erzeugt wird. Der nächste Schritt wäre die weitere Entfaltung in die Ge-samtkonstruktion 2.

Somit steht eine zweite Technik, mit dem 11:7 Verhältnis zur Verfügung, die es gestattet einen Kreis in ein umfanggleiches Quadrat, auf geometri-schen Wegen, zu transformieren.

1.11 - Genauigkeitsbetrachtung 2

1.11.1 - Genauigkeit der Winkel des Quadratur-Dreiecks 2

Wie im ersten Fall kann man im Fall der Quadratur 2 die Winkel und auch die Höhen / Seiten-Verhältnisse des Quadratur-Dreiecks benutzen. Beginnen wir mit den Winkeln.

Die Differenz zwischen genauem Wert und dem Näherungswert besitzt bei Alpha und Beta den gleichen Betrag nämlich: 0° 0′ 37,6".

Rechnet man dies prozentual auf die genauen Winkel um, so ergibt sich für Alpha eine Ungenauigkeit von ±0,0181 % und für Beta eine Ungenauigkeit von ±0,0321 %.

Winkelmäßig gesehen ist die Ungenauigkeit also stets kleiner als eine Winkelminute, und prozentual gesehen bedeutet dies eine Ungenauigkeit, die im Betrag **0,035% nicht überschreitet**. Was sich als hinreichend genau, für die meisten vorkommenden Verhältnisse, bezeichnen lässt.

Beim Zeichnen in der Größenordnung DinA3 oder DinA4 beträgt die Zeichengenauigkeit maximal 0,1 Grad, was 6 Winkelminuten entspricht. Damit hat die Quadratur-Ungenauigkeit **keinen Einfluss** auf die Zeichengenauigkeit, und ist in diesem Größenbereich daher unerheblich.

1.11.2 - Näherungslösung für die Kreis-Quadratur

Die Quadratur-Konstruktion ist ja dazu gedacht, einen vorgegebenen Kreis in ein umfanggleiches Quadrat zu verwandeln. Da der Radius bekannt ist, entsteht für die Quadratseite daraus eine eindeutige Beziehung. Dies gilt auch, wenn für π die Näherungslösung eingesetzt wird und die entsprechende Gleichung lautet dann:

$$a = \frac{\pi}{2} \cdot r \approx \frac{11}{7} \cdot r$$

Damit gelten alle Genauigkeitsbetrachtungen, die für die Quadratseite, im Falle der Konstruktion 1 gemacht worden sind, auch in diesem Fall.

1.11.3 - Das Seiten/Höhen-Verhältnis

Nimmt man also ein Schnitt-Dreieck und betrachtet darin die Höhe **h** und die Grundseite **s**, indem die Verhältnisse dieser Größen zueinander gebildet werden, so ergibt sich:

Für das Seiten / Höhen-Verhältnis des Schnitt-Dreiecks gilt: **s : h = 2 : π**

Für die Näherung des Seiten / Höhen-Verhältnis gilt dann: **s : h = 7 : 11**

1.11.4 - Differenz zwischen genauem und angenähertem Wert

Die Differenz zwischen genauem Wert und Näherungswert lässt sich zur Ungenauigkeitsbestimmung benutzen:

$$\Delta s = \left(\frac{2}{\pi} - \frac{7}{11} \right) \cdot h$$

Um einen Überblick der Abweichungen bei verschiedenen Größenverhältnissen zu erhalten, braucht man ja nur, wie oben schon geschehen, den Einheitsradius in 10er Schritten zu vergrößern.
Aus Übersichtsgründen wurde auch hier die minimale Größe für den Radius des Grundkreises mit 10 cm angesetzt.

Höhe/Radius	Differenz = Näherung - wahrer Wert für die Grundseite des Schnitt-Dreieck
10 cm	0,0256136 mm
1 m	0,256136 mm
10 m	2,56136 mm
100 m	2,56136 cm
1km	25,6136 cm
10 km	2,56136 m
100 km	25,6136 m

Tabelle 4

Bei der Berechnung der Differenz ergibt sich ein positives Ergebnis, heißt also der Näherungswert ist etwas zu klein geraten. Rechnet man die, in Tabelle 4 angegebenen, Differenzen prozentual auf die wahre Höhe des

Schnitt- Dreiecks (bzw. dem Radius des Kreises) um, so erhält man einen Fehler von ± **0,04 %, für alle auftretenden Fälle.**

Aus der Tabelle 4 im Vergleich zu Tabelle 2 ist ersichtlich, dass die vorkommenden Fehlergrößen nur die Hälfte des Quadratseiten-Fehlers ausmachen. Damit gelten alle Genauigkeitsbetrachtungen, die für die Quadratseite gemacht worden sind, auch in diesem Fall.

1.11.5 - Schnittseiten des Quadratur-Dreiecks 2

Eine weitere Fehlerabschätzung für die Quadratur-Konstruktion lässt sich gewinnen, wenn die Schnitt-Seiten des Quadratur-Dreiecks in Betracht gezogen werden.

In Abbildung 1.10.9.1 entsprechen die Schnitt-Seiten ja den Strecken **BC = AC = ℓ** . Gleichzeitig sind diese Strecken aber auch die Hypotenusen der rechtwinkligen Schnitt-Dreiecke MAC und MBC.
Da Höhe und Seite bekannt sind, kann die Länge der Hypotenuse über den Satz des Pythagoras ermittelt werden:

$$\ell = \sqrt{h^2 + s^2}$$

Die Höhe **h** ist ja gleich dem Radius **r** und die Seite **s** ist gleich der Hälfte der Quadratseite **a**. Diese Bezüge, in die obige Gleichung eingesetzt, ergeben dann:

$$\ell = \sqrt{r^2 + \left(\frac{a}{2}\right)^2}$$

Durch Einsetzen der Beziehung **a = $\pi \cdot$ r/2** und Ausklammerung ergibt sich:

$$\ell = r \cdot \sqrt{1 + \left(\frac{\pi}{4}\right)^2} = r \cdot \frac{\sqrt{16 + \pi^2}}{4}$$

So dass insgesamt für die genaue als auch für die Näherungs-Lösung gilt:

$$\ell = \frac{r}{4} \cdot \sqrt{16 + \pi^2} = \frac{r}{14} \cdot \sqrt{317}$$

Dieses Ergebnis stimmt mit den Betrachtungen aus den Kapiteln 1.8 und 1.9 überein. Damit gelten alle Genauigkeitsbetrachtungen, die für die Schnittseite in der Konstruktion 1 gemacht worden sind, auch in diesem Fall für die Quadratur-Konstruktion 2.

1.11.6 - Bilanz für die Konstruktion 2

Somit bietet die Quadratur-Konstruktion 2, ausgehend von der **11:7** Proportion als Näherungslösung, eine weitere Technik, die eine **praktische Handhabung der Kreisquadratur** gestattet.

In der praktizierten Geometrie, genau genommen in den kleineren Bereichen von Blattgrößen etwa. Sowie die Anwendung in der Architektur oder der Landschaftsgestaltung, als **strukturierendes Element**. Und das mit hinreichender Genauigkeit, wie zu sehen war.

Insgesamt erhält man also, für die Quadratur-Konstruktion 1 und 2 mit all ihren Teilen, einen maximalen Fehler von ± 0,07 %, für alle auftretenden Fälle.

1.12 - Die Quadratur des Kreises 3

1.12.1 - Die Quadratur des Kreises 3

Bis jetzt haben wir nur Konstruktionen betrachtet, die zueinander umfangsgleiche Quadrate und Kreise enthalten.

Unter der Quadratur des Kreises kann man aber auch die Umwandlung eines Kreises in ein **flächengleiches** Quadrat verstehen.

Kreis und Quadrat besitzen gleichen Flächeninhalt:

$$A_{Kreis} = A_{Quadrat}$$

$$r^2 \cdot \pi = g^2$$

Es ergibt sich folgendes Verhältnis für den Radius zur Quadratseite:

$$\frac{r}{g} = \frac{1}{\sqrt{\pi}} = 0,564189584$$

Es ergibt sich folgendes Verhältnis für den Durchmesser zur Quadratseite:

$$\frac{d}{g} = \frac{2}{\sqrt{\pi}} = 1,128379167$$

1.12.2 - Die Entwicklung aus der Quadratur 1

Die flächengleiche Quadratur des Kreises kann man aus der Kreisquadratur 1 ableiten. Voraussetzung :

$$U_{Kreis} = 2 \cdot \pi \cdot r$$

Für die Kreisfläche gilt dann:

$$A_{Kreis} = r^2 \cdot \pi = r \cdot (r \cdot \pi) = r \cdot \frac{U_{Kreis}}{2}$$

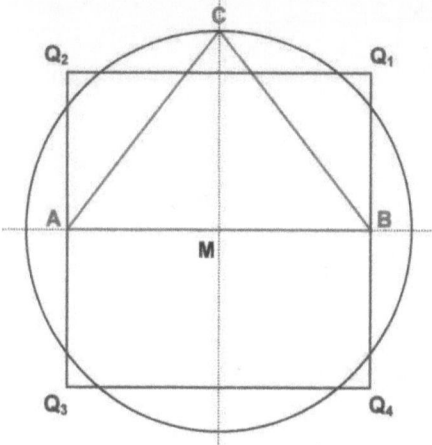

Die Quadratur des Kreises 1 kann im Wesentlichen so dargestellt werden.

Abbildung 1.12.2.1 - Quadratur 1

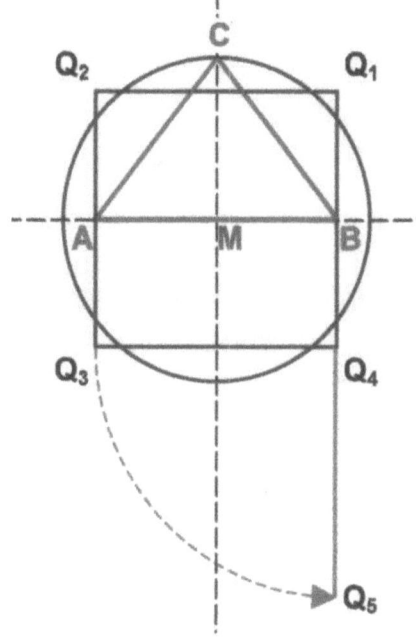

Das Quadrat ist umfangsgleich zum Kreis, also gilt:

$$\frac{U_{Kreis}}{2} = r \cdot \pi = 2 \cdot a$$

Die Strecke Q_1Q_5 entspricht dabei dem halben Kreisumfang.

Abbildung 1.12.2.2 - Abwicklung des Umfangs

1.12.3 - Ein flächengleiches Rechteck

Aus der Quadratur lässt sich ein flächengleiches Rechteck konstruieren:

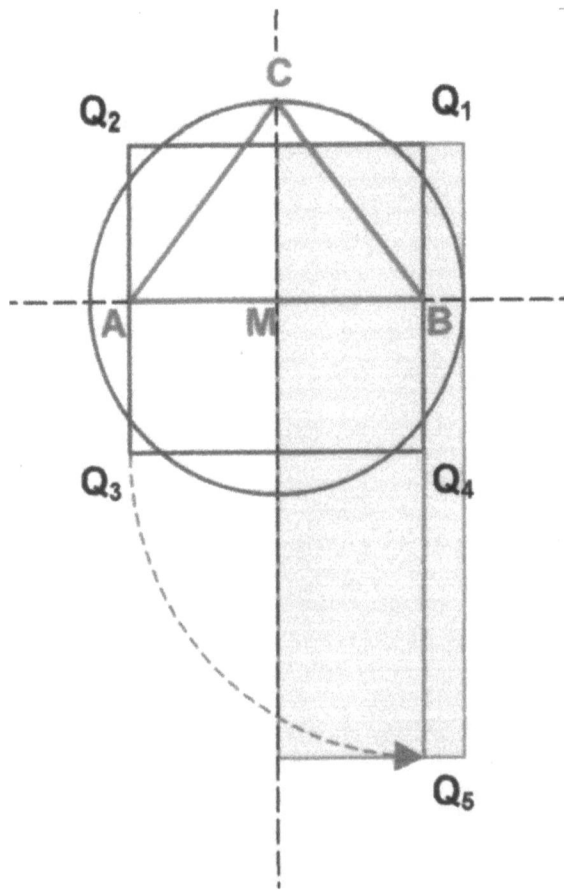

Abbildung 1.12.3.1 - Flächengleiches Rechteck

Für die Kreisfläche gilt insgesamt dann:

$$A_{Kreis} = r^2 \cdot \pi = r \cdot (r \cdot \pi) = r \cdot \frac{U_{Kreis}}{2} = r \cdot 2 \cdot a$$

Das grau-schraffierte Rechteck entspricht also der Kreisfläche.

1.12.4 - Eine weitere Flächengleichheit

Aus der Quadratur lässt sich ein weiteres flächengleiches Rechteck konstruieren:

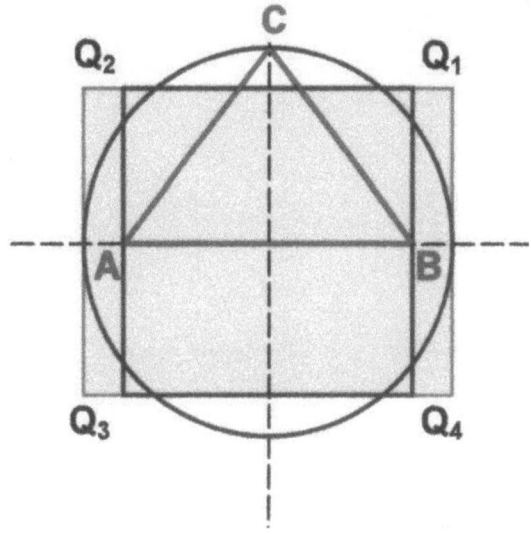

Abbildung 1.12.4.1 - Weitere Flächengleichheit

Es gilt:

$$A_{Kreis} = r^2 \cdot \pi = r \cdot (r \cdot \pi) = r \cdot \frac{U_{Kreis}}{2} = r \cdot 2 \cdot a = 2 \cdot r \cdot a = d \cdot a$$

Das grau-schraffierte Rechteck entspricht der Kreisfläche.

1.12.5 - Das flächengleiche Quadrat

$$A_{Kreis} = A_{Quadrat}$$

$$A_{Quadrat} = g^2 = d \cdot a$$

Dieses Rechteck wird nun in ein flächengleiches Quadrat transformiert. Dies kann nach verschiedenen Methoden geschehen. Hier bietet sich der Höhensatz des Euklid an.

Hier braucht nicht mit den ganzen Strecken **a** und **d** gearbeitet zu werden. Man kommt mit den halben Seiten aus.

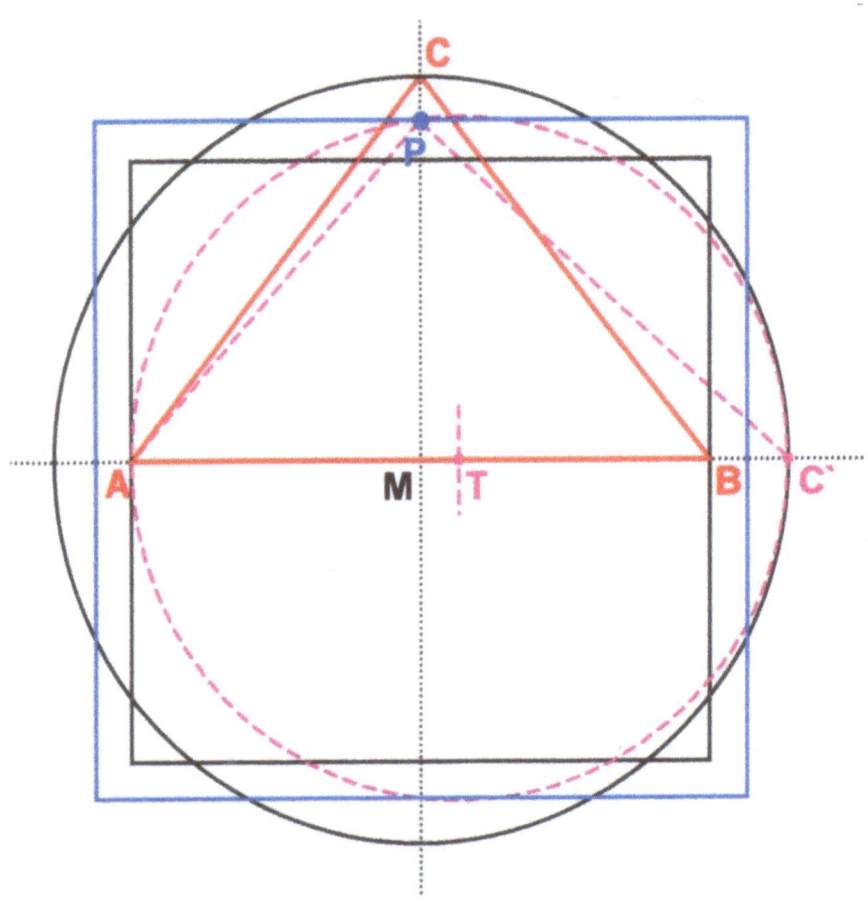

Abbildung 1.12.5.1 - Die flächengleiche Quadratur des Kreises

Die Strecke AC' wird halbiert. Es entsteht der Halbierungspunkt T. Um T wird ein (Thales)Kreis gezogen und zwar mit der Strecke TC' als Radius. Der Kreis schneidet die senkrechte Koordinatenachse im Punkt P. Dann ist die Strecke MP die halbe Seite des gesuchten Quadrates (blau).

Somit steht eine Technik zur Verfügung, die es gestattet einen Kreis in ein flächengleiches Quadrat, auf geometrischem Wege, zu transformieren.

1.12.6 - Weitere Beziehungen

Zwischen flächengleichem Quadrat, dem Kreis und dem umfanggleichen Quadrat existiert noch ein interessanter Zusammenhang:

$$A_{Quadrat} = g^2 = d \cdot a$$

$$g = \sqrt{d \cdot a}$$

Die Seite aus dem flächengleichen Quadrat ist **geometrisches Mittel** zwischen dem Kreisdurchmesser und der Seite des umfanggleichen Quadrats. Damit lässt sich die gesamte Beziehung so darstellen:

$$\frac{d}{g} = \frac{g}{a} = \frac{2}{\sqrt{\pi}}$$

1.13 - Erweiterungen der Quadratur 1

1.13.1 - Die Grundkonstruktion

Es existieren Publikationen, wie John Michells Buch "*Maßsysteme der Tempel*", **[10]** in denen die Quadratur-Konstruktion um entsprechende Um- und Inkreise bzw. Um- und Inquadrate erweitert wird.

Ausgangspunkt ist immer ein Kreis und ein Quadrat, die den gleichen Umfang besitzen. Beide sind in der Regel symmetrisch zu einem gemeinsamen Mittelpunkt **M** angeordnet. Im Folgenden einfach **Grundkonstruktion** genannt.

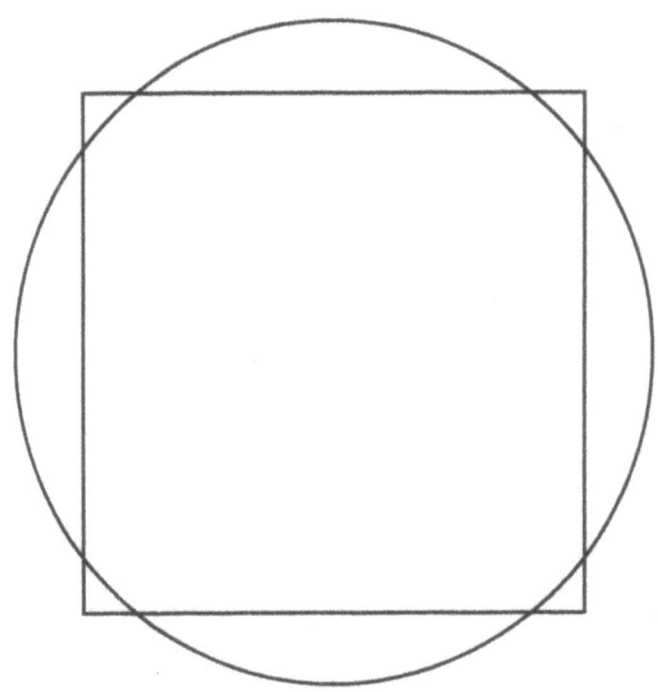

Abbildung 1.13.1.1 - Quadratur

1.13.2 - Die Erweiterung durch Quadrate

Geht man vom Kreis aus, so lassen sich zum umfangsgleichen Quadrat noch zwei andere Quadrate erzeugen. Nämlich das Inquadrat und das Umquadrat des Kreises. Das sieht dann so aus:

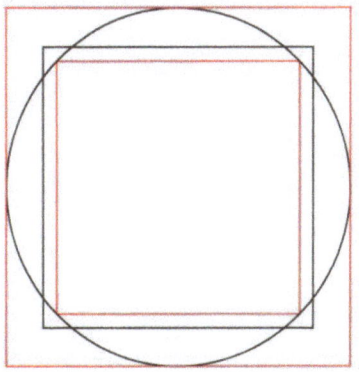

Abbildung 1.13.2.1 - Erweiterung durch Quadrate

1.13.3 - Die Erweiterung durch Kreise

Umgekehrt kann man auch von dem Quadrat ausgehen, und auch hier findet man neben dem umfangsgleichen Kreis, noch zwei weitere Kreise. Den Umkreis und den Inkreis des Quadrates.

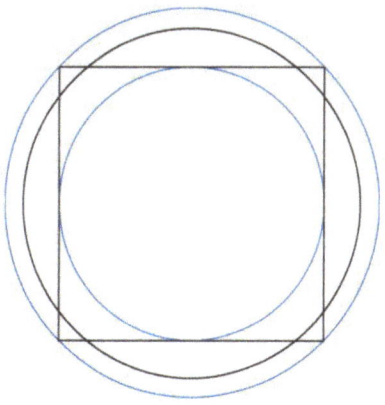

Abbildung 1.13.3.1 - Erweiterung durch Kreise

1.13.4 - Die Zusammenfassung

Die in Abbildung 1.13.2.1 und 1.13.3.1 erzeugten Kreise und Quadrate lassen sich auch zu einer einzigen Konstruktion zusammen fassen.

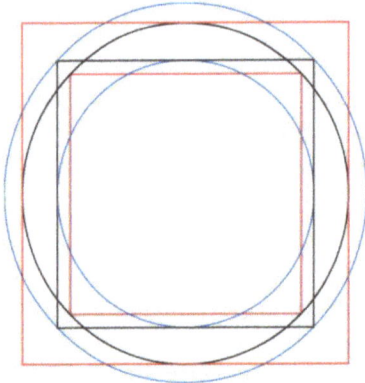

Abbildung 1.13.4.1 - Zusammenfassung der Erweiterungen

1.13.5 - Die Gesamtkonstruktion A

Üblicherweise wird diese Zusammenfassung dann noch durch die beiden Quadratur-Dreiecke ergänzt, so dass sich jetzt, im folgenden **Gesamtkonstruktion A** genannt, ergibt:

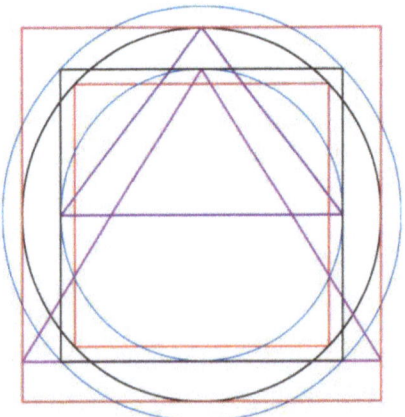

Abbildung 1.13.5.1 - Gesamtkonstruktion A

1.13.6 - Die Gesamtkonstruktion B

Eine etwas andere Art der Zusammenfassung entsteht, wenn die beiden Quadratur-Dreiecke mit ihren Spitzen zusammen gelegt werden.

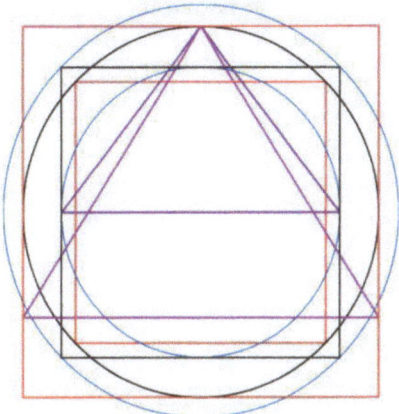

Abbildung 1.13.6.1 - Gesamtkonstruktion B Grundlage

Ergänzt man die Abbildung 1.13.6.1 noch durch ein Innen- und ein Außen-Quadrat, so entsteht die **Gesamtkonstruktion B**:

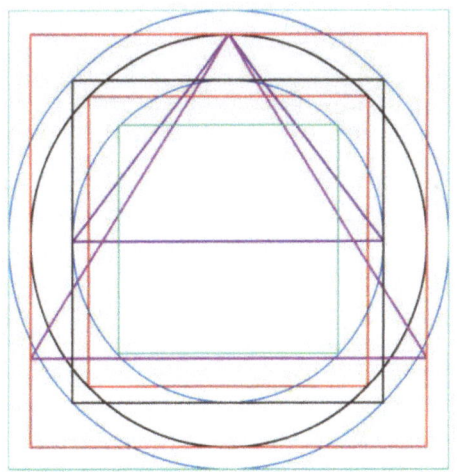

Abbildung 1.13.6.2 - Gesamtkonstruktion B

1.13.7 - Die Gesamtkonstruktion AB

Man kann die Konstruktion A und B zu einer einzigen Figur zusammensetzen. Es ergibt sich die **Gesamtkonstruktion AB**:

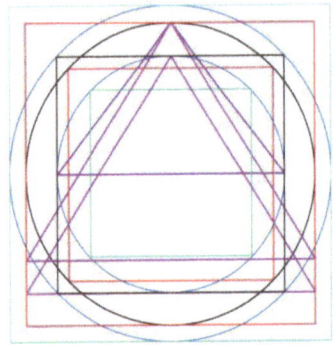

Abbildung 1.13.7.1 - Gesamtkonstruktion AB

1.13.8 - Die Gesamtkonstruktion C

Schließlich lässt sich die Konstruktion AB noch durch die Erweiterung des Quadraturdreiecks 1 ergänzen. Es ergibt sich die **Gesamtkonstruktion C**:

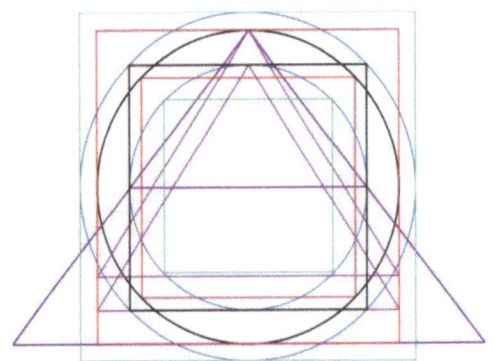

Abbildung 1.13.8.1 - Gesamtkonstruktion C

Mit dem 14:11 und dem 11:7 Verhältnis steht zusammen mit der Gesamtkonstruktion C nun ein ganzer Kanon von Proportionen zur Verfügung, die in Kunst und Architektur durchaus ihre Anwendung finden könnten.

1.14 - Erweiterungen durch die Quadratur 2

1.14.1 - Die Gesamtkonstruktion A

Ausgangspunkt ist die Gesamtkonstruktion A. Wie zu sehen ist, schneiden die Schenkel des Quadraturdreiecks 2 die Grundseite des Quadraturdreiecks 1. Mit den beiden Schnittpunkten entsteht im Quadraturdreieck 1 ein kleineres Dreieck und zwar ein Quadraturdreieck 2.

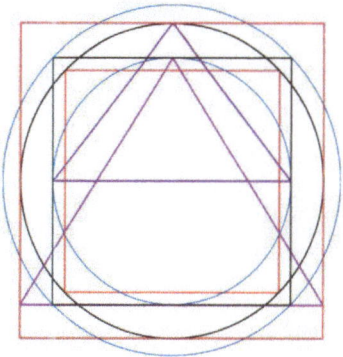

Abbildung 1.14.1.1 - Gesamtkonstruktion A

1.14.2 - Die Erweiterung durch die zweite Quadratur

Da dieses kleinere Dreieck ein Quadraturdreieck 2ist, lässt sich die gesamte Konstruktion noch einmal um eine Quadratur 2 erweitern.

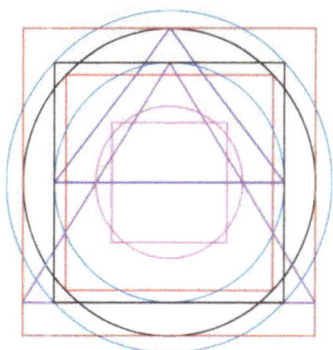

Abbildung 1.14.2.1 - Gesamtkonstruktion A mit Erweiterung

1.14.3 - Die Gesamtkonstruktion B

Ausgangspunkt ist die Gesamtkonstruktion B. Wie zu sehen ist, schneiden die Schenkel des Quadraturdreiecks 2 die Grundseite des Quadraturdreiecks 1. Mit den beiden Schnittpunkten entsteht im Quadraturdreieck 1 ein kleineres Dreieck.

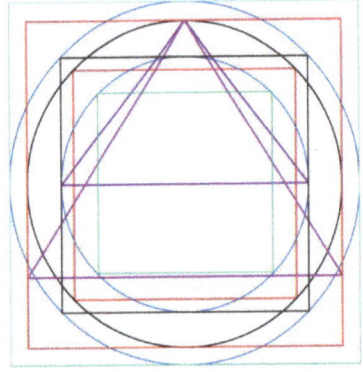

Abbildung 1.14.3.1 - Gesamtkonstruktion B

1.14.4 - Die Erweiterung durch die zweite Quadratur

Dieses kleinere Dreieck ist ein Quadraturdreieck 2. So lässt sich die gesamte Konstruktion noch einmal um eine Quadratur 2 erweitern.

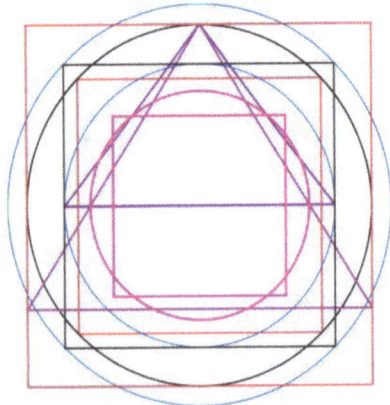

Abbildung 1.14.4.1 - Gesamtkonstruktion B mit Erweiterung

1.15 - Die Piontzik - Konstruktion

1.15.1 - Die Quadratur als Grundkonstruktion

Auf dieser Seite möchte ich einen Zusammenhang zwischen Quadratur des Kreises und dem **Fünfeck** zeigen. Ausgangspunkt ist dabei eine reduzierte Version der Gesamtkonstruktion AB. Siehe dazu Erweiterungen 1.

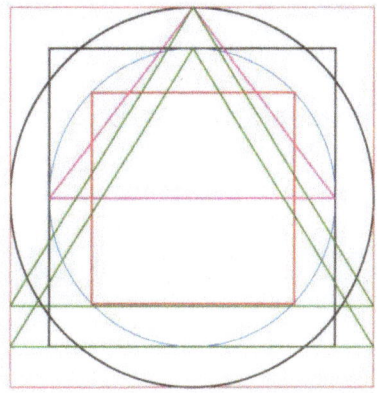

Abbildung 1.15.1.1 - Gesamtkonstruktion AB

In dieser Konstruktion sind schon drei Punkte des Fünfecks annähernd enthalten.

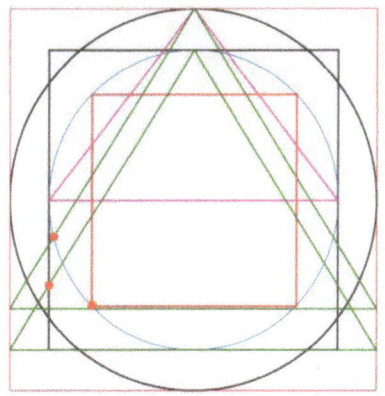

Abbildung 1.15.1.2 - 3 Punkte des Fünfecks

Es sind dies die rot markierten Punkte. Nun müssen noch die restlichen Punkte des Fünfecks ermittelt werden.

1.15.2 - Schritt 1: Das Grundquadrat aus dem Quadraturdreieck 1

Der erste Schritt besteht darin aus dem Quadraturdreieck 1 (Magenta), d.h. aus der rechten Seite des Dreiecks, ein Quadrat zu erzeugen. Ich werde dieses Quadrat in Zukunft als **Grundquadrat** bezeichnen.

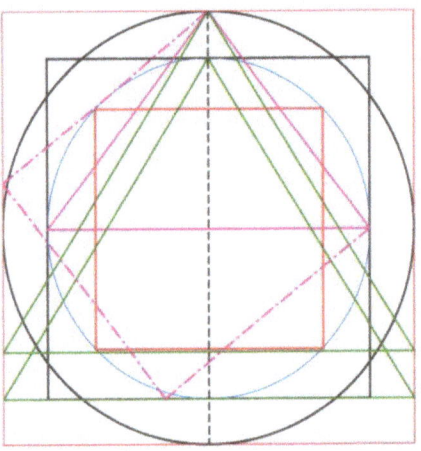

Abbildung 1.15.2.1 - Piontzik-Konstruktion Schritt 1 Anfang

In das Grundquadrat werden noch die Mittelsenkrechten der Quadratseiten eingezeichnet. So entstehen vier kleine Quadrate.

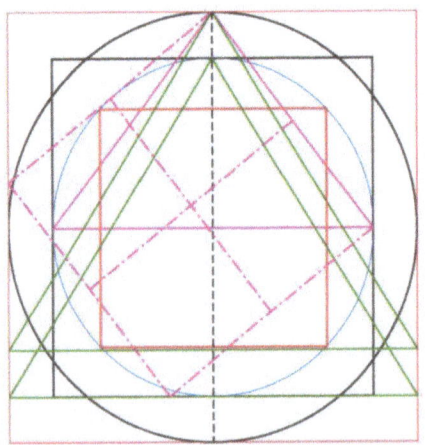

Abbildung 1.15.2.2 - Piontzik-Konstruktion Schritt 1

1.15.3 - Schritt 2: Die Konstruktion der 1:2 Geraden

Der zweite Schritt besteht darin in bzw. durch die vier kleinen Quadrate des Grundquadrates eine Gerade (orange) zu erzeugen, die eine Steigung von 1:2 (bzgl. des Grundquadrates) aufweist.

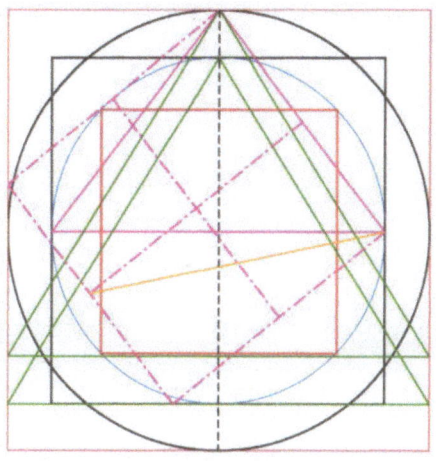

Abbildung 1.15.3.1 - Piontzik-Konstruktion Schritt 2 Anfang

Im linken Endpunkt der erzeugten Geraden wird dann noch die Senkrechte errichtet.

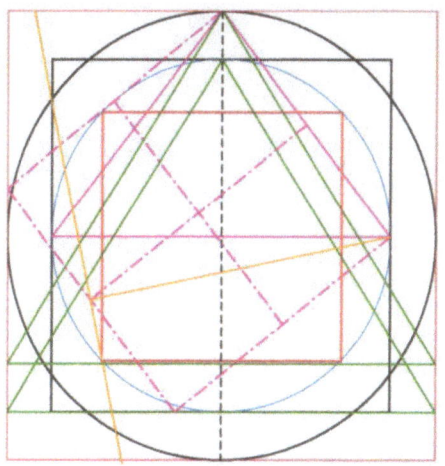

Abbildung 1.15.3.2 - Piontzik-Konstruktion Schritt 2

1.15.4 - Schritt 3: Die Ermittlung des Fünfeck-Mittelpunktes

Im dritten Schritt wird der Mittelpunkt des Fünfecks erzeugt. Dazu wird der Mittelpunkt der Gesamtkonstruktion mit einer Ecke eines der Quadraturdreiecke 2 verbunden. Der Schnittpunkt mit der erzeugten 1:2 Senkrechten ergibt den gesuchten Mittelpunkt.

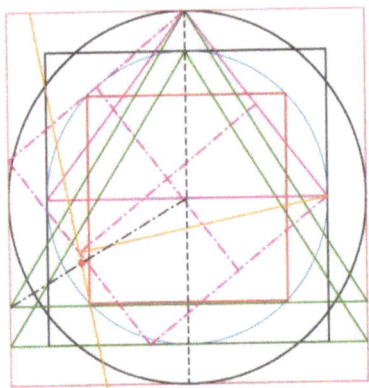

Abbildung 1.15.4.1 - Piontzik-Konstruktion Schritt 3 Anfang

Hier ist der Mittelpunkt des Fünfecks (Zyan) noch einmal mit den bereits vorhandenen Fünfeckpunkten (rot) eingezeichnet.
Jetzt ist deutlich zu erkennen, dass die 1:2 Senkrechte durch den Mittelpunkt und durch einen Fünfeckpunkt verläuft. Also ist sie eine Spiegelachse des Fünfecks.

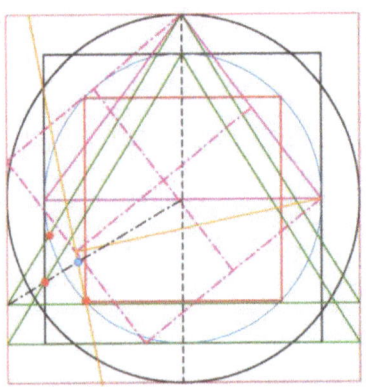

Abbildung 1.15.4.2 - Piontzik-Konstruktion Schritt 3

114

1.15.5 - Schritt 4: Die Konstruktion des Fünfecks

Da Mittelpunkt und drei Fünfeckpunkte bekannt sind, lässt sich der Umkreis des Fünfecks erzeugen.
Durch Spiegelung werden die restlichen Punkte des Fünfecks ermittelt.

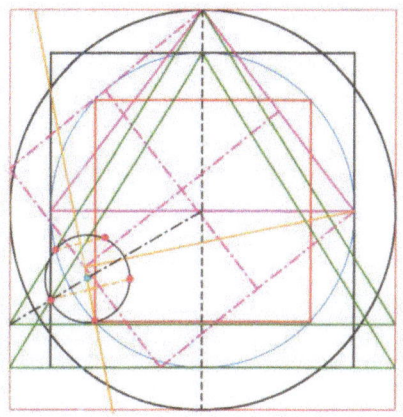

Abbildung 1.15.5.1 - Piontzik-Konstruktion Schritt 4 Anfang

Verbinden aller Punkte erzeugt schließlich das Fünfeck.

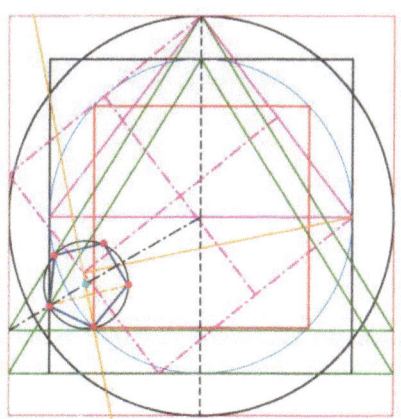

Abbildung 1.15.5.2 - Piontzik-Konstruktion Schritt 4

Da die Gesamtkonstruktion symmetrisch ist, lässt sich noch ein zweites Fünfeck erzeugen, und zwar auf der rechten Seite der Gesamtkonstruktion.

1.15.6 - Die minimierte Quadratur mit Fünfeck

Die Piontzik-Konstruktion, nur mit den wichtigsten geometrischen Objekten, sieht wie folgt aus:

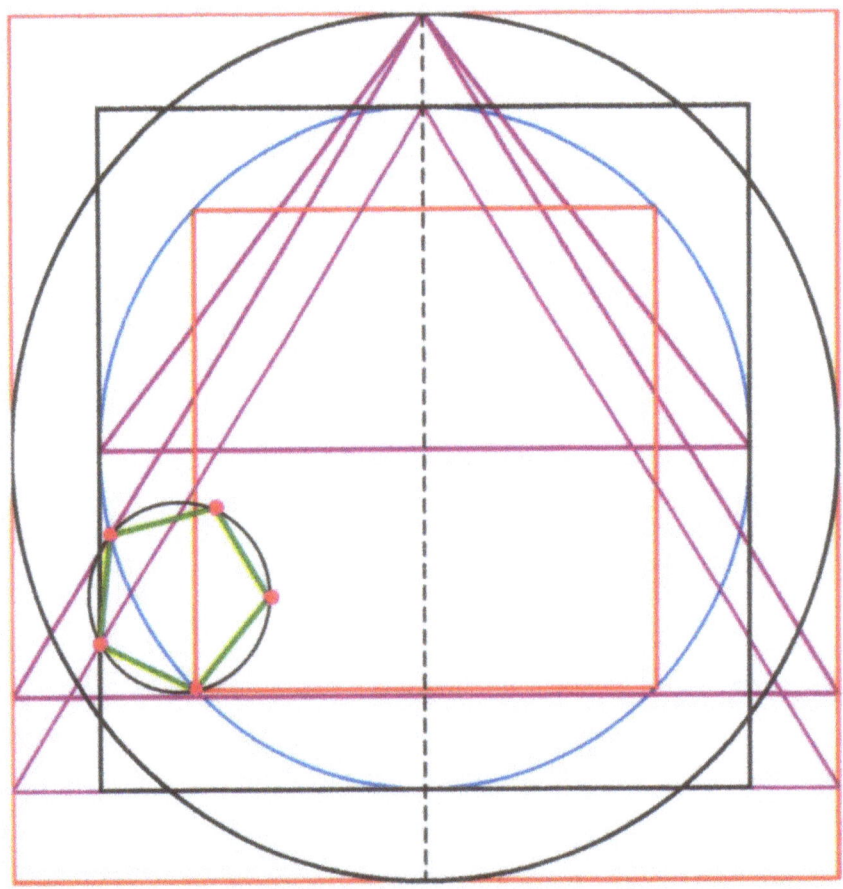

Abbildung 1.15.6.1 - Die Piontzik-Konstruktion

Teil 2.1 – Geschichte der Zahl π - Mittelalter bis Neuzeit

2.1 - Abhandlungen zur Zahl π

In Folge eines verstärkten Interesses für die antike Mathematik im christlichen Europa ab etwa dem 11. Jahrhundert entstanden etliche Abhandlungen über die Quadratur des Kreises jedoch ohne, dass dabei wesentliche Beiträge zur eigentlichen Lösung geleistet wurden. Als Rückschritt zu betrachten ist, dass im Mittelalter der Archimedische Näherungswert von 22/7 für die Kreiszahl lange Zeit als exakt galt.

Spätere Abhandlungen der Scholastik erschöpfen sich mehr oder minder in einer Abwägung der Argumente der bekannten Klassiker. Erst mit der Verbreitung lateinischer Übersetzungen der archimedischen Schriften im Spätmittelalter wurde der Wert 22/7 wieder als Näherung erkannt und nach neuen Lösungen des Problems gesucht.

2.1.1 - Franco von Lüttich

Franco von Lüttich **[133]** (zwischen 1015 und 1020 bis um 1083) war einer der bedeutendsten Mathematiker des europäischen 11. Jahrhunderts.

Lüttich studierte unter Adelmann (1000 bis 1061) in Lüttich, wo er 1066 Leiter der Kathedralschule wurde. Er schrieb komputistische Traktate, die sogenannte *„Geometrie II des Pseudo-Boethius"*, **[134]** die um 1035/47 entstand und die ersten vier Bücher der Elemente des Euklid enthielt, wurde ihm zugeschrieben. **[135]**

Das bekannteste Werk Francos ist indes seine Abhandlung über die Quadratur des Kreises, ein Werk von sechs Büchern, das vor 1050 niedergeschrieben wurde. Einer der ersten Autoren des Mittelalters, der das Problem der Kreisquadratur wieder aufnahm, war Franco von Lüttich. Um 1050 entstand sein Werk *„De quadratura circuli"*. **[136] [137]**

Franco stellt darin zunächst drei Quadraturen vor, die er verwirft. Die ersten beiden geben für die Seitenlänge des Quadrates 7/8 beziehungsweise für die Diagonale 10/8 des Kreisdurchmessers an, was relativ schlechten Näherungen von 31/16 und 31/8 für π entspricht. Der dritte Vorschlag wiederum setzt den Umfang des Quadrates dem Kreisumfang gleich, verlangt also die Rektifikation des letzteren.

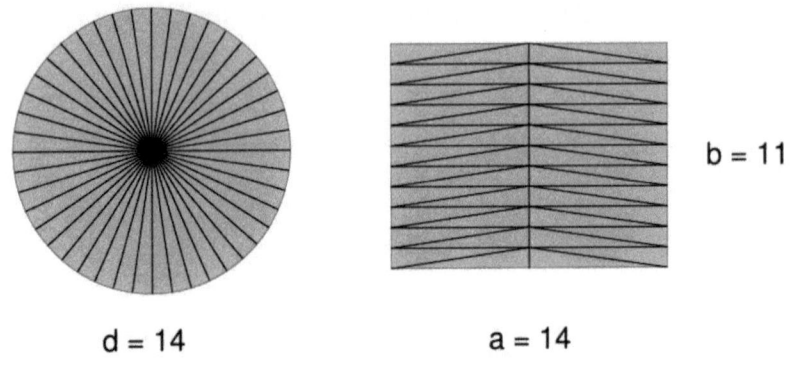

$$b = 11$$

$$d = 14 \qquad a = 14$$

Abbildung 2.1.1.1 - Quadratur Franco von Lüttich

Francos eigene Lösung geht von einem Kreis mit Durchmesser 14 aus. Dessen Fläche beträgt aus seiner Sicht genau $7^2 \cdot 22/7 = 154$. Rechnerisch lässt sich nach Francos Argumentation kein flächengleiches Quadrat finden, da die Quadratwurzel aus 22/7 irrational ist, konstruktiv jedoch schon. Dazu zerlegt er den Kreis in 44 gleiche Sektoren, die er zu einem Rechteck der Seitenlängen 11 und 14 zusammenfügt. Den nötigen Kunstgriff, bei dem er die Kreissektoren durch rechtwinklige Dreiecke mit Katheten der Länge 1 und 7 ersetzt, erläutert Franco allerdings nicht. Problematisch ist auch sein nicht ganz geglückter Versuch, das Rechteck anschließend durch eine geeignete Zerlegung in ein Quadrat zu überführen. Offensichtlich war Franco das althergebrachte griechische Verfahren nicht geläufig.

2.1.2 - Fibonacci

Leonardo da Pisa, auch Fibonacci genannt **[138]** (um 1180 in Pisa bis nach 1241 ebenda) war Rechenmeister in Pisa und gilt als der bedeutendste Mathematiker des Mittelalters. Bekannt sind heute vor allem die nach ihm benannten „Fibonacci-Zahlen".
Über die Biographie Leonardos ist nur wenig bekannt, die meisten Angaben gehen zurück auf den Widmungsprolog seines Rechenbuchs *„Liber abbaci"* **[139]** und auf ein Dokument der Kommune von Siena.
Von Leonardo sind noch einige weitere Werke erhalten: eine *„Practica geometriae"* **[140]** von 1220 (1219), gewidmet einem Freund und Lehrer Dominicus, die im 15. Jahrhundert von Cristoforo Gherardo di Dino auch ins Italienische übertragen wurde; ein *„Liber quadratorum"* **[141]** von 1225 (1224), der Friedrich II gewidmet ist und erwähnt, dass dieser bereits ein Buch Leonardos gelesen habe, was man auf den *„Liber abbaci"* zu bezie-

hen pflegt; ferner eine nicht datierte Schrift *„Flos super solutionibus qua-rumdam questionum ad numerum et ad geometriam uel ad utrumque pertinentium"*, welche dem Kardinal Raniero Capocci von Viterbo [142] gewidmet ist und Fragen behandelt, die Leonardo im Beisein Friedrichs II von einem Magister Johannes aus Palermo vorgelegt worden sein sollen und schließlich ein Brief an einen Magister Theodorus. Aus Leonardos Schriften geht hervor, dass er auch noch zwei weitere, heute nicht mehr erhaltene Schriften verfasste, ein kürzeres Rechenbuch und einen Kommentar zum zehnten Buch der Elemente Euklids.

Circa 1220 errechnete Fibonacci 3,1418 für π indem er eine Polygon-Methode benutzte, die auf Archimedes zurückgeht.

2.1.3 - Dante Alighieri

Dante Alighieri [143] (Mai oder Juni 1265 in Florenz bis 14. September 1321 in Ravenna) war ein Dichter und Philosoph italienischer Sprache. Er überwand mit der *„Göttlichen Komödie"* das bis dahin dominierende Latein und führte das Italienische zu einer Literatursprache. [144]

Dante ist der bekannteste Dichter des Italienischen und gilt als einer der bedeutendsten Dichter des europäischen Mittelalters. Sein Werk schöpft souverän aus der Theologie, der Philosophie und den übrigen Wissenschaften (*Artes liberales*) [145] seiner Zeit. Sein Näherungswert:

$$3+\frac{\sqrt{2}}{10} \approx 3{,}14142$$

2.1.4 - Ibn al-Heithem

Alhazen auch Ibn al-Heithem, latinisiert Alhacen, Avennathan oder Avenetan, [146] (965 bis 1040), war ein Mathematiker, Optiker und Astronom in der Blütezeit des Islam. Er verfasste grundlegende Beiträge zur Optik, Astronomie, Mathematik und Meteorologie.

Ibn al-Heithem behandelte selbständig die Quadratur des Kreises. [147]

2.1.5 - Dschamschid Mas du al-Kaschi

Ghiyath ad-Din Dschamschid bin Masud bin Muhammad al-Kaschi [148] (um 1380 in Kaschan, Iran bis 22. Juni 1429 in Samarkand, Timuridenreich, heute in Usbekistan) war ein persischer Arzt, Mathematiker und Astronom des Hochmittelalters. In Frankreich wird der Kosinussatz als *„Théorème d'Al-Kashi"* bezeichnet.

Er stellte aufbauend auf dem *„Zij-i Ilkhani"* (Tabelle der Ilchane) des at-Tusi einen neuen Sternkatalog zusammen, der auch eine Sammlung mathematischer Gleichungen für die Astronomie wie Formeln für die Transformation von ekliptikalen zu äquatorialen Koordinaten und Tafeln trigonometrischer Funktionen enthielt. Er ist bekannt als Khagani Zij, Tafeln des Khans, da er ihn entweder dem Timuriden-Fürsten Schäh Ruch oder dessen Sohn Ulug Beg widmete. Ulug Beg erkannte die außergewöhnlichen Fähigkeiten Al-Kashis und berief ihn 1420 an seine neugegründete Madresse in Samarkand. Er war der wichtigste Berater bei Konzeption und Bau des der Madresse angegliederten Observatoriums Gurkani Zij.

Lange unübertroffene Ergebnisse wurden von ihm durch numerische Lösungen erbracht. Im *„ar-Risala al-Muhitiya"* (Lehrbrief über den Kreisumfang) **[149]** bestimmte er beispielsweise den Umfang des Einheitskreises (also das doppelte der Kreiszahl π) aus dem $3 \cdot 228$-Eck auf 9 Sexagesimalstellen: 6, 16, 59, 28, 01, 34, 51, 46, 14, 50, die er in die indischen Ziffern 6,2831853071795865 mit 16 richtigen Dezimalstellen umrechnete. Dies ist eines der ältesten Dokumente des Rechnens mit Dezimalbrüchen. Damit verbesserte er das Ergebnis des chinesischen Mathematikers Zu Chong-Zhi, der π auf 7 Stellen genau berechnet hatte. Al-Kaschi wurde erst 1596 von Ludolph van Ceulen übertroffen, der nach 30 Jahren Arbeit 35 Dezimalstellen berechnet hatte. **[150]**

In Folge eines verstärkten Interesses für die antike Mathematik im christlichen Europa ab etwa dem 11. Jahrhundert entstanden etliche Abhandlungen über die Quadratur des Kreises, jedoch ohne, dass dabei wesentliche Beiträge zur eigentlichen Lösung geleistet wurden. Als Rückschritt zu betrachten ist, dass im Mittelalter der Archimedische Näherungswert von 22/7 für die Kreiszahl lange Zeit als exakt galt.

Spätere Abhandlungen der Scholastik erschöpfen sich mehr oder minder in einer Abwägung der Argumente der bekannten Klassiker. Erst mit der Verbreitung lateinischer Übersetzungen der archimedischen Schriften im Spätmittelalter wurde der Wert 22/7 wieder als Näherung erkannt und nach neuen Lösungen des Problems gesucht.

2.1.6 - Nikolaus von Kues

Nikolaus von Kues, latinisiert Nicolaus Cusanus oder Nicolaus de Cusa **[151]** (1401 in Kues an der Mosel, heute Bernkastel-Kues bis 11. August 1464 in Todi, Umbrien), war ein schon zu Lebzeiten berühmter, universal gebildeter deutscher Philosoph, Theologe und Mathematiker. Er gehörte zu den ersten deutschen Humanisten in der Epoche des Übergangs zwischen Spätmittelalter und Früher Neuzeit.

Nikolaus verfasste mehr als 50 Schriften, davon etwa ein Viertel in Dialogform, die übrigen in der Regel als Abhandlungen, ferner rund 300 Predigten, sowie eine Fülle von Akten und Briefen. Seine Werke lassen sich nach dem Inhalt in drei Hauptgruppen gliedern: Philosophie und Theologie, Kirchen- und Staatstheorie, Mathematik und Naturwissenschaft. Eine Sonderstellung nimmt seine kurze Autobiographie ein, die er 1449 schrieb. Er veranlasste selbst eine (allerdings unvollständige) Sammlung seiner Schriften, die in zwei Handschriften seiner Bibliothek in Kues vorliegt.

Das mathematische und naturwissenschaftliche Werk des Cusanus ist vor allem von seinem Interesse an Wissenschaftstheorie und von seinen metaphysisch-theologischen Fragestellungen geprägt, er will von mathematischen zu metaphysischen Einsichten hinführen. Mit Analogien zwischen mathematischem und metaphysischem Denken befasst er sich in Schriften wie *„De mathematica perfectione"* (Über die mathematische Vollendung, 1458) **[152]** und *„Aurea propositio in mathematicis"* (Der Goldene Satz in der Mathematik, 1459). **[153]** Als sein mathematisches Hauptwerk gilt *„De mathematicis complementis"* (Über mathematische Ergänzungen, 1453). **[154]** Mit dem Problem der Kreisquadratur und der Berechnung des Kreisumfangs setzt er sich in mehreren Schriften auseinander, darunter „De circuli quadratura" (Über die Quadratur des Kreises, 1450), *„Quadratura circuli"* (Die Kreisquadratur, 1450), **[155]** *„Dialogus de circuli quadratura"* (Dialog über die Quadratur des Kreises, 1457) **[156]** und *„De caesarea circuli quadratura"* (Über die kaiserliche Kreisquadratur, 1457). **[157]** Auch in De mathematica perfectione befasst sich Nikolaus mit diesem Problem. Er hält eine Kreisquadratur nur näherungsweise für möglich und schlägt dafür ein Verfahren vor.

Mit seinem Dialog *„Idiota de staticis experimentis"* (Der Laie über Versuche mit der Waage, 1450) **[158]** gehört er zu den Wegbereitern der Experimentalwissenschaft. *„De correctione kalendarii"* (Über die Kalenderverbesserung, auch: *Reparatio kalendarii*, 1436) **[159]** handelt von der damals bereits dringend erforderlichen Kalenderreform, die jedoch erst im 16. Jahrhundert verwirklicht wurde. **[160]**

Spätere Abhandlungen der Scholastik erschöpfen sich mehr oder minder in einer Abwägung der Argumente der bekannten Klassiker. Erst mit der Verbreitung lateinischer Übersetzungen der archimedischen Schriften im Spätmittelalter wurde der Wert 22/7 wieder als Näherung erkannt und nach neuen Lösungen des Problems gesucht, so beispielsweise von Nikolaus von Kues.

Dieser griff die Idee, den Kreis durch eine Folge regelmäßiger Vielecke mit wachsender Seitenzahl anzunähern, wieder auf, suchte im Gegensatz zu Archimedes jedoch nicht den Kreisumfang, sondern den Kreisradius bei vorgegebenem gleichbleibendem Umfang der Polygone zu bestimmen.

Der daraus ermittelte Wert für die Kreiszahl liegt auch immerhin zwischen den von Archimedes gegebenen Grenzen. Die eigentlichen cusanischen Arbeiten zum Thema liefern deutlich schlechtere Näherungen und wurden damit zum Ziel einer Streitschrift des Regiomontanus, der die Ungenauigkeit der Berechnungen nachwies und die Beweise „als philosophische, aber nicht als mathematische" bezeichnete.

2.1.7 - Albrecht Dürer

Albrecht Dürer der Jüngere **[161]** (21. Mai 1471 in Nürnberg bis 6. April 1528 ebenda) war ein deutscher Maler, Grafiker, Mathematiker und Kunsttheoretiker von europäischem Rang. Er war ein bedeutender Künstler zur Zeit des Humanismus und der Reformation.

Dürer hat für die Entwicklung des Holzschnittes und Kupferstiches Bedeutendes geleistet. Den Holzschnitt hat er aus dem „Dienst der Buchillustration" befreit und ihm den Rang eines eigenständigen Kunstwerks verliehen, das dem gemalten Bild an die Seite gestellt werden konnte. Dürer schuf durch Verfeinerung der Linien und eine Erweiterung des künstlerischen Vokabulars eine reichere Tonigkeit bzw. feinere Farbabstufungen und führte den Holzschnitt so formal in die Nähe des Kupferstichs.

Wie den Holzschnitt so perfektionierte und revolutionierte Dürer auch die Techniken des Kupferstichs. Er wurde durch Blätter wie „*Ritter, Tod und Teufel*" und „*Melencolia I*" in ganz Europa bekannt. Dürer hat genau wie Tizian, Michelangelo und Raffael die Bedeutung der Druckgrafik darin gesehen, den eigenen künstlerischen Ruf zu verbreiten und durch den Vertrieb zu Einnahmen zu kommen.

Benutzten die Italiener die Grafik zur Verbreitung ihrer Gemälde, so erhebt Dürer den Holzschnitt selbst zum Kunstwerk.

Neben seinem künstlerischen Schaffen schrieb Dürer Werke über das Perspektivproblem in der Malerei, darunter Underweisung der Messung, und betätigte sich mit der Befestigung von Städten.

Der „mathematischste Kopf" unter den Künstlern seiner Zeit war Albrecht Dürer. So erwarb er 1507 ein Exemplar der ersten Ausgabe der von Zamberti in das Lateinische übersetzten Elemente des Euklid von 1505, dem ersten Buchdruck dieses Werks überhaupt, und wirkte 1515 im Auftrag von Kaiser Maximilian I an einer von dem Hofastronomen Johannes Stöberer entworfenen Karte der Erdhalbkugel mit (*Stabius-Dürer-Karte*). **[162]**

Neben der im Papyrus Rhind erwähnten Gleichsetzung des Kreises vom Durchmesser 9 mit dem Quadrat der Seitenlänge 8 war auch die des Kreises vom Durchmesser 8 mit dem Quadrat der Diagonalen 10 bekannt. Diese Konstruktion findet sich bei den Babyloniern und eventuell beim römischen Feldmesser Vitruv.

Um ein bequemes zeichnerisches Verfahren anzugeben, nimmt Albrecht Dürer diese Konstruktion im Jahr 1525 in seinem Werk *„Vnderweysung der messung mit dem zirckel und richtscheyt"* wieder auf. Dürer ist sich dabei bewusst, dass es sich um eine reine Näherungslösung handelt, er schreibt explizit, dass eine exakte Lösung noch nicht gefunden sei:

„Vonnöten wäre zu wissen Quadratura circuli, das ist die Gleichheit eines Zirkels und eines Quadrates, also daß eines ebenso viel Inhalt hätte als das andere. Aber solches ist noch nicht von den Gelehrten demonstrirt. Mechanice, das ist beiläufig, also daß es im Werk nicht oder nur um ein kleines fehlt, mag diese Gleichheit also gemacht werden. Reiß eine Vierung und teile den Ortsstrich in zehn Teile und reiße danach einen Zirkelriß, dessen Durchmesser acht Teile haben soll, wie die Quadratur deren 10; wie ich das unten aufgerissen habe."

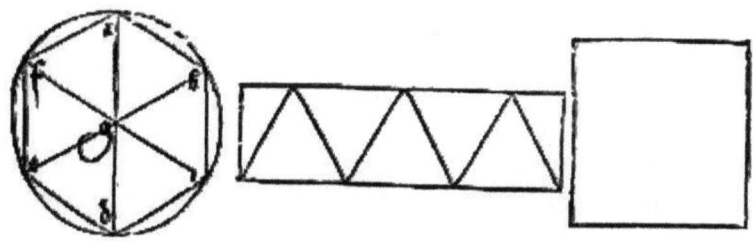

Abbildung 2.1.7.1 - Quadratur Albrecht Dürer

2.1.8 - Tycho de Brahe

Tycho Brahe **[163]** auch bekannt als Tycho de Brahe (14. Dezember 1546 auf Schloss Knutstorp, Schonen bis 24. Oktober 1601 in Prag) war ein dänischer Adliger und einer der bedeutendsten beobachtenden Astronomen. Zu seiner Zeit gab es noch kein Teleskop. Seine Beobachtungen der Fixstern- und Planetenpositionen, die damals mit Abstand die präzisesten waren und mit einer Genauigkeit von zwei Bogenminuten auch heute nicht ohne weiteres zu erreichen sind, führte er mit Hilfe eines großen Mauerquadranten durch. **[164] [165]** Aufgrund von Widersprüchen der

Planetenbewegungen in den damals vorherrschenden Weltsystemen entwickelte er einen Kompromiss zwischen dem ptolemäisch-geozentrischen und dem kopernikanisch-heliozentrischen Planetensystem, das tychonisches Weltbild genannt wurde.

Er beobachtete 1572 eine Supernova, einen *„Neuen Stern"*, wie er ihn beschrieb, *„ein Wunder, wie es seit Anbeginn der Welt nicht gesehen wurde"*. Dies machte ihn unter den Astronomen in ganz Europa berühmt.

Tycho de Brahe nahm für π den Wert:

$$\pi \approx \frac{88}{\sqrt{785}} = 3,14085$$

2.1.9 - Francois Viète

François Viète **[166]** oder Franciscus Vieta, wie er sich in latinisierter Form nannte (1540 in Fontenay-le-Comte bis 13. Dezember, nach anderen Quellen 23. Februar 1603 in Paris), war ein französischer Advokat und Mathematiker. Er führte die Benutzung von Buchstaben als Variablen in die mathematische Notation der Neuzeit ein.

Eigentlich war die Mathematik für Viète nur eine Nebenbeschäftigung, trotzdem wurde er einer der wichtigsten und einflussreichsten Mathematiker seiner Zeit. Er wird manchmal auch „Vater der Algebra" genannt, da er das Rechnen mit Buchstaben in der Neuzeit einführte und systematisch Symbole für Rechenoperationen benutzte, zumal er erkannte, dass dies weit mehr Möglichkeiten als bisher eröffnete.

Viète hat zahlreiche Werke publiziert, die jedoch meistens nur in kleiner Auflage erschienen sind und für seinen Freundeskreis bestimmt waren. Die erste Gesamtausgabe wurde nach seinem Tod 1646 von Frans van Schooten in Leiden bei Elsevier unter dem Titel *„Opera mathematica, in unum volumen congesta, ac recognita, opera atque studio Francisci Schooten"* herausgegeben. **[167]**

Darüber hinaus hat er auf dem Gebiet der Trigonometrie Hervorragendes geleistet und wertvolle Vorarbeiten für die nachfolgende Ausarbeitung der Infinitesimalrechnung geleistet.

Francois Viète drang 1579, in Fortsetzung der archimedischen Methode, bis zum 393216-Eck vor. Er erhielt eine Ungleichung, die den Wert für π bis auf 9 Dezimalstellen angab.

Viète stellte erstmals eine geschlossene Formel für π vor, die sich aus einem unendlichen Produkt ableiten lässt:

$$\frac{2}{\pi} = \sqrt{\frac{1}{2}} \cdot \sqrt{\frac{1}{2} + \frac{1}{2}\sqrt{\frac{1}{2}}} \cdot \sqrt{\frac{1}{2} + \frac{1}{2}\sqrt{\frac{1}{2} + \frac{1}{2}\sqrt{\frac{1}{2}}}} \cdot \dots$$

Dieses Produkt fand auch Leonard Euler dann etwa 150 Jahre später. Die Konvergenz dieses Ausdrucks konnte aber erst **F. Rudio** im Jahre 1891 beweisen. **[168]**

2.1.10 - Adriaan Metius

Adriaan Adriaanszoon Metius **[169]** (9. Dezember 1571 in Alkmaar bis 6. September 1635 in Franeker) war ein niederländischer Mathematiker, Landvermesser und Astronom. Nach Metius wurde ein Mondkrater benannt.

Metius publizierte Abhandlungen über das Astrolabium, über astronomische und mathematische Themen. Er baute astronomische Instrumente und entwickelte eine neue Variante des Jakobsstabs. Metius hielt nichts von der Astrologie, soll aber viel Zeit für alchemistische Studien und Experimente, vor allem bei Suche nach dem Stein der Weisen, verbracht haben. In seinem Buch *„Arithmeticæ et geometriæ practica"* erschienen 1611 in Franeker, gab er den Wert für die Kreiszahl π mit 3,1415094 an. Bereits 1573 hatte Metius' Vater einen Annäherungswert für π berechnet.

Mehr als 1000 Jahre nach Tsu Ch'ung-Chi entdeckte Adriaen Metius dieselbe Näherung 355/113, als er das arithmetische Mittel von Zähler und Nenner der beiden Näherungen 377/120 und 333/106, die auf Berechnungen seines Vaters beruhten, bildete.
Beachtenswert ist hier, dass durch den relativ einfachen Bruch insgesamt 4 Dezimalstellen von π anfallen:

$$\pi \approx \frac{333}{106} = 3{,}1415094$$

Der Wert **355/113** wird in der Literatur auch **Metius-Wert** genannt.

2.1.11 - Valentius Otho

Valentinus Otho, auch: Valentin Otto, Pitiscus, Parthenopolitanus **[170]** (um 1548 in Magdeburg bis 8. April 1603 in Prag) war ein deutscher Mathematiker. Über seine Herkunft ist nichts bekannt.
Nachdem er einige Zeit in Wittenberg geweilt, sich einem Studium der Astronomie, sowie der Mathematik gewidmet und Johannes Praetorius eine Abschätzung und eine Näherung für die Kreiszahl π vorgelegt hatte, begab er sich 1573 zu Georg Joachim Rheticus nach Kaschau in Oberungarn. **[171]**

In seinem 25. Lebensjahr gelangte er 1573 zu Meister Rheticus. Durch Valentinus Otho, wurde im Jahre 1573 die Näherung 355/113 bekannt.
Rheticus begann Otho in seine Arbeiten einzuweihen. Jedoch erkrankte Rheticus 1574 und übertrug Otho kurz vor seinem Ableben die Aufgabe, sein großes trigonometrisches Werk zu vollenden und herauszugeben.
Im Auftrag von Kaiser Maximilian II stellte der kaiserliche Landeshauptmann Hans Rueber zu Pixendorf Otho zur Ordnung des Nachlasses von Rheticus ein. Um das Vermächtnis weiterführen zu können, folgte Otho 1577 einer Aufforderung des sächsischen Kurfürsten August, der ihn aus Kaschau als Professor der höheren Mathematik an die Universität Wittenberg berief.

Nachdem Otho zwei Teile des Werkes fertig gestellt hatte, kam es 1581 zum Bruch mit der Wittenberger Hochschule. Nachdem er sich geweigert hatte, die Konkordienformel zu unterschreiben, entfernte man ihn aus seinem Amt. Otho wurde 1601 Professor der Mathematik an der Universität Heidelberg. **[172]**

2.1.12 - Ludolph von Ceulen

Ludolph van Ceulen **[173]** (28. Januar 1540 in Hildesheim bis 31. Dezember 1610 in Leiden) war ein deutscher Fechtmeister und Mathematiker, der in die Niederlande auswanderte.
Im 16. Jahrhundert erwachte dann auch in Europa die Mathematik wieder aus ihrem langen Schlaf. 1596 gelang es Ludolph van Ceulen, die ersten 35 Dezimalstellen von π zu berechnen. Angeblich opferte er 30 Jahre seines Lebens für diese Berechnung. Van Ceulen steuerte allerdings noch keine neuen Gedanken zur Berechnung bei. Er rechnete einfach nach der Methode des Archimedes weiter, aber während Archimedes beim 96-Eck aufhörte, führte Ludolph diese bis zum eingeschriebenen 2^{62}-Eck fort.

Hier ist sein Wert, der auch heute noch gültig ist:

$$\pi = 3{,}14159265358979323846264338327950288...$$

Ludolph van Ceulen widmete einen großen Teil seiner Arbeit und seines Lebens der Berechnung der Zahl π. 1596 errechnete er 20 richtige Stellen und kurz vor seinem Tod weitere 15 Stellen. Dabei diente ihm die Archimedische Methode als Grundlage. Er benutzte ein- und umschriebene Polygone mit 2^{62} Seiten.
Die letzten drei der von ihm berechneten Ziffern wurden in seinen Grabstein eingemeißelt. **[174]**

Daher wird π auch manchmal als **Ludolphsche Zahl** bezeichnet.

2.1.13 - Adriaan van Roomen

Adriaan van Roomen **[175]** (29. September 1561 bis 4. Mai 1615), auch bekannt als Adrianus Romanus, war ein flämischer Mathematiker.
Er traf Kepler und diskutierte mit François Viète zwei Fragen zu Gleichungen und Tangenten. Er arbeitete in Algebra, Trigonometrie und Geometrie.
Auf dem Gebiet der Dezimalentwicklung von π kam Adriaan van Roomen 1593 auf 15 Dezimalstellen.

2.1.14 - Christoph Grienberger

Christoph Grienberger **[176]** (auch Gruemberger, Grünberger) (2. Juli 1561 in Hall bis 11. März 1636 in Rom) war ein österreichischer Jesuitenpater und Astronom.

Grienberger schrieb optische und mathematische Werke. Er führte einen Briefwechsel mit vielen Persönlichkeiten seiner Zeit, vor allem mit seinen Mitbrüdern. In den Briefen beschäftigte er sich mit mathematischen und optischen Problemen. Zu seinen Schriften gehört ein *"Neuer Fixsternkatalog"* und ein *"Neues Himmelsbild"*. **[177]**

1630 errechnete Christoph Grienberger 39 Ziffern für π. Das ist bis heute die genaueste Annäherung durch manuell verwendende polygonale Algorithmen.

2.1.15 - Snellius

Willebrord van Roijen Snell **[178]** (auch Willebrordus Snel van Royen oder Snellius (13. Juni 1580 in Leiden, (Niederlande) bis 30. Oktober 1626 ebenda), war ein niederländischer Astronom und Mathematiker. Er ist bekannt für die Entwicklung des optischen Brechungsgesetzes, nach ihm als snelliussches Brechungsgesetz bezeichnet. Er gebrauchte den Namen Snellius für wissenschaftliche Veröffentlichungen.

In Leiden folgte er 1613 seinem Vater Rudolph Snellius (1546–1613) als Professor für Mathematik an der dortigen Universität. 1615 entwickelte er mit der Triangulation eine neue Methode, den Umfang und den Radius der Erde zu ermitteln, die er in seinem 1617 veröffentlichtem Werk *„Eratosthenes Batavus"* **[179]** beschrieb.

In seinem *„Tiphys batavus"*, **[180]** veröffentlicht 1624, beschäftigte er sich mit dem Problem der Meridianeinteilung und den daraus resultierenden Folgen für die Navigation. Er schrieb zudem zahlreiche weitere Werke über Mathematik, Astronomie und Landesvermessung. Snell veröffentlichte eine Lösung zur Pothenotschen Aufgabe, der Aufgabe des ebenen Rückwärtsschnitts. **[181]** Ebenso verbesserte er die Exhaustionsmethode zur Berechnung der Kreiszahl π.

Bei der ursprünglichen Methode des Archimedes wird der Kreisumfang durch den Umfang eines dem Kreis einbeschriebenen und den eines dem Kreis umbeschriebenen Vielecks abgeschätzt. Genauere Schranken ergeben sich durch eine Erhöhung der Eckenzahl. Der niederländische Mathematiker Snellius fand heraus, dass auch ohne die Seitenzahl zu vergrößern feinere Schranken für die Länge eines Bogenstückes als nur die Sehnen der Polygone angegeben werden können. Er konnte dieses Ergebnis allerdings nicht streng beweisen.

2.1.16 - Christiaan Huygens

Christiaan Huygens **[182]** (14. April 1629 in Den Haag bis 8. Juli 1695 ebenda), auch Christianus Hugenius, war ein niederländischer Astronom, Mathematiker und Physiker. Huygens gilt, obwohl er sich niemals der noch zu seinen Lebzeiten entwickelten Infinitesimalrechnung bediente, als einer der führenden Mathematiker und Physiker des 17. Jahrhunderts. Er ist der Begründer der Wellentheorie des Lichts, formulierte in seinen Untersuchungen zum elastischen Stoß ein Relativitätsprinzip und konstruierte die ersten Pendeluhren. Mit von ihm verbesserten Teleskopen gelangen ihm wichtige astronomische Entdeckungen. **[183]**

Huygens entdeckte mit seinem selbstgebauten Teleskop 1655 erstmals den Saturnmond Titan. Damit war der Saturn der zweite Planet nach dem Jupiter (von der Erde abgesehen), bei dem ein Mond nachgewiesen werden konnte (Galilei hatte schon 1610 die vier größten Jupitermonde entdeckt).
Außerdem konnte er durch die bessere Auflösung seines Teleskops erkennen, dass das, was Galilei als Ohren des Saturns bezeichnet hatte, in Wirklichkeit die Saturnringe waren.

Neben der Astronomie interessierte sich Huygens auch für die Mechanik. Er formulierte die Stoßgesetze und befasste sich mit dem Trägheitsprinzip und Fliehkräften. Seine Untersuchungen von Schwingungen und Pendelbewegungen konnte er zum Bau von Pendeluhren nutzen.
Schon Galilei hatte eine solche entworfen, aber nicht gebaut. Huygens konnte seine Uhr hingegen zum Patent anmelden. Die in seinem Auftrag von Salomon Coster gebauten Uhren wiesen eine Ganggenauigkeit von zehn Sekunden pro Tag auf, eine Präzision, die erst hundert Jahre danach überboten werden konnte. Später konstruierte er auch Taschenuhren mit Spiralfedern und Unruh.

Christiaan Huygens veröffentlichte 1673 in seiner Abhandlung *„Horologium Oscillatorium"* **[184]** eine ganggenaue Pendeluhr mit einem Zykloidenpendel, bei dem er sich die Tatsache zunutze machte, dass die Evolute der Zykloide selber wieder eine Zykloide ist. Der Vorteil der Ganggenauigkeit wird jedoch durch die erhöhte Reibung wettgemacht. **[185]**
In seiner letzten wissenschaftlichen Abhandlung 1690 formulierte Huygens den Gedanken, dass es noch viele andere Sonnen und Planeten im Universum geben könnte, und spekulierte bereits über außerirdisches Leben.
Huygens entdeckte die Beziehungen zwischen Schallgeschwindigkeit, Länge und Tonhöhe einer Pfeife. Er beschäftigte sich intensiv mit der mitteltönigen Stimmung und berechnete 1691 die Teilung der Oktave in 31 gleiche Stufen, um den Fehler des pythagoreischen Kommas im Tonsystem der Musik zu beheben. **[186]**

Die Ausarbeitung und Verbesserung des snelliusschen Ansatzes leistete Christiaan Huygens in seiner Arbeit *„De circuli magnitudine inventa"*, **[187]** in der er auch den Beweis der von Snellius aufgestellten Sätze erbrachte. Auf rein elementargeometrischem Weg gelang Huygens eine so gute Eingrenzung der zwischen Vieleck und Kreis liegenden Fläche, dass er bei entsprechender Seitenzahl der Polygone die Kreiszahl auf mindestens dreimal so viel Stellen genau erhielt wie Archimedes mit seinem Verfahren.

2.1.17 - Thomas Hobbes

Thomas Hobbes [188] (5. April 1588 in Westport, Wiltshire bis 4. Dezember 1679 in Hardwick Hall, Derbyshire) war ein englischer Mathematiker, Staatstheoretiker und Philosoph, der durch sein Hauptwerk *„Leviathan"*, in dem er eine Theorie des Absolutismus entwickelte, bekannt geworden ist. Er gilt als Begründer des aufgeklärten Absolutismus. Des Weiteren ist er neben John Locke und Jean-Jacques Rousseau einer der bedeutendsten Vertragstheoretiker.

Insbesondere in seinem Werk De Corpore, dem ersten Teil der Trilogie *„elementa philosophiae"*, [189] von 1655 entwickelt Hobbes zentrale Thesen zu naturwissenschaftlichen Fragen. Ausgehend von einer materialistischen Grundhaltung und dem – exemplarisch durch René Descartes vertretenen – mechanistischen Denken seiner Zeit schreibt er allein den Körpern und deren Bewegung Wirklichkeit zu. Dabei entsteht keine Bewegung aus sich selbst heraus, sondern ist Folge einer anderen Bewegung. Der Bewegung unterliegen nur Körper, sie können ausschließlich durch andere Körper bewegt werden.

Auf der Grundlage dieser Körper-Lehren entwickelt Hobbes mitunter erstaunlich modern anmutende Theorien etwa zum Phänomen des Lichts, dass sich seiner Ansicht gemäß in materieartigen Impulsen bewegt, und veröffentlichte auch ein Werk über Optik. Auch beschäftigte er sich vor diesem Hintergrund mit der Natur des Vakuums. [190]

Dazu kommen einige Werke über Mathematik. Begeistern konnte sich Hobbes insbesondere auch für Euklidische Geometrie, die ihm als Vorbild für jegliche exakte Wissenschaft galt und deren Grundsätze er entsprechend dem *„mos geometricus"* auch auf seine Philosophie übertragen wollte. Gleichwohl galt Hobbes auf diesem Gebiet vielfach als Dilettant; um ihn auch als Philosophen zu diskreditieren, setzte die Kirche Mathematiker ein, um seine Bemühungen der Lächerlichkeit preiszugeben.

Außerdem ist er ein prominentes Beispiel für einen Amateurmathematiker, der die Quadratur des Kreises gefunden zu haben glaubte. Seine 1665 in seinem Werk *„De corpore"* veröffentlichte Lösung – in Wirklichkeit eine Näherungskonstruktion – wurde von John Wallis noch im selben Jahr zurückgewiesen. In der Folgezeit entspann sich zwischen den beiden eine in scharfem Tonfall vorgetragene Auseinandersetzung, die erst mit Hobbes' Tod im Jahr 1679 endete. [191]

2.1.18 - Adam Kochański

Adam Adamandy Kochański [192] (5. August 1631 in Dobrzyń nad Wisłą, Polen bis 17. Mai 1700 in Teplitz, Böhmen) war ein polnischer Mathematiker.

Kochański besuchte ein Gymnasium in Thorn und studierte ab Jahr 1652 in Vilnius Philosophie, Mathematik, Physik und Theologie. Später unterrichtete er diese Fächer u.a. in Florenz, Prag, Breslau, Mainz und Würzburg. Im Jahre 1677 wurde er in Warschau zum Hofmathematiker und Bibliothekar des Königs Johann III Sobieski.
Kochański hat sich mit den Problemen der Konstruktion der mechanischen Uhren beschäftigt.

Bekannt ist vor allem seine 1685 entwickelte sogenannte „Näherungskonstruktion von Kochański", mit der ein Quadrat konstruiert werden kann, dass nahezu flächengleich zu einem gegebenen Kreis ist, also eine näherungsweise Lösung der Quadratur des Kreises darstellt.

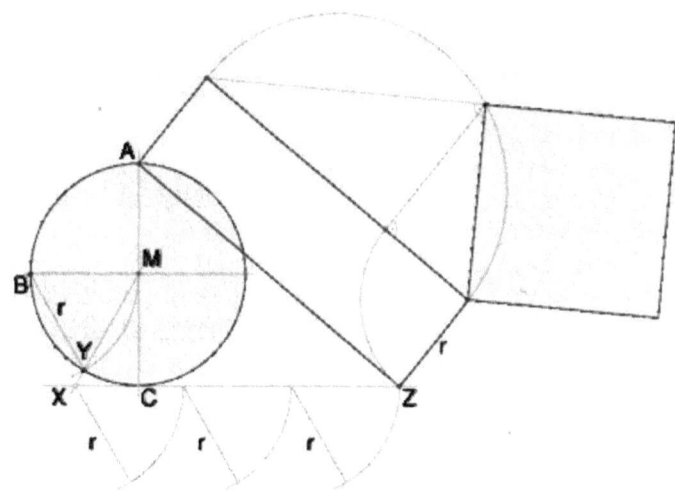

Abbildung 2.1.18.1 - Quadratur von Adam Kochański

131

Man zeichnet einen Kreis mit dem Radius r=1 um den Mittelpunkt M. Dann zeichnet man zwei senkrecht aufeinander stehende Kreisdurchmesser, die die den Kreisumfang in den Punkten A,B und C schneiden.

Vom Punkt B schlägt man den Radius r auf dem Kreisumfang ab und erhält den Punkt Y. Die Gerade MY schneidet die durch C verlaufende Kreistangente im Punkt X.

Vom Punkt X schlägt man den Radius r dreimal auf der Tangente ab und erhält den Punkt Z. Die Länge der Strecke AZ ist ein sehr guter Näherungswert für den halben Kreisumfang.

2.1.19 - Jacob Marcelis

Um 1700 herum war Jacob Marcelis [193] der Meinung, dass es ihm gelungen sei, den Kreis zu quadrieren, und damit den exakten Wert für π zu bestimmen. Diesen gab er wie folgt an:

$$\pi \approx 3\,\frac{1008449087377541679894282184894}{6997183637540811944003523927 1702}$$

2.1.20 - Popularität der Kreis-Quadratur

Berichte über ein wachsendes Aufkommen an Amateurarbeiten ab dem 18. und 19. Jahrhundert und Beispiele zum Thema finden sich bei Jean-Étienne Montucla, [194] Johann Heinrich Lambert [252] und Augustus de Morgan [195].

In der Regel handelte es sich um Verfahren, bei denen das Problem mechanisch, numerisch oder durch eine geometrische Näherungskonstruktion „exakt" gelöst wurde.

Derartige Arbeiten wurden in einer so großen Zahl an Mathematiker oder wissenschaftliche Institutionen herangetragen, dass sich zum Beispiel die Pariser Akademie der Wissenschaften 1775 genötigt sah, die weitere Untersuchung von vorgeblichen Lösungen der Kreisquadratur offiziell abzulehnen:

„Die Akademie hat dieses Jahr die Entscheidung getroffen, in Zukunft weder die Lösungen der mathematischen Probleme betreffend die Verdoppelung des Würfels, die Dreiteilung des Winkels sowie die Quadratur des Kreises, noch jedwede Maschine mit dem Anspruch eines "Perpetuum mobile" zu untersuchen."

Teil 2.2 – Ergänzungen

2.2 - Proportion und Kunst

2.2.1 - Quadratur und Proportion

Die wohl bekannteste Darstellung für ein Proportionsschema stammt von **Leonardo da Vinci, [196]** einem italienischen Universalkünstler der Renaissance, der 1452 bis 1519 lebte.
Die Darstellung im folgenden Bild wird als **vitruvischer Mensch** bzw. aus dem englischen übernommen, als **vitruvian man** bezeichnet. Durch die Verquickung der menschlichen Darstellung mit der geometrischen Konstruktion entsteht so ein Modul für Proportionen, das einen Bezug zur Quadratur des Kreises zu haben scheint.

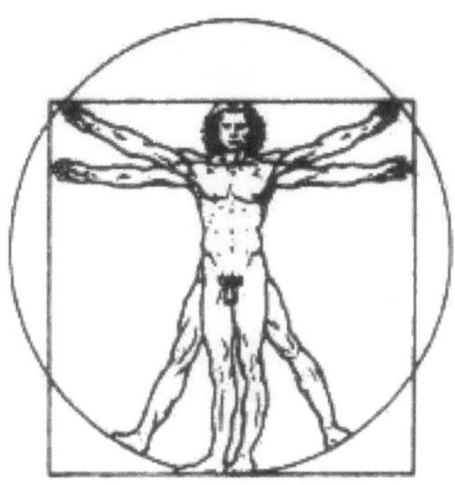

Abbildung 2.2.1.1 - Vitruvian Man von Leonardo da Vinci

Die Antike und die Renaissance (Alberti, Da Vinci, Dürer) haben ebenso wie in modernerer Zeit etwa Le Corbusier oder Mies van der Rohe oder Neufert gelegentlich nach einem Richtmaß, einem sogenannten **Kanon** oder **Modul**, also einem „Proportionsmodul" gearbeitet.
Es ist daher nicht verwunderlich, wenn Leonardo da Vinci sich im Laufe seiner Studien über Proportionen auch mit dem 14:11 bzw. 11:7 Verhältnis beschäftigt hat.
Obwohl Da Vincis Werk eher darauf schließen lässt das sein Hauptinteresse mehr dem goldenen Schnitt galt. Dabei ist seine Zeichnung keine ein-

malige Konstruktion. Varianten lassen sich, über einen längeren Zeitraum hinweg, auch bei anderen finden.

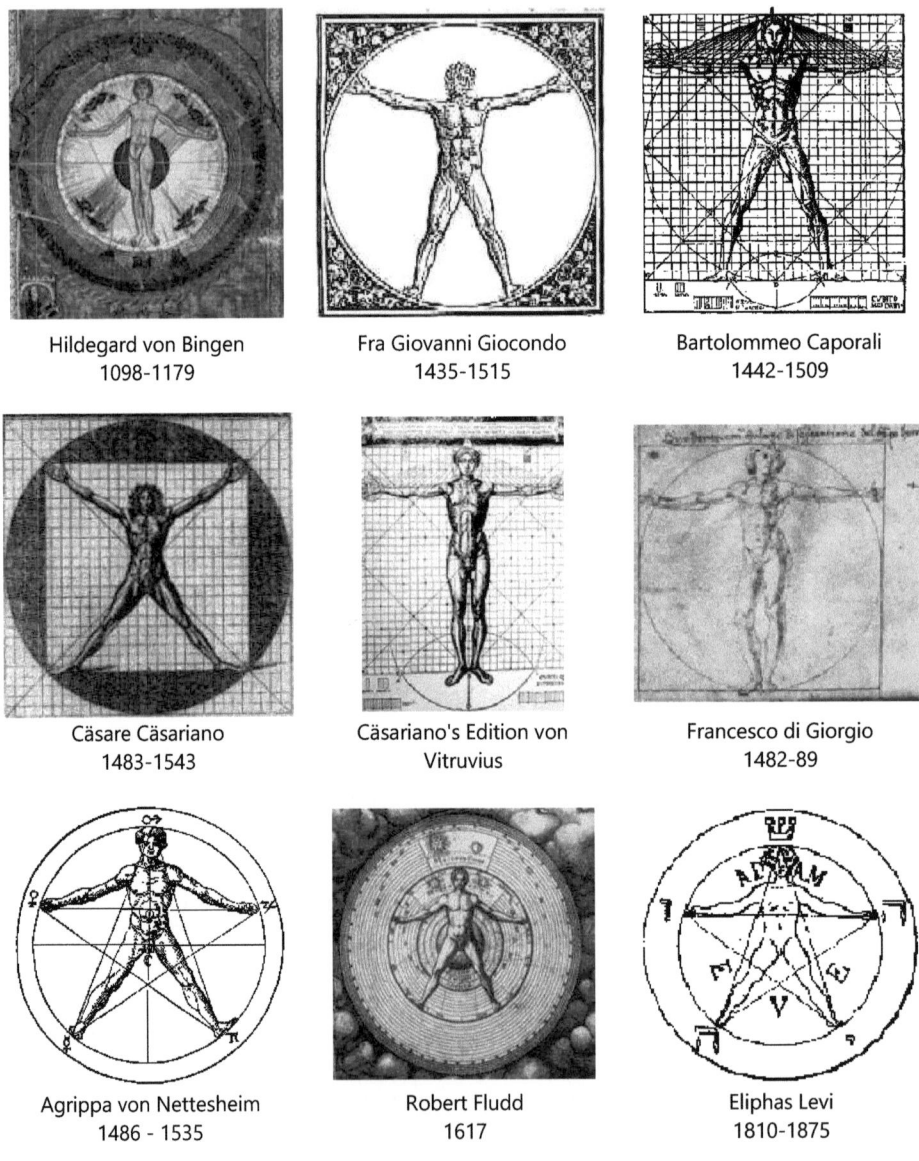

Hildegard von Bingen
1098-1179

Fra Giovanni Giocondo
1435-1515

Bartolommeo Caporali
1442-1509

Cäsare Cäsariano
1483-1543

Cäsariano's Edition von
Vitruvius

Francesco di Giorgio
1482-89

Agrippa von Nettesheim
1486 - 1535

Robert Fludd
1617

Eliphas Levi
1810-1875

Abbildung 2.2.1.1 - Vitruvian Man

Bemerkenswert ist hier noch, dass einige der Abbildungen keine reinen Proportionsschemata sind, sondern philosophische, psychologische, esoterische wie z.B. zahlensymbolische und alchemistische Inhalte darstellen. Hier muss man berücksichtigen das in früheren Zeiten Proportion, Zahlensymbolik, der Mensch (als Ebenbild Gottes) und seine Darstellung noch eng miteinander verwoben waren.

2.2.2 - Proportions-Module

Proportionsmodule werden abgeleitet aus geometrischen Konstruktionen. Hier zwei Beispiele für solche Grundkonstruktionen: Quadrat(ur) und Fünfeck bzw. der goldene Schnitt.

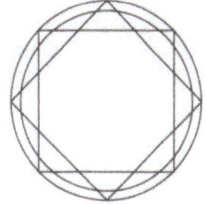 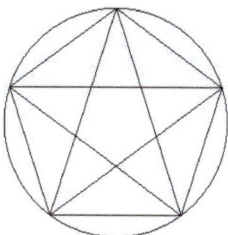

Abbildung 2.2.2.1 - Viereck und Fünfeck

Die Methode ein Modul abzuleiten, besteht darin aus Teilen der zugrunde liegenden Konstruktion einen immerwährenden Prozess zu machen. Mathematisch gesehen wird damit eine geometrische Folge erzeugt.

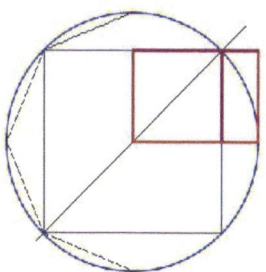 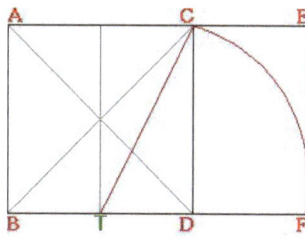

Abbildung 2.2.2.2 - Proportionsmodule

Die Methode ein Modul abzuleiten, besteht darin aus Teilen der zugrunde liegenden Konstruktion einen immerwährenden Prozess zu machen. Mathematisch gesehen wird damit eine geometrische Folge erzeugt. Die Darstellung des Menschen wird schon seit frühesten Zeiten mit Proportionen verbunden.

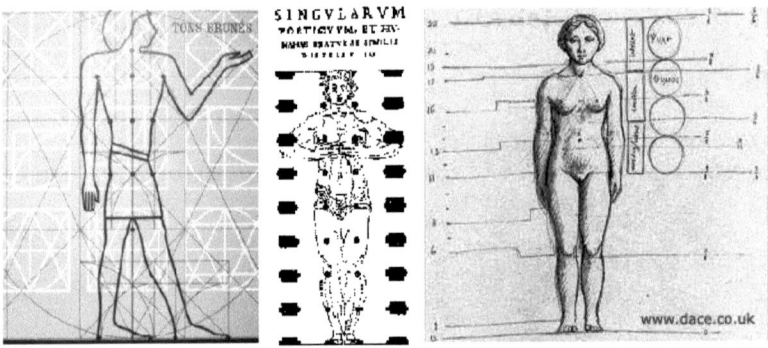

Secrets of Ancient Geometry and Its Use Buchumschlag von Tons Brunes

Athanasius Kirchers, anthropomorphe Proportion von Noah's Arche

Ägyptischer und Griechischer Proportions-Kanon von Martin Dace

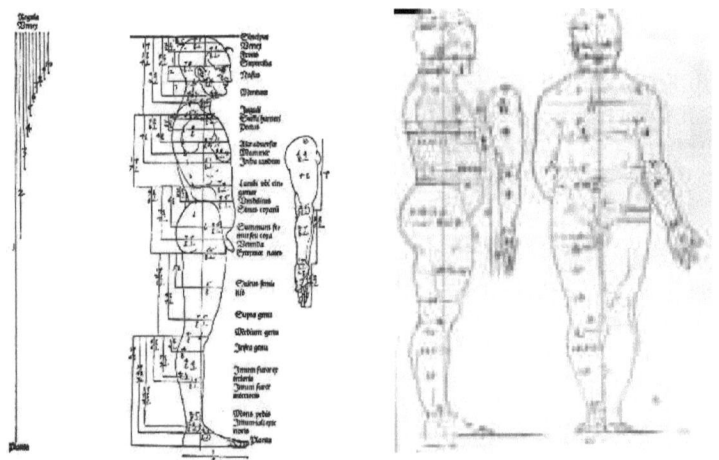

Albrecht Dürer, 1528

Abbildung 2.2.2.3 - Proportionsmodule

136

Noch einige Proportionsmodule aus der jüngeren Zeitgeschichte:

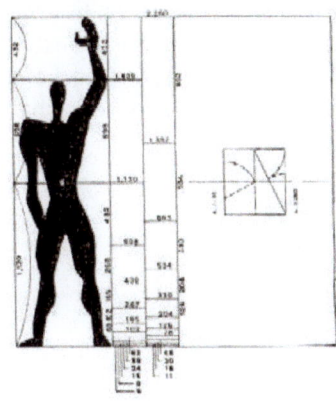

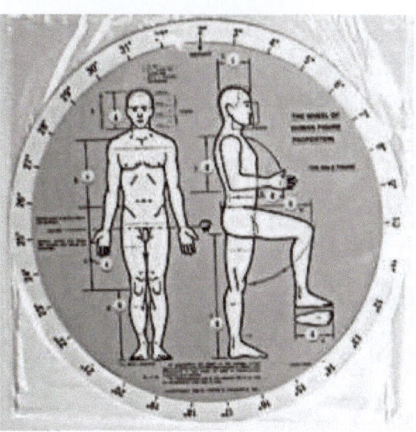

Charles-Edouard Le Corbusier
1887-1966

moderner Proportions-Kanon

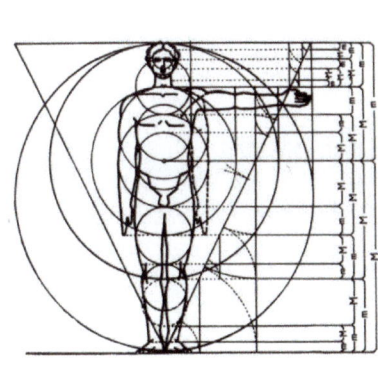

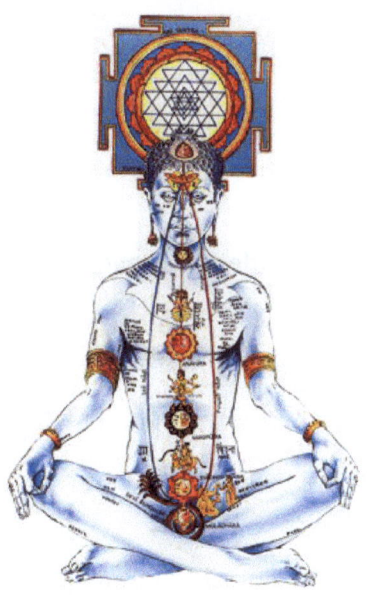

Proportions-Kanon von Neufert

Chakren-Modell

Abbildung 2.2.2.4 - Proportionsmodule

2.2.3 - Der goldene Schnitt

Die Darstellung des Menschen wird schon seit frühesten Zeiten mit Proportionen verbunden. Hier noch einige Beispiele einer ganz besonderen Proportion: **der goldene Schnitt**. **[197]** Hierbei wird eine Strecke so geteilt, dass sich die ganze Strecke zum größeren Abschnitt so verhält, wie der größere Abschnitt zum kleineren Abschnitt.

  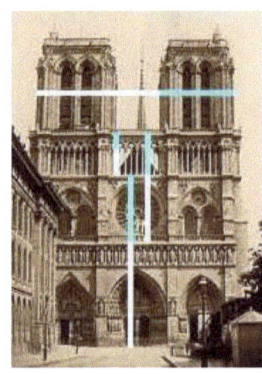

Mona Lisa von
Leonardo da Vinci

Selbstbildnis
Albrecht Dürer

Notre Dame

Abbildung 2.2.3.1 - Goldener Schnitt

2.2.4 - Ein modernes Proportions-Modul: Din A

Proportionsmodule werden auch heute noch benutzt. Das gebräuchlichste Modul ist die DinA-Teilung. **[198]** Sie beruht auf einer Anwendung der Wurzel 2.

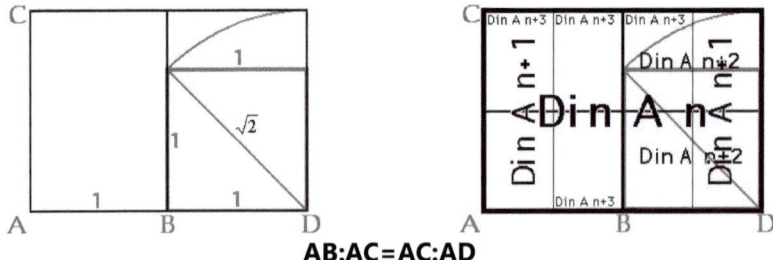

AB:AC=AC:AD

Abbildung 2.2.4.1 - DinA Modul

2.2.5 - Quadratur und goldener Schnitt?

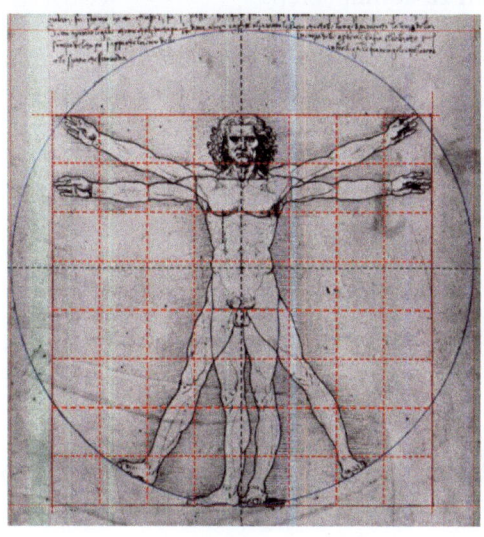

Das von Leonardo Da Vinci benutzte Gitter.

Abbildung 2.2.5.1 - Gitter von Leonardo da Vinci

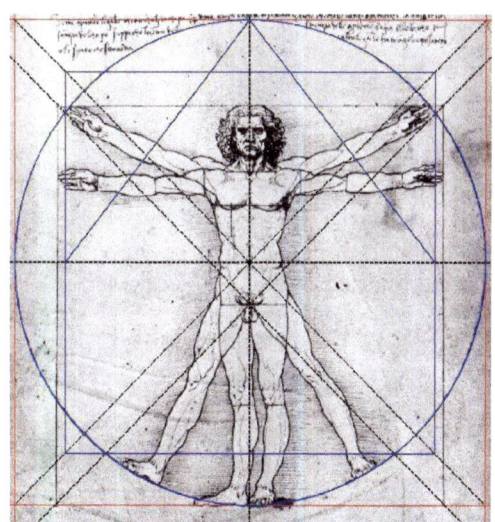

Das Leonardo da Vinci tatsächlich die Quadratur des Kreises in seiner Darstellung benutzt hat, lässt sich aus dieser überarbeiteten Abbildung ersehen.

Hier ist das Quadraturdreieck mit eingezeichnet.

Die Grundseite des Dreiecks verläuft durch den Bauchnabel. Die Höhe ist gleichzeitig auch Mittelachse der menschlichen Figur.

Der Mensch ist in die Quadratur quasi eingehängt.

Abbildung 2.2.5.2 - Quadratur

Es sind immer wieder Versuche unternommen worden, die Quadratur des Kreises mit dem goldenen Schnitt zu kombinieren.

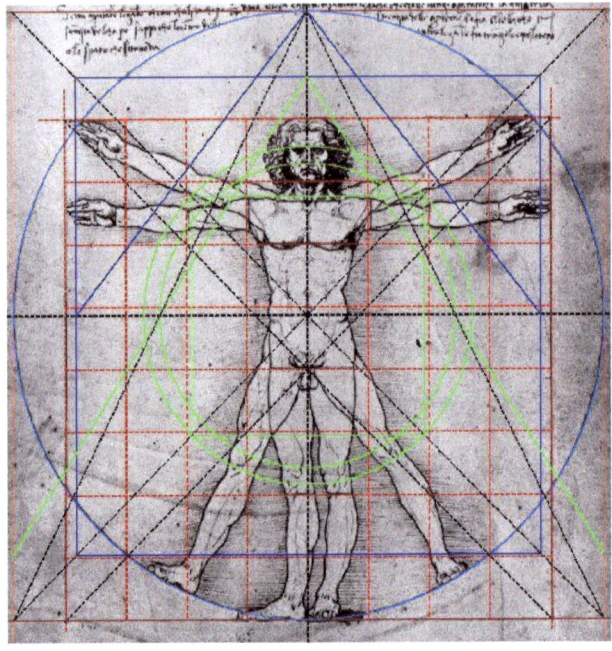

Diese Abbildung enthält ein Beispiel, das erkennen lässt, dass es so einfach nicht geht.
Die obigen Beispiele der Darstellungen lassen vermuten, dass in der Antike ein Zusammenhang zwischen Quadratur und Fünfeck bekannt war.

Abbildung 2.2.5.3 - Gesamte Quadratur

2.2.6 - Quadratur, Medizin und Euro

Die Quadratur von Leonardo da Vinci wird in der heutigen Zeit, wegen der menschlichen Abbildung, oft in medizinischen Bereichen benutzt.
In Deutschland z.B. als Emblem der Krankenkasse AOK.
Eine weitere Anwendung findet man auf der Rückseite des italienischen Euros.

Abbildung 2.2.6.1 - Der Euro

2.3 - Architektur

2.3.1 - Historisches

Die Entwicklung des mathematischen Denkens, bei getrennt lebenden Völkern, hat sich unter ähnlichen gesellschaftlichen Bedingungen fast gleich vollzogen.

Mit dem Entstehen der Hochkulturen in Sumer und Ägypten gegen Ende des 4. vorchristlichen Jahrtausends entwickelte sich die Mathematik, wohl als religiöses und kaufmännisches Instrument. Ein wichtiger Bestandteil der Mathematik waren Maße und Proportionen, da sie in Kunst und Architektur gebraucht wurden.

Schon die Arche Noah und der Salomonische Tempel waren, wie die Bibel berichtet, in einfachen aber ganz genau bestimmten Verhältnissen gebaut.

Mit ziemlicher Sicherheit darf angenommen werden, dass auch die alten Ägypter ihren Bauten geometrische Maßverhältnisse zugrunde legten. Eingehende Untersuchungen haben ergeben, dass das ägyptische Dreieck, also der Pyramidenschnitt mit dem Verhältnis von 8 zu 5 zwischen Höhe und Basis "der Schlüssel aller Verhältnisse" in der ägyptischen Baukunst sei.
Bei einzelnen Pyramidenbauten scheinen die Maße der Hypotenuse und die halbe Basis nach dem goldenen Schnitt bestimmt zu sein. Und es existieren einige Pyramiden die ein 14:11 Verhältnis aufweisen, wenn man Pyramidenhöhe und Basis betrachtet.

Die Griechen haben ihre Tempel nach einer festgesetzten Norm aufgebaut, nach einfachen in ganzen Zahlen ausdrückbaren Verhältnissen. Wobei der goldene Schnitt hier eine besondere Rolle gespielt hat.

Wie John Michell in seinem Buch *„Maßsysteme der Tempel"* [10] zeigen kann existierten quasi bei allen Völkern, die Hochkulturen hervorbrachten, ganze Systeme von Maßen und Maßverhältnissen also Proportionen und Proportionsmodule.

2.3.2 - Beispiele aus dem Altertum

Marcus Vitruvius Pollio
Plan einer idealen Stadt

Pharaoh Senwosret

Pantheon
Akropolis

Felsendom
Jerusalem

Griechischer Tempel

Griechischer Tempel

Abbildung 2.3.2.1 - Proportionen

2.3.3 - Weitere Beispiele aus der Architektur

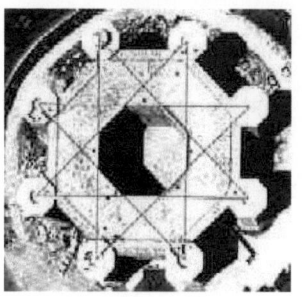

Castel de Monte

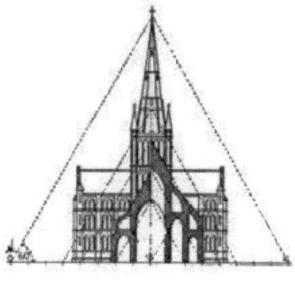

Kathedrale und Dreieck

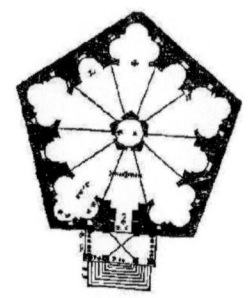

Kirche von Sebastiano Serlio

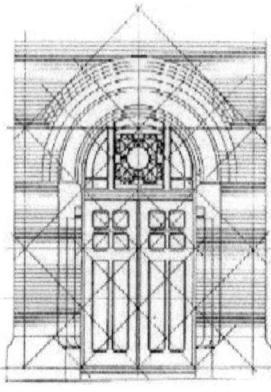

Tür eines Landhauses

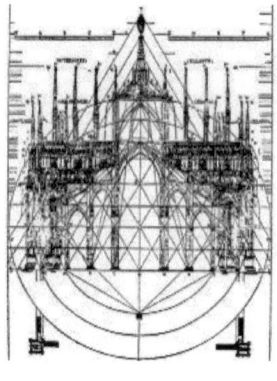

Kathedrale und Dreieck

Haus von Le Corbusier

Die heutige Bauweise

Der amerikanische Adler

Das Pentagon USA

Abbildung 2.3.3.1 - Proportionen

143

2.3.4 - Vom Quadrat zum Kreis

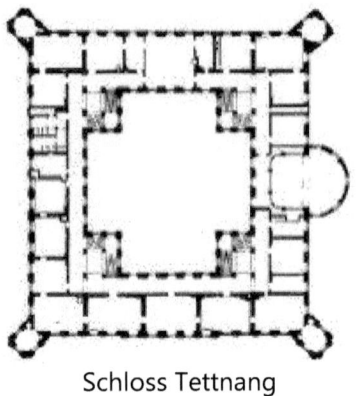

Schloss Tettnang

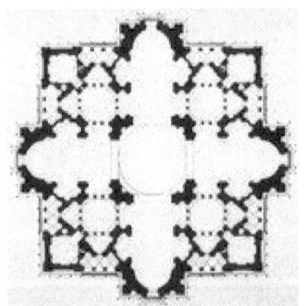

Basilica di San Pietro

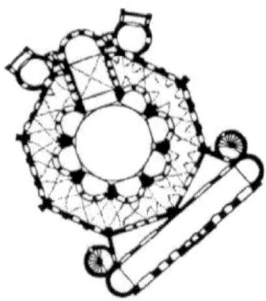

Zentralplatz

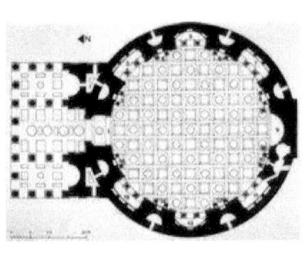

Pantheon - Rom

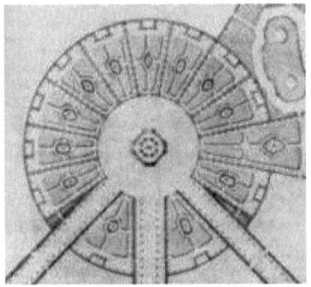

Tiergarten – Wien

Abbildung 2.3.4.1 - Vom Quadrat zum Kreis

2.4 - Sakrale Architektur

2.4.1 - Heilige Geometrie

Innerhalb der Geomantie gibt es einen Bereich den man als „heilige Geometrie" bezeichnet. **[199]** Dieser befasst sich mit speziellen geometrischen Konstruktionen und Zahlenverhältnisse, die als Basis dienen. Es existieren keine Kommazahlen. Alle Zahlen werden als ganze Zahlen oder als ganzrationale Zahlen (Brüche) dargestellt.

Eine besondere Konstruktion ist das pythagoreische Dreieck, speziell das mit den Seiten 3, 4 und 5. Dieses ist das einfachste und zugleich älteste Dreieck das bekannt ist. Schon die Babylonier und Ägypter benutzen die 12-Knotenschnur (3+4+5) mit der sich dieses Dreieck konstruieren lässt.
Als geometrische Grundkonstruktionen dienen ebenfalls Polyeder bzw. Polygone. Es werden 3, 4, 5, 6, 7, 8, 9, 10, 12, 16 Ecke benutzt und Vielfache davon. Ebenso die platonischen Körper. **[200]**

Eine typische Konstruktion zur heiligen Geometrie ist die *„Blume des Lebens".*

Abbildung 2.4.1.1 - Blume des Lebens

Als Blume des Lebens wird das in Bild 2.4.1.1 gezeigte Ornament bezeichnet, das aus 19 grundlegenden Kreisen besteht. So ergeben sich 90 Blütenblätter und ein zentraler Kreis. Das kunstvolle Ornament aus überlappenden Kreisen lässt sich auf der ganzen Welt schon seit Jahrtausenden finden.
Die älteste bekannte Darstellung der Grundstruktur, als sich wiederholendes Muster, findet man auf einer 2,07×1,26 m großen Türschwelle aus dem Palast von König Aššur-bāni-apli in Dur Šarrukin. (645 v.Chr.) Heute

145

befindet sich die Türschwelle in der assyrischen Abteilung des Louvre. Weitere Exemplare werden im British Museum gezeigt. Es finden sich auch, in etwa 4 m Höhe, Abbildungen auf Pfeilern des Osiris-Heiligtums in Abydos in Ägypten.

Ebenso an verschiedenen Orten Europas wie im Kloster Preveli auf Kreta ist es auf beiden Seiten der zweischiffigen Kapelle zu finden. In der Westminster-Abbey ist es Teil der Cosmati-Mosaik aus dem 13. Jahrhundert.

Im Hazara-Rama-Tempel im indischen Hampi ist es auf diversen Säulen und Architraven zu sehen. Weitere Fundstellen gibt es in den Ruinen von Kabile, sowie in Weliki Preslaw in Bulgarien, in Masada in Israel, sowie im peruanischen Cusco.

Eine mit diesem Ornament bedeckte Kugel findet sich unter der Pfote des männlichen Wächterlöwen am Tor der Höchsten Harmonie zur Verbotenen Stadt in Peking.

In Deutschland ist die Blume des Lebens in der Pfarrkirche in Altenkirchen auf Rügen über dem Altar als Stern an den Himmel gemalt. Ebenfalls sind die Balken zahlreicher Fachwerkhäuser in der Altstadt von Straßburg mit dem Ornament verziert. Auch im Silberschatz von Kaiseraugst auf Platte 85 findet es sich.

Leonardo da Vinci beschäftigte sich mit der Form und den mathematischen Proportionen der Blume des Lebens, ohne jedoch das Ornament eigens zu benennen.

In der modernen Esoterik wird die Blume des Lebens als Schutzamulett benutzt. Eine Zuschreibung religiöser Bedeutung erfolgte vor allem durch den Autor Drunvalo Melchizedek, der ein zweibändiges Werk zu dem Thema veröffentlichte. **[201]**

Alle weiter oben beschriebenen Zahlen-Verhältnisse sind in Hradistko (in der Nähe von Prag) ebenfalls nachweisbar, **[202]** einer Geometrie die während des dritten Reiches entstanden ist: Zwischen Paris und Prag verläuft die Siegfried-Linie. In Worms steht die Drei-Kaiser-Dom-Linie senkrecht auf der Siegfried-Linie. Die Richtungen der beiden Gitter in Hradistko sind aus der Drei-Kaiser-Dom-Linie und der Siegfried-Linie ableitbar. Die Richtungen ergeben sich durch Spiegelung, Drehung und aus Polygonen (9, 10, 12, 20-Eck). Die Steigung der Hauptrichtung des affinen Gitters beruht auf dem pythagoreischen Dreieck 3, 4, 5.

Die Zahlen 6, 9, 12, 18, 36 spielen eine Rolle, die über Polygonbildung Winkel von 60, 40, 30 20, 10 Grad erzeugen. Das sind alles ganzzahlige Vielfache von 10. Da dieses auch der Eigenwinkel von Drei-Kaiser-Dom-Linie und der Siegfried-Linie ist, sind diese Linien daher zu 6, 9, 12, 18, 36-Ecken-Polygonen kompatibel.

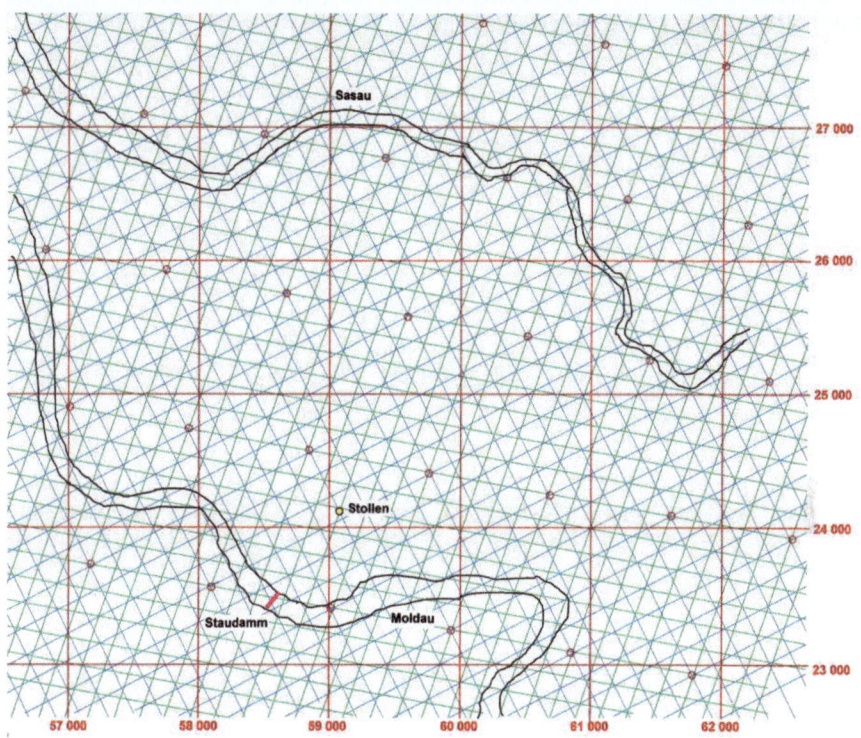

Abbildung 2.4.1.2 - Gitter in Hradistko

In den Konstruktionen zu den Hradistko-Richtungen treten einfache geometrische Operationen wie Spiegelung, Drehung, Verdoppelung und Polygonbildung auf. Das sind wesentliche geometrischen Elemente der heiligen Geometrie, die benötigt werden um die Richtungen der Gitter in Hradistko zu bestimmen.

Bei einer Drehung ist zunächst unbekannt um wie viel Grad gedreht werden soll. Man kann das einschränken auf den Eigenwinkel (kleinster Winkel zwischen Gerade und einer Koordinatenachse). Dreht man eine Gerade um den eigenen Winkel dann gibt es noch zwei mathematische Methoden bzw. geometrische Operatoren mit denen das beschrieben werden kann: die Spiegelung und die Verdopplung.
Alle Winkel die zueinander in Beziehung stehen lassen sich als Drehungen interpretieren. Das gilt in Konsequenz auch für Polygone. Mathematisch gesehen stellen Polygone sogar ganze Drehungsgruppen dar.

2.4.2 - Quadratur und Triangulation

Die frühere Baukunst hat ihre Abmessungen hauptsächlich aus Quadrat und gleichseitigem Dreieck entwickelt - also aus Quadratur und Triangulation.

Abbildung 2.4.2.1 - Quadratur und Triangulation

2.4.3 - Quadrat und sakrale Architektur

Die ersten christlichen Kirchen (die meistens auf alten Kultplätzen angelegt wurden) hatten, in der Regel, noch die Form eines Quadrates bzw. eines quadratischen Kreuzes - verbunden waren damit auch immer die vier Elemente.

Abbildung 2.4.3.1 - Vier Elemente

Das Quadrat, das quadratische Kreuz oder auch das Achteck stellen noch die Ganzheit der Elemente bzw. die Einheit der Natur dar.
Die Vierzahl ist der Welt zugeordnet, während die Achtzahl den Himmel darstellt. In den ursprünglichen Quadratkonstruktionen ist, durch die Diagonalen, stets auch die Zahl Acht enthalten.
Allgemein lässt sich also sagen, dass die Gebäude, der vor und anfangschristlichen Zeit, eine Verbindung bzw. den Übergang vom weltlichen zum himmlischen repräsentieren.

In späteren Zeiten basierte der Grundplan einer Kathedrale auf dem griechischen Kreuz, mit den Proportionen eines idealen menschlichen Körpers. Dieses drückte quasi die spirituelle Wahrheit der Kirche als Leib Christi aus. **[202]**

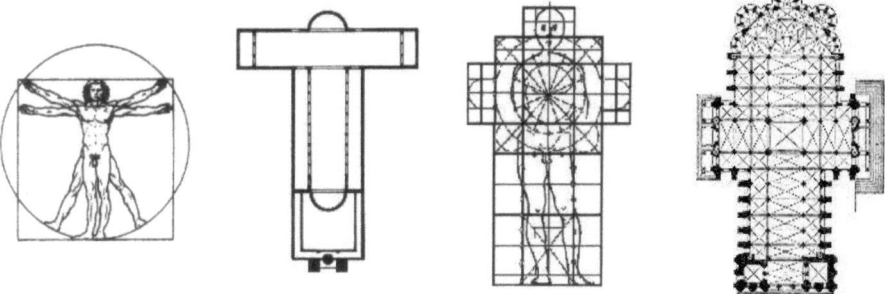

Abbildung 2.4.3.2 - Mensch und Kirche

2.4.4 - Beispiele für sakrale Architektur

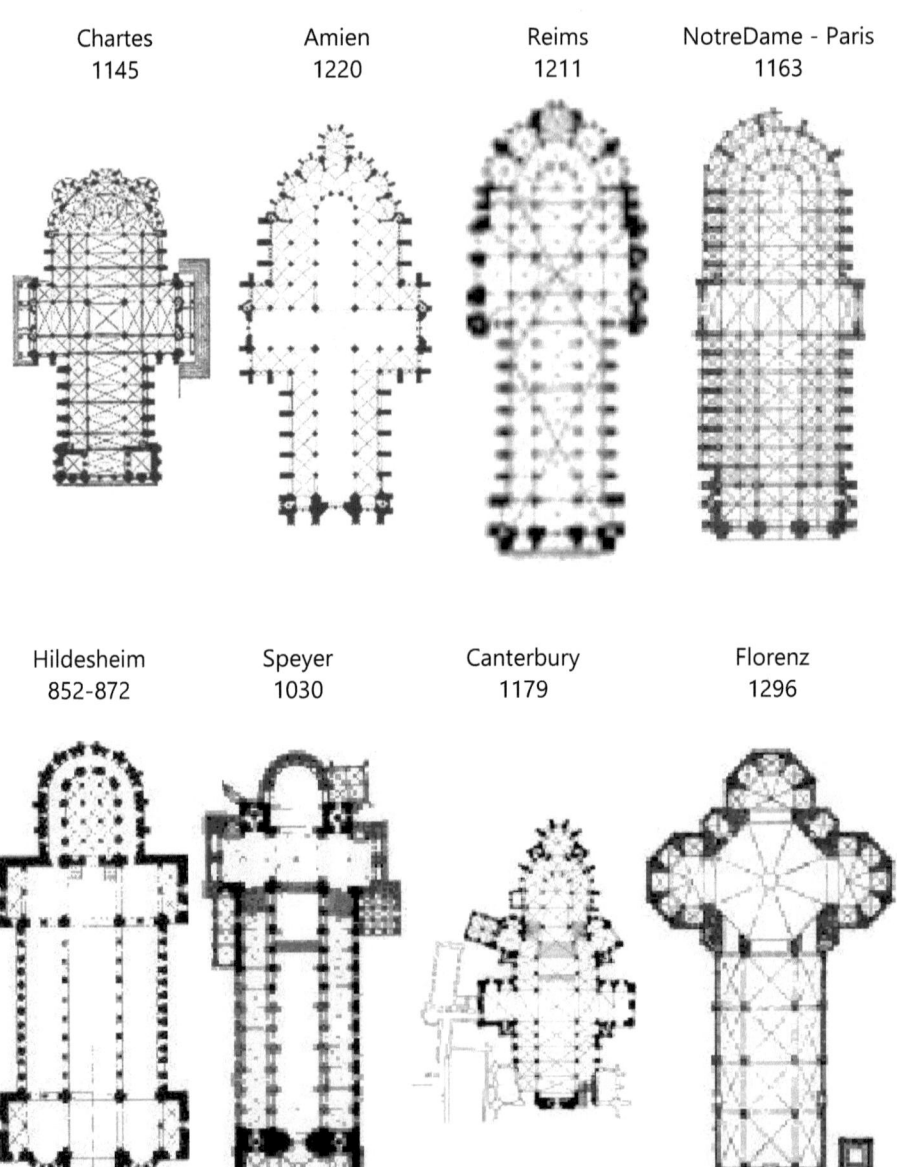

| Chartes 1145 | Amien 1220 | Reims 1211 | NotreDame - Paris 1163 |
| Hildesheim 852-872 | Speyer 1030 | Canterbury 1179 | Florenz 1296 |

Abbildung 2.4.4.1 - Kirchengrundrisse

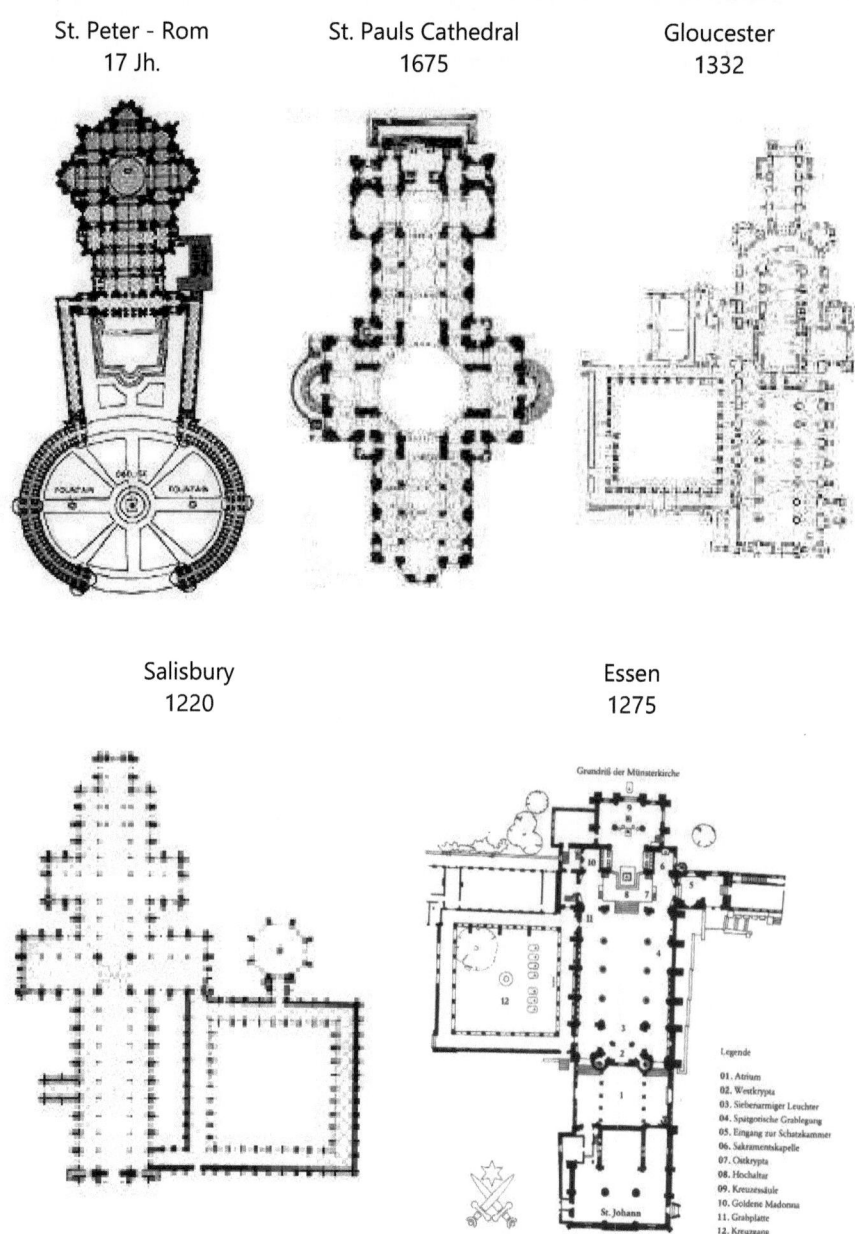

Abbildung 2.4.4.2 - Kirchengrundrisse

2.5 - Esoterik und Malerei

2.5.1 - Quadratur und Alchemie

Darstellung der Quadratur durch ein Kupferstich - Emblem aus Michael Majers "*Atalanta fugiens*" (das verschwundene Atlantis) **[204]** aus dem Jahre 1617.

Abbildung 2.5.1.1 - Atalanta fugiens

Es stellt dar, wie durch die Quadratur das Männliche und Weibliche zu einer Ganzheit zusammen gefügt werden und ist damit alchemistisch orientiert. Für die Alchemisten ist, seit alters her, die Quadratur des Kreises das Symbol für die Vereinigung polarer Gegensätze.

Mache aus Mann und Frau einen runden Kreis und ziehe aus diesem das Viereck und aus dem Viereck das Dreieck. Mache einen runden Kreis, und du wirst den Stein der Philosophen haben. (C.G.Jung zitiert aus "*Der Kreis als Symbol*" von Manfred Lurker - Tübingen 1981) **[205]**

Kosmologisches Schema in dem Buch von Thomas von Chantimpré: *„De natura rerum"* **[206]**. Etwa 1295.

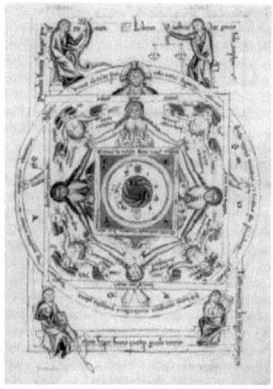

Abbildung 2.5.1.2 - Kosmologisches Schema

Im Kreisbogen stehen folgende Sätze: *Seit ewig war der Lebendige im himmlischen Gespräch. Der Archetyp der Welt ist wahrnehmbar und fruchtbar. Der Mensch ist Mikrokosmos als Bild für alles von der Erde Hervorgebrachte. Durch die vierfache Kraft des Geistes und der elementischen Körper.*

Hildegard von Bingen **[207]** - Die zweite Vision - in dem Buch „Liber *Divinorum Operum simplicis Hominis"*. Etwa 1230.

Abbildung 2.5.1.3 - Hildegard von Bingen

Ihre Kosmologie *"De operatione dei"* geht auf eine Serie von Visionen im Jahre 1163 zurück.

2.5.2 - Quadratur und Logen

Die Darstellung der Quadratur kann auch in einer rein symbolischen Form erfolgen und zwar mittels **Zirkel und Winkel**.

Abbildung 2.5.2.1 - Zirkel und Winkel

Innerhalb der Esoterik, ist diese Darstellungsform bei Logen sehr beliebt. Werden da aber, in der Regel, noch mit anderen Symbolen kombiniert. Die älteste bekannte Darstellung von Winkel, Zirkel und Freimaurer-Schurz stammt von Johannes Tritheim **[208]** aus dem Jahre 1561. Die Symbole befinden sich auf der Titelseite seines Buches *„Polygraphie et universelle escriture cabalistique"*.

Abbildung 2.5.2.2 - Logen Embleme

Das Winkelmaß ist das Symbol der Gewissenhaftigkeit das die menschlichen Handlungen nach Recht, Gerechtigkeit und Menschlichkeit ordnet und richtet. In einer Loge ist das um den Hals getragene Winkelmaß das Abzeichen des Meisters vom Stuhl.
Der Zirkel ist das Symbol für die göttliche Vernunft wie die Vernunft des Menschen. In der Freimaurerei ist der Zirkel als Werkzeug eines der Hauptsymbole. Er ist auch das Zeichen für das Verständnis des Kreises d.h. für den Kreislauf aller Dinge.

154

2.5.3 - Symbole der Quadratur in der Malerei

Titelzeichnung zu William Blakes **[209]** Aufsatz "*Europa - Eine Prophezei-ung*" das 1794 erschien.

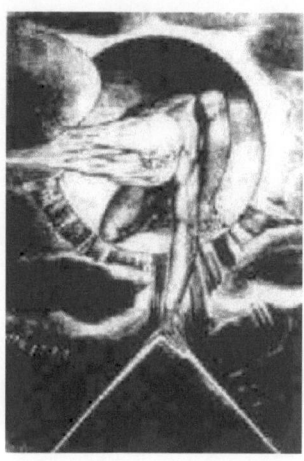

Abbildung 2.5.3.1 - William Blake

Es soll Gottvater als Schöpfer und Baumeister der Welt darstellen. Der aus dem Kreis der unvorstellbaren Vollkommenheit heraus, mit dem Zirkel, den sichtbaren materiellen Kosmos aufbaut.

Abbildung 2.5.3.2 - William Blake

„*The Serpent Temple*" - Eine allegorische Illustration zur freimaurerischen Überlieferung von William Blake.

Miniatur aus einer französischen Bibelhandschrift **[210]** aus dem 13. Jahrhundert.

Abbildung 2.5.3.3 - Miniatur

Aus dem Jahre 1617 von Daniel Mylius. **[211]**

Abbildung 2.5.3.4 - Daniel Mylius

Bild 2.5.3.5 stellt das erste Chakra des Kundalini-Systems dar. [212] Der Körper des Menschen wird dabei in sieben Abschnitte aufgeteilt. Zu jedem Abschnitt gehört ein Energiezentrum, das sogenannte Chakra. Das erste Chakra symbolisiert, durch das Quadrat und den Elefanten, die materielle Welt.

Abbildung 2.5.3.5 - Wurzel Chakra

Eine ungewöhnliche Art der Quadratur zeigt Bild 2.5.3.6. Jeweils vier Kreise bilden ein Kreissystem. In der Mitte entsteht eine Raute mit abgerundeten Seiten. Lässt man die Kreissysteme nach dem gezeigten Prinzip bis ins Unendliche wachsen, dann wird aus der Raute ein Quadrat, dessen Umfang gleich dem Umfang eines Kreises aus dem zugehörigen Kreissystem ist.

Abbildung 2.5.3.6 - Indra

Teil 3.1 – Geschichte der Zahl π - Neuzeit bis zur Moderne

3.1 - Reihenentwicklungen für π

Der rein geometrische Ansatz zur Bestimmung der Kreiskonstanten war mit Huygens Arbeit im Wesentlichen ausgeschöpft. Bessere Näherungen ergaben sich mit Hilfe von unendlichen Reihen, speziell der Reihenentwicklung trigonometrischer Funktionen.

Zwar hatte **François Viète [166]** schon Ende des 16. Jahrhunderts durch die Betrachtung bestimmter Streckenverhältnisse aufeinanderfolgender Polygone eine erste exakte Darstellung von π durch ein unendliches Produkt gefunden, doch erwies sich diese Formel als unhandlich.

Eine einfachere Reihe, die darüber hinaus nur mit rationalen Operationen auskommt, stammt von **John Wallis, [213]** eine weitere Darstellung der Kreiszahl als Kettenbruch von **William Brouncker. [218]**

Wichtiger für die Praxis war die von **James Gregory [219]** und davon unabhängig von **Gottfried Wilhelm Leibniz [226]** gefundene Reihe für den Arkustangens. Obwohl diese Reihe selbst nur langsam konvergiert, kann man aus ihr andere Reihen ableiten, die sich wiederum sehr gut zur Berechnung der Kreiszahl eignen.

Anfang des 18. Jahrhunderts waren mit Hilfe solcher Reihen über 100 Stellen von π berechnet, neue Erkenntnisse über das Problem der Kreisquadratur konnten dadurch allerdings nicht gewonnen werden.

3.1.1 - John Wallis

John Wallis **[213]** (23. November-jul./ 3. Dezember 1616-greg.in Ashford, Kent bis 28. Oktober-jul./ 8. November 1703-greg. in Oxford) war ein englischer Mathematiker, der Beiträge zur Infinitesimalrechnung und zur Berechnung der Kreiszahl π leistete.

In seiner Algebra ließ er auch komplexe Lösungen von Gleichungen zu. Er war einer der ersten britischen Mathematiker, die die Methoden der analytischen Geometrie von Descartes benutzten. Unter anderem wandte er sie auf die Kegelschnitte an. In seiner Algebra, seinem letzten großen Werk, an dem er viele Jahre arbeitete, ist auch ein Abschnitt über unendliche Reihen und sie enthält insbesondere in der ersten Auflage die ersten Veröffentlichungen von einigen von Newtons Resultaten auf diesem Feld. **[214]**

Wallis war sehr bemüht Newtons Priorität auf diesem Gebiet zu dokumentieren (zumal Newton damals nichts selbst veröffentlichte) und ermunterte auch andere Kollegen in Großbritannien dazu. In seiner Algebra baute er insbesondere auf der Arbeit englischer Mathematiker wie Oughtred, Harriot und John Pell auf. Er versuchte auch nachzuweisen, dass Descartes in der Algebra von Harriot beeinflusst war.

John Wallis verfasste Abhandlungen zur Musiktheorie und ein Buch über Phonetik (*„De loquela"*, zuerst 1652), **[215]** dass viele Auflagen erlebte (6. Auflage 1765). Wallis Studien über Phonetik führten auch zu Methoden zur Unterrichtung tauber Kinder.

Zur Bewegungslehre und Mechanik verfasste er 1671 ein Werk *„Mechanica sive de motu tractatus geometricus"*, **[216]** in dem er auf galileischer Grundlage die strikt geometrische Grundlage dieser Lehre betonte. Es handelt insbesondere von Schwerpunkten und Stößen und stellte einen wesentlichen Fortschritt in der Mathematisierung der Mechanik im 17. Jahrhundert dar. Das Buch beeinflusste auch Isaac Newton stark, der mit seinem Buch *„Principia"* (1687) allerdings weit darüber hinausging.

Wallis trug in seinen Werken zur Entwicklung der Infinitesimalrechnung vor Newton bei, wobei er auf den Arbeiten von Johannes Kepler, Cavalieri, Roberval und Torricelli aufbaute. 1656 leitete er in *„Arithmetica Infinitorum"* **[217]** in dem er Untersuchungen zu unendlichen Reihen veröffentlichte, das „Wallissche Produkt" her, mit dem man näherungsweise die Kreiszahl π berechnen kann:

$$\frac{\pi}{2} = \prod_{k=1}^{\infty} \frac{(2k)^2}{(2k-1)(2k+1)} = \frac{2^2}{1 \cdot 3} \cdot \frac{4^2}{3 \cdot 5} \cdot \frac{6^2}{5 \cdot 7} \cdot \frac{8^2}{7 \cdot 9} \cdot \ldots$$

$$\frac{\pi}{2} = \frac{2}{1} \cdot \frac{2}{3} \cdot \frac{4}{3} \cdot \frac{4}{5} \cdot \frac{6}{5} \cdot \frac{6}{7} \cdot \frac{8}{7} \cdot \frac{8}{9} \cdot \ldots$$

3.1.2 - William Brouncker

William Brouncker, 2. Viscount Brouncker **[218]** (1620 in Castle Lyons, Irland bis 5. April 1684 in Westminster) war ein irischer Mathematiker und 1660 Gründungsmitglied der Royal Society in London.

Brouncker erhielt seine Ausbildung in Oxford. Er ist bekannt für seine Arbeiten über Kettenbrüche und über die Berechnung von Logarithmen durch unendliche Reihen. Er produzierte auch einige Lösungen der Pellschen Gleichung $a \cdot x^2 + 1 = y^2$.

1655 fand Brouncker, aufgrund der Gleichung von Wallis, eine Kettenbruchdarstellung für den Kehrwert von $\pi/4$:

$$1 + \cfrac{1^2}{2 + \cfrac{3^2}{2 + \cfrac{5^2}{2 + \cfrac{7^2}{2 + \cfrac{9^2}{2 + \dots}}}}} = \arctan(1)^{-1} = \frac{4}{\pi}$$

3.1.3 - James Gregory

James Gregory [219] (November 1638 in Drumoak bei Aberdeen bis Oktober 1675 in Edinburgh) war ein schottischer Mathematiker und Astronom. Er fand wesentliche Resultate der Analysis vor oder gleichzeitig mit seinen Zeitgenossen, publizierte jedoch wenig.
Nach seinem Abschluss 1657 schrieb Gregory ein Buch über seine Forschungen in der Optik, die „*Optica Promota*". [220] Darin beschäftigt er sich mit Linsen, Reflexion, Brechung, Parallaxen und der erstmaligen Verwendung von photometrischen Methoden zur Entfernungsmessung.
Er schlug auch vor, Venustransite zur Bestimmung der astronomischen Einheit zu beobachten, ein Vorschlag, der später von Edmund Halley ohne Erwähnung der Priorität Gregorys wiederholt wurde.

Die bedeutendste Entwicklung ist allerdings die Beschreibung eines Spiegelteleskops, das mit einem sekundären konkaven Spiegel das reflektierte Licht des primären Parabolspiegels durch ein kleines Loch im Primärspiegel auf das Okular lenkt. Als „Gregory-Teleskop" bekannt, wurde diese Bauform bis in das 19. Jahrhundert verwendet.

Von London aus reiste er 1664 über Paris nach Padua, wo er in Zusammenarbeit mit Stefano degli Angeli (1623–1697) an der Berechnung von Kreis- und Parabelflächen durch unendliche konvergente Reihen arbeitete. Dort entstand 1667 das Buch „*Vera circuli et hyperbolae quadratura*", [221] in dem er sich mit den Grundlagen der Differentialrechnung beschäftigte und „*Geometriae pars universalis*" (1668), [222] dass den ersten bekannten Beweis für den Hauptsatz der Analysis enthält. Im gleichen Werk ermittelte er den Abstand zu Sirius durch photometrischen Vergleich mit Jupiter zu 1,25 Lichtjahren, statt des heutigen Werts von 8,6 LJ.
Nach seiner Rückkehr nach London 1668 wurde er zum Fellow der Royal Society berufen und erhielt im selben Jahr einen Lehrstuhl für Mathematik

an der Universität St Andrews. Sicher ist, dass er in diesem Sommer die Taylor-Reihen von Sinus und Kosinus sowie des Tangens kannte. Wichtig für die Praxis war die von James Gregory und davon unabhängig von Gottfried Wilhelm Leibniz gefundene Reihe für den Arkustangens:

$$\arctan\theta = \frac{\theta^1}{1} - \frac{\theta^3}{3} + \frac{\theta^5}{5} - \frac{\theta^7}{7} \pm \ldots$$

$$\frac{\pi}{4} = 1 - \frac{1}{3} + \frac{1}{5} - \frac{1}{7} + \frac{1}{9} \pm \ldots$$

Dieses erschloss neue Wege bei der Berechnung der Kreiszahl π. Die obige Reihe ist wegen **arctan 1 = π** auch ein Spezialfall ($\theta = 1$) der Reihenentwicklung des Arkustangens. Sie war Grundlage vieler Approximationen von π in der folgenden Zeit.

3.1.4 - Isaac Newton

Sir Isaac Newton **[223]** (25. Dezember 1642-jul./ 4. Januar 1643-greg. in Woolsthorpe-by-Colsterworth in Lincolnshire bis 20. März 1726-jul./ 31. März 1727-greg. in Kensington) war ein englischer Naturforscher und Verwaltungsbeamter.

Isaac Newton ist der Verfasser der *„Philosophiae Naturalis Principia Mathematica"*, **[224]** in denen er mit seinem Gravitationsgesetz die universelle Gravitation und auch die Bewegungsgesetze beschrieb und damit den Grundstein für die klassische Mechanik legte. **[225]**
Fast gleichzeitig mit Gottfried Wilhelm Leibniz entwickelte Newton die Infinitesimalrechnung. Er verallgemeinerte das Binomische Theorem mittels unendlicher Reihen auf beliebige reelle Exponenten.
Bekannt ist er auch für seine Leistungen auf dem Gebiet der Optik: die von ihm verfochtene Teilchentheorie des Lichtes und die Erklärung des Spektrums.

Aufgrund seiner Leistungen, vor allem auf den Gebieten der Physik und Mathematik, gilt Sir Isaac Newton als einer der bedeutendsten Wissenschaftler aller Zeiten. Die *„Principia Mathematica"* wird als eines der wichtigsten wissenschaftlichen Werke eingestuft.

Zusätzlich zu seinen fundamentalen Leistungen zur Physik war Newton neben Gottfried Wilhelm Leibniz einer der Begründer der Infinitesimalrechnung und erbrachte wichtige Beiträge zur Algebra.

Zu seinen frühesten Leistungen zählt eine verallgemeinerte Formulierung des Binomischen Theorems mit Hilfe von unendlichen Reihen. Er bewies, dass es für sämtliche reellen Zahlen (also auch negative und Brüche) gültig ist.

Durch die Ausarbeitung der Analysis, von Isaac Newton konnten bessere Näherungswerte von π gefunden werden. Einige seiner Reihen zur Berechnung von π sind die folgenden:

$$\frac{\pi}{6} = \frac{1}{2} + \frac{1}{2} \cdot \left(\frac{1}{3 \cdot 2^3}\right) + \frac{1 \cdot 3}{2 \cdot 4} \cdot \left(\frac{1}{5 \cdot 2^5}\right) + \frac{1 \cdot 3 \cdot 5}{2 \cdot 4 \cdot 6} \cdot \left(\frac{1}{7 \cdot 2^7}\right) + \ldots$$

$$\pi = \frac{3 \cdot \sqrt{3}}{4} + 24 \cdot \left(\frac{1}{12} - \frac{1}{5 \cdot 2^5} - \frac{1}{28 \cdot 2^7} - \frac{1}{72 \cdot 2^9} - \ldots\right)$$

Newton verfügte 1665 über 16 Stellen von π. Dies geschah durch obige Reihenentwicklungen, die dann allerdings noch in mühsamer Handarbeit umgesetzt werden mussten.

3.1.5 - Gottfried Wilhelm Leibnitz

Gottfried Wilhelm Leibniz [226] (21. Juni-jul./ 1. Juli 1646-greg. in Leipzig bis 14. November 1716 in Hannover) war ein deutscher Philosoph und Wissenschaftler, Mathematiker, Diplomat, Physiker, Historiker, Politiker, Bibliothekar und Doktor des weltlichen und des Kirchenrechts in der frühen Aufklärung. Er gilt als der universale Geist seiner Zeit und war einer der bedeutendsten Philosophen des ausgehenden 17. und beginnenden 18. Jahrhunderts sowie einer der wichtigsten Vordenker der Aufklärung.

Leibniz befasste sich intensiv mit Logik und propagierte erstmals eine symbolische Logik in Kalkülform. Seine Logikkalkül-Skizzen veröffentlichte er allerdings nicht, erst sehr verspätet (1840, 1890, 1903) wurden sie publiziert. [227]

Seine charakteristischen Zahlen aus dem Jahr 1679 sind ein arithmetisches Modell der Logik des Aristoteles. Seinen Hauptkalkül entwickelte er in den *„Generales Inquisitiones"* von 1686.

Er entwarf dort die erste Gleichungslogik und leitete in ihr fast zwei Jahrhunderte vor der Boole-Schule die Gesetze der booleschen Verbandsordnung ab. Innerhalb dieses Kalküls formulierte er die traditionelle Begriffslogik bzw. Syllogistik auf gleichungslogischer Grundlage.

Er erfand die Mengendiagramme lange vor Leonhard Euler und John Venn und stellte mit ihnen die Syllogistik dar. Das „Leibniz'sche Gesetz" geht auf ihn zurück. **[228]**

Während eines Aufenthalts in Paris in den Jahren 1672 bis 1676 trat Leibniz in Kontakt zu führenden Mathematikern seiner Zeit. Ohne sichere theoretische Grundlage lernte man damals, unendliche Folgen und Reihen aufzusummieren.

Leibniz fand ein Kriterium zur Konvergenz alternierender Reihen (Leibniz-Kriterium), aus dem insbesondere die Konvergenz der sogenannten Leibniz-Reihe.

Durch Summation von Reihen gelangte Leibniz 1675 zur Integral- und von dort zur Differentialrechnung; er dokumentierte seine Erfindung 1684 mit einer Veröffentlichung in den „*acta eruditorum*". **[229] [230]**

Von Gottfried Wilhelm Leibniz stammt auch die nachfolgende Reihe für π, die er bei der Untersuchung des Konvergenzverhaltens unendlicher Reihen 1673 fand:

$$\frac{\pi}{4} = 1 - \frac{1}{3} + \frac{1}{5} - \frac{1}{7} + \frac{1}{9} - \frac{1}{11} \pm \ldots$$

$$\frac{\pi}{6} = \frac{1}{\sqrt{3}} \cdot \sum_{n=0}^{\infty} \frac{(-1)^n}{(2n+1) \cdot 3^n}$$

Die einfache, aber nur sehr langsam konvergierende Formel lässt sich mit Hilfe der Potenzreihe des Arkustangens ableiten.

3.1.6 - Abraham Sharp

Abraham Sharp **[231]** (1653 in Horton Hall, Little Horton, nahe Bradford, Yorkshire, getauft am 1. Juni 1653 in Bradford bis 18. Juli 1742 in Horton Hall, Little Horton) war ein englischer Astronom, Mathematiker und Instrumentenbauer.

Bis zum Ende seines Lebens lebte er in Horton Hall, baute Instrumente, korrespondierte mit zahlreichen Wissenschaftlern und führte Berechnungen aus. Einen Schwerpunkt bildete die Zusammenarbeit mit seinem früheren Arbeitgeber Flamsteed. **[232]** Die sich daraus ergebende Korrespondenz ist weitgehend erhalten. Unter anderem baute er für Flamsteed ein Mikrometer (1704), berechnete Positionen des Mondes und der Planeten sowie umfangreiche Tabellen für die *„Historia coelestis"* und erstellte Finsternistabellen der Jupitermonde. Nach Flamsteeds Tod korrespondierte er mit dessen Assistenten Joseph Crosthwait, **[233]** half bei der Neuausgabe der *„Historia coelestis Britannica"* (1725) **[234]** und fertigte Sternkarten für den *„Atlas coelestis"* (1729).

Abraham Sharp berechnet 1699 mit Hilfe der Arkustangens-Reihe von Gregory und Leibniz 72 Stellen von π.

3.1.7 - John Machin

John Machin **[235]** (1680 in England bis 9. Juni 1751 in London) war ein Astronom und Mathematiker mit einer Professur am Gresham College in London. Er ist bekannt wegen seiner 1706 entdeckten Arkustangens-Formeln für die Kreiszahl π:

$$\frac{\pi}{4} = 4 \cdot \arctan\left(\frac{1}{5}\right) - \arctan\left(\frac{1}{239}\right)$$

$$\frac{\pi}{4} = 8 \cdot \arctan\left(\frac{1}{10}\right) - 4 \cdot \arctan\left(\frac{1}{515}\right) - \arctan\left(\frac{1}{239}\right)$$

Seine Gleichung lässt sich zusammen mit der taylorschen Reihenentwicklung der Arkustangens-Funktion für schnelle Berechnungen verwenden. John Machin berechnete mit seiner Formel von 1706 die ersten 100 Stellen von π.

3.1.8 - Thomas Fantet De Lagny

Im Jahr 1719 berechnet der Franzose Thomas Fantet De Lagny π auf 127 Stellen. **[236]**

3.1.9 - Georg Freiherr von Vega

Georg Freiherr von Vega **[237]** (23. März 1754 in Sagoritza, Herzogtum Krain bis 26. September 1802 in Wien) war ein österreichischer Mathematiker und Artillerieoffizier. Sein für die Technik wichtigstes Werk sind die 7-stelligen Logarithmentafeln und deren Neuausgabe als „*Vega-Bremiker*". **[238]**

Zu einem Bestseller wurde auch Vegas 4-bändiges Lehrbuch „*Vorlesungen über die Mathematik*" (1782-1800), eines davon über sogenannte „*Einfache Maschinen*". **[239]**

Zu erwähnen sind noch Publikationen zur Zeitmessung und zu einem System der Maßeinheiten, die in den letzten Lebensjahren entstanden.

1789 stellte Vega einen neuen Rechenrekord auf, indem er die Kreiszahl π auf 140 Stellen berechnete (wovon sich später 126 als richtig herausstellten). Dieser Rekord hielt mehrere Jahrzehnte.
Bei seiner Berechnung stellte Vega fest das De Lagny nur 112 richtige Stellen gefunden hatte.

Teil 3.2 – Weitere Eigenschaften von π

3.2 - π als Symbol

Der griechische Buchstabe „**π**" (p) zur Bezeichnung der Verhältniszahl des Kreisumfangs um Kreisdurchmesser soll sich ableiten aus dem griechischen Wort periphereia = Kreis(umfang), Umkreis, Umfangslinie oder auch von perimetros, deutsch: Umfang.
Der griechische Buchstabe π wurde als Abkürzung für "Peripherie" von englischen Mathematikern benutzt.

3.2.1 - William Oughtred

William Oughtred [2] [3] (5. März 1574 in Eton bis 30. Juni 1660 in Albury, Surrey) war ein englischer Mathematiker. Bekannt wurde William Oughtred durch die Erfindung des Rechenschiebers im Jahre 1622 (nach anderen Quellen 1621).

Ferner führte er 1631 das mathematische Symbol „×" für Multiplikationen und „/" für Divisionen ein. Ebenso bezeichnete Oughtred in seiner Schrift *„Theorematum in libris Archimedis de Sphaera et Cylindro Declaratio"* [240] als erster Mathematiker die Kreiszahl mit „π" um das Verhältnis von halbem Kreisumfang (semiperipheria) zu Halbmesser (semidiameter) auszudrücken.

3.2.2 - Isaac Barrow

Isaac Barrow [4] wurde im Oktober 1630 in London als Sohn von Thomas Barrow geboren. Bekannt ist er vor allem als Lehrer von Isaac Newton. Er gab durch eine Methode, mittels des charakteristischen Dreiecks, das erst später von Leibniz so genannt wurde, Tangenten an Kurven zu ziehen, die erste Veranlassung zur Differentialrechnung. Er erkannte früh, dass die Integralrechnung und die Differentialrechnung zueinander invers sind.

Er hatte maßgeblichen Anteil an der Reihenentwicklung. Dieselben Bezeichnungen wie William Oughtred für π verwendete um 1664 auch Isaac Barrow.

3.2.3 - William Jones

William Jones **[6]** (1675 in Llanfihangel Tre'r Beirdd, Anglesey, Wales bis 1. Juli 1749 in London) war ein walisischer Mathematiker.
Obwohl Jones keine Universität besucht hatte und keine Beiträge zur mathematischen Forschung erbrachte, stand er mit einigen herausragenden Mathematikern seiner Zeit in Kontakt, insbesondere mit Isaac Newton. Seit 1711 war Jones Mitglied der Royal Society. Für diese wurde er 1713 Mitglied einer Kommission, die den Prioritätsstreit zwischen Newton und Gottfried Wilhelm Leibniz klären sollte.
Jones veröffentlichte auch ein Buch nach Newtons Notizen *„Analysis per quantitatum series, fluxiones, ac differentias: cum enumeratione linearum tertii ordinis"*, London 1711. **[241]** In seinem Lehrbuch *„Synopsis palmariorum matheseos or, A new introduction to the mathematics"*, London 1706 **[242]** verwendete er das Symbol π (abgeleitet von engl. Perimeter „Umfang").

3.2.4 - David Gregory

David Gregory **[5]** (3. Juni 1659 in Aberdeen, Schottland bis 10. Oktober 1708 in Maidenhead, Berkshire, England) war Professor für Mathematik an der Universität Edinburgh und Professor für Astronomie an der Universität Oxford. Er war ein Kommentator zu den *„Philosophiae Naturalis Principia Mathematica"* von Isaac Newton. David Gregory verwendete 1697 die Bezeichnung π\rho für das Verhältnis von Umfang zu Radius.

3.2.5 - Leonhard Euler

Leonhard Euler **[7]** (15. April 1707 in Basel bis 7. September (jul./ 18. September 1783greg. in Sankt Petersburg) war einer der bedeutendsten Mathematiker.
Insgesamt gibt es 866 Publikationen von ihm. Ein großer Teil der heutigen mathematischen Symbolik geht auf Euler zurück (z.B. e, π, i, Summenzeichen $\sum$ und f(x) als Darstellung für eine Funktion). 1744 gab er ein Lehrbuch der Variationsrechnung heraus.

Euler kann auch als der eigentliche Begründer der Analysis angesehen werden. 1748 publizierte er das Grundlagenwerk *„Introductio in analysin infinitorum"*, in dem zum ersten Mal der Begriff der Funktion die zentrale Rolle spielt. **[243] [244]**

Am 3. September 1750 las Leonhard Euler vor der Berliner Akademie der Wissenschaften ein Mémoire, in dem er erneut das von Isaac Newton deklarierte Prinzip Kraft gleich Masse mal Beschleunigung vorstellte. In den Werken *„Institutiones calculi differentialis"* (1765) und *„Institutiones calculi integralis"* (1768–1770) beschäftigte er sich außer mit der Differential- und Integralrechnung unter anderem mit Differenzengleichungen, elliptischen Integralen sowie auch mit der Theorie der Gamma- und Betafunktion. **[245] [246]**

Andere Arbeiten setzen sich mit Zahlentheorie, Algebra (z.B. Vollständige Anleitung zur Algebra, 1770), angewandter Mathematik (z.B. *„Mechanica, sive motus scientia analytica exposita"*, 1736 **[247]** und *„Theoria motus corporum solidorum seu rigidorum"*, 1765 **[248]**) und sogar mit der Anwendung mathematischer Methoden in den Sozial- und Wirtschaftswissenschaften auseinander (z.B. Rentenrechnung, Lotterien, Lebenserwartung).

In der Mechanik arbeitete er auf den Gebieten der Hydrodynamik (Eulersche Bewegungsgleichung, Turbinengleichung) und der Kreiseltheorie (Eulersche Kreiselgleichungen). Die erste analytische Beschreibung der Knickung eines mit einer Druckkraft belasteten Stabes geht auf Euler zurück. Er begründete damit die Stabilitätstheorie. In der Optik veröffentlichte er Werke zur Wellentheorie des Lichts und zur Berechnung von optischen Linsen zur Vermeidung von Farbfehlern.

Seine 1736 veröffentlichte Arbeit *„Solutio problematis ad geometriam situs pertinentis"* beschäftigt sich mit dem Königsberger Brückenproblem und gilt als eine der ersten Arbeiten auf dem Gebiet der Graphentheorie. **[249] [250]**

Ausgangspunkt für die weiteren Untersuchungen der Kreiszahl waren einige grundlegende Erkenntnisse Leonhard Eulers, die dieser 1748 in seinem Werk *„Introductio in analysin infinitorum"* veröffentlicht hatte. Euler stellte unter anderem mit der bekannten Formel:

$$e^{iz} = \cos z + i \cdot \sin z$$

erstmals einen Zusammenhang zwischen trigonometrischen Funktionen und der Exponentialfunktion her und lieferte darüber hinaus einige Kettenbruch- und Reihendarstellungen von π und der später nach ihm benannten eulerschen Zahl **e=2,718281828.**

Euler fand u.a. die Beziehung $e^{i\pi} + 1 = 0$, die eine Voraussetzung für Lindemanns Beweis der Transzendenz von π ist.

Leonhard Euler führte in seiner im Jahre 1748 erschienenen „*Introductio in Analysin Infinitorum*" im ersten Bande π bereits auf 148 Stellen genau an. Von Euler entdeckte Formeln für π:

$$\frac{\pi^2}{6} = \frac{1}{1^2} + \frac{1}{2^2} + \frac{1}{3^2} + \frac{1}{4^2} + \dots$$

$$\frac{\pi^2}{8} = \frac{1}{1^2} + \frac{1}{3^2} + \frac{1}{5^2} + \frac{1}{7^2} + \frac{1}{9^2} + \dots$$

$$\frac{\pi^4}{90} = \frac{1}{1^4} + \frac{1}{2^4} + \frac{1}{3^4} + \frac{1}{4^4} + \dots$$

$$\frac{\pi}{2} = 1 + \cfrac{2}{3 + \cfrac{1 \cdot 3}{4 + \cfrac{3 \cdot 5}{4 + \cfrac{5 \cdot 7}{4 + \dots}}}}$$

$$\pi = \frac{2^2}{2^2 - 1} \cdot \frac{3^2}{3^2 - 1} \cdot \frac{5^2}{5^2 - 1} \cdot \frac{7^2}{7^2 - 1} \cdot \frac{11^2}{11^2 - 1} \cdot \dots$$

Leonhard Euler schaffte mittels Bleistifts und Papier in einer Stunde 20 Dezimalen von π. Aufgegriffen wurde der Buchstabe später von **Leonhard Euler** in seiner Abhandlung „*Variae observationes circa series infinitas*". Euler verwendet zunächst **p** bis 1735, ab 1738 dann π. [251]
Danach etablierte sich der griechische Buchstabe auch bei anderen Mathematikern als Symbol für die Kreiskonstante und setzte sich so dann überall durch.

3.3 - Die Irrationalität von π

3.3.1 - Johann Heinrich Lambert

Johann Heinrich Lambert **[252]** (26. August 1728 in Mülhausen (Elsass) bis 25. September 1777 in Berlin) war ein schweizerisch-elsässischer Mathematiker, Logiker, Physiker und Philosoph der Aufklärung.
Lambert gehörte zu den hervorragendsten Mathematikern und Logikern seiner Zeit. Die Lehre von Intensitätsmessung des Lichts begründete er als Wissenschaft in seinem Werk *„Photometria, seu de mensura et gradibus luminis colorum et umbras"* (Augsburg 1760). **[253]**
Weiterhin erforschte er – selbst seit seiner Geburt schwerhörig – die Theorie des Sprachrohrs.
Vor allem in der *„Photometria"*, aber auch in seinem Buch *„Beyträge zum Gebrauche der Mathematik und deren Anwendung"* (Vol. 1, 1765), verknüpfte er Ideen von Thomas Simpson, Rugjer Josip Boškovic und Mayer. Seine Arbeit in der Photometrie und Geodäsie führte ihn zu einer allgemeinen Theorie der Fehler. Er diskutierte das Problem der Anwendung von Wahrscheinlichkeitsverteilungen auf Fehlerterme und verwendete bereits eine Maximum-Likelihood-Methode für die Bestimmung von Mittelwerten.

Außerdem erwarb sich der aufgeklärte Gelehrte Verdienste um die Erkenntnistheorie, der er sein Werk *„Neues Organon, oder Gedanken über die Erforschung und Bezeichnung des Wahren"* (2 Bände, Leipzig 1764) **[254]** widmete.

1761 (im Druck 1768) wies Lambert die Irrationalität der Kreiszahl π mit Hilfe der Theorie der Kettenbrüche nach. Er vermutete ferner, dass e und π transzendente Zahlen sind.
Irrationalität einer Zahl besagt, dass sie nicht als Bruch zweier ganzen Zahlen darstellbar ist. Lambert nähert sich der Kreiszahl durch eine Folge von Brüchen.
Zuerst zeigte er, dass **tan x** nicht rational sein kann, wenn **x∈Q\{0}** ist. Daraus folgerte er, dass **x** nicht rational sein kann, wenn **tan x** rational ist wie dies z.B. in dem Ausdruck **tan π/4 = 1** der Fall ist. Daraus schloss Lambert, dass **π/4** und damit auch **π** nicht rational sein können.
Mit Hilfe von Kettenbrüchen konnte er auch die besten Näherungen in Form von Brüchen berechnen. Dazu zählen beispielsweise:

$$\pi \approx \frac{103993}{33102} = 3,1415926530$$

$$\frac{1019514486099146}{324521540032945} \approx 3{,}141595653591$$

Diese Vorarbeit machte sich Johann Heinrich Lambert zunutze, der mit Hilfe einer der Eulerschen Kettenbruchentwicklungen 1766 erstmals zeigen konnte, dass e und π irrationale Zahlen, also nicht durch einen ganzzahligen Bruch darstellbare Zahlen sind.

3.3.2 - Adrien-Marie Legendre

Adrien-Marie Legendre [255] (18. September 1752 in Paris bis 10. Januar 1833 ebenda) war ein französischer Mathematiker.
Legendre leistete wichtige Beiträge auf den unterschiedlichsten Gebieten der Mathematik, wurde allerdings schon zu Lebzeiten von denen des 25 Jahre jüngeren Carl Friedrich Gauß in den Schatten gestellt, der in merkwürdiger Parallelität auf fast denselben Gebieten wie Legendre arbeitete, häufig aber tiefer vordrang.
So entdeckte Legendre vor Gauß 1806 die Methode der kleinsten Quadrate, die er ebenfalls in der Astronomie benutzte (bei der Bestimmung der Kometenbahnen aus drei Beobachtungen), und fand auch vor Gauß das Quadratische Reziprozitätsgesetz (das allerdings schon Euler in Arbeiten von 1751 und 1783 kannte), dessen erste Beweise von Gauß stammen.

Der Begriff Legendre-Symbol [256] in der Zahlentheorie erinnert noch heute an die Leistungen Legendres bei dessen Formulierung. Legendre anerkannte die Beiträge von Gauß und berücksichtigt sie auch in der stark überarbeiteten zweiten Auflage seiner Zahlentheorie von 1808, beklagte sich aber gleichzeitig bitter darüber, dass Gauß umgekehrt alle Prioritäten für sich in Anspruch nahm.
Auch die asymptotische Formel für die Primzahlverteilung findet sich in Legendres Zahlentheorie von 1798. Sie steht am Anfang der Verwendung analytischer Methoden in der Zahlentheorie. [257]
In der Analysis ist Legendre nicht nur für seine Legendre-Polynome in der Potentialtheorie bekannt, sondern auch für seine Arbeiten über elliptische Integrale, in der seine Einteilung in drei „Gattungen" nach ihm benannt ist. Er behandelte sie zusammen mit anderen über Integrale definierten Funktionen wie der Gammafunktion und der Betafunktion in seinen *„Exercises du calcul integral'*, die in drei Bänden 1811, 1817, 1819 erschienen.
In der Mechanik ist Legendre auch für die Legendre-Transformation bekannt.

Eine kleine Lücke in Lamberts Beweisführung wurde 1806 von Adrien-Marie Legendre geschlossen, der gleichzeitig den Irrationalitäts-Beweis für π^2 erbrachte.

3.3.3 - Carl Friedrich Gauß

Johann Carl Friedrich Gauß **[258]** (30. April 1777 bis 23. Februar 1855) war ein deutscher Mathematiker, Statistiker, Astronom, Geodät und Physiker. Wegen seiner überragenden mathematischen und naturwissenschaftlichen Leistungen galt er bereits zu seinen Lebzeiten als „Fürst der Mathematiker".

Einige Anekdoten besagen, dass er bereits als dreijähriger seinen Vater bei der Lohnabrechnung korrigiert haben soll. Später sagte Gauß von sich selbst, er habe das Rechnen schon vor dem Sprechen gelernt. Sein Leben lang behielt er die Gabe, selbst komplizierteste Rechnungen im Kopf ausführen zu können.

Als der „Wunderknabe" Gauß vierzehn Jahre alt war, wurde der Herzog Karl Wilhelm Ferdinand von Braunschweig aufmerksam auf ihn und unterstützte ihn finanziell. So konnte Gauß von 1792 bis 1795 am Collegium Carolinum studieren.

Mit 18 Jahren entwickelte Gauß die Grundlagen der modernen Ausgleichungsrechnung und der mathematischen Statistik (Methode der kleinsten Quadrate).

Im Januar 1801 entdeckte der italienische Astronom Giuseppe Piazzi zwischen den Umlaufbahnen von Mars und Jupiter den Planetoiden Ceres, der sich dann wieder den Blicken der Beobachter entzog. Anhand der von Piazzi gewonnenen Daten, die in der Zeitschrift *„Monatliche Correspondenz"* zur Beförderung der Erd- und Himmelskunde veröffentlicht wurden, konnte Gauß die Bahn des Planetoiden errechnen: Am 7. Dezember 1801 tauchte der Planetoid Ceres exakt am vom Gauß vorausberechneten Ort wieder auf. **[259]**

Auf Gauß gehen die folgenden Arbeiten zurück:
Begründung und Beiträge zur nicht-euklidischen Geometrie, Primzahlverteilung und Methode der kleinsten Quadrate, Einführung der elliptischen Funktionen, Fundamentalsatz der Algebra, Beiträge zur Verwendung komplexer Zahlen, Beiträge zur Zahlentheorie, Beiträge zur Astronomie, Beiträge zur Potentialtheorie, Landvermessung und Erfindung des Heliotrops, Gaußsche Krümmung und Geodäsie, Magnetismus, Elektrizität und Telegrafie.

Auf Gauß geht auch die folgende Formel für π zurück:

$$\pi = 48 \cdot \arctan\left(\frac{1}{18}\right) + 32 \cdot \arctan\left(\frac{1}{57}\right) - 20 \cdot \arctan\left(\frac{1}{239}\right)$$

3.3.4 - Joseph Liouville

Joseph Liouville [260] (24. März 1809 in Saint-Omer bis 8. September 1882 in Paris) war ein französischer Mathematiker.
Liouville arbeitete in zahlreichen mathematischen Teilgebieten, darunter Zahlentheorie, Funktionentheorie und Differentialgeometrie, aber auch in mathematischer Physik und sogar in Astronomie.
Ein bekanntes Ergebnis ist der „Satz von Liouville", [261] an dem heute keine Einführung in die Funktionentheorie vorbeikommt.

Liouville war auch der erste, dem ein Beweis für die Existenz transzendenter Zahlen gelang, indem er eine unendliche Klasse solcher Zahlen als Kettenbrüche konstruierte (Liouville-Zahlen). [262]
Er führte auch eine zahlentheoretische Funktion, die „Liouville-Funktion" [263] ein. Weiter zeigte Liouville, dass die Stammfunktion elementarer Funktionen nicht elementar sein muss.

Die Vermutung, dass π nicht algebraisch sein könne, stand nach Lamberts Beweis der Irrationalität jetzt im Raum, wurde zumindest von Euler, Lambert und Legendre ausgesprochen.
Dabei war bis zur Mitte des 19. Jahrhundert noch nicht klar, dass es überhaupt transzendente Zahlen geben musste. Dieser Nachweis gelang erst 1844/1851 Joseph Liouville, durch explizite Konstruktion von transzendenten „liouvilleschen Zahlen".

3.4 - Die Transzendenz von π

3.4.1 - Charles Hermite

Charles Hermite **[264]** (24. Dezember 1822 in Dieuze (Lothringen) bis 14. Januar 1901 in Paris) war ein französischer Mathematiker.
Hermite arbeitete in Zahlentheorie und Algebra, über orthogonale Polynome und elliptische Funktionen. **[265]** Er erzielte wichtige Ergebnisse über doppelt periodische Funktionen und Invarianten quadratischer Formen.
1858 löste er eine algebraische Gleichung fünften Grades mit Hilfe elliptischer Funktionen.
1873 erzielte er sein wohl berühmtestes Resultat: Er bewies, dass die eulersche Zahl **e** transzendent ist. **[266]** Auf Hermites Methode aufbauend bewies Carl Louis Ferdinand von Lindemann 1882 die Transzendenz der Kreiszahl π (Unmöglichkeit der geometrischen Konstruktion Quadratur des Kreises).

3.4.2 - Ferdinand von Lindemann

Carl Louis Ferdinand von Lindemann **[267]** (12. April 1852 in Hannover bis 6. März 1939 in München) war ein deutscher Mathematiker.
Aus dieser Zeit (1882) stammt sein Beweis, dass die Kreiszahl π eine transzendente Zahl ist (siehe Satz von Lindemann-Weierstraß; daraus folgte erstmals ein Beweis für die Unmöglichkeit der Quadratur des Kreises. **[268]**
Lindemann griff in seiner Arbeit auf ein Ergebnis des französischen Mathematikers Charles Hermite zurück. Dieser hatte 1873 gezeigt, dass die Eulersche Zahl **e** transzendent ist.
Lindemann bewies dann im Jahre 1882, das π eine **transzendente** Zahl ist, d.h. unter anderem: π ist **unendlich und unperiodisch**.
Unendlichkeit und Unperiodizität langen allein allerdings nicht aus, um Transzendenz einer Zahl zu gewährleisten.
Transzendenz einer Zahl bedeutet: Nicht Lösung einer Gleichung mit GANZZAHLIGEN oder RATIONALEN Koeffizienten zu sein. Den Beweis veröffentlichte er in dem Artikel "*Über die Zahl π*" in den "*Mathematischen Annalen*" in München.
Zuerst bewies Lindemann, dass die Lösung von $e^{i\pi} + 1 = 0$ nicht algebraisch sein kann. Er wusste aber, dass π dieser Gleichung genügte (das hatte schon Newton bewiesen), woraus er noch weiter folgerte, dass π keine algebraische Zahl sein kann. Die Konsequenz ist, dass eine Konstruktion der

Zahl π durch Lineal und Zirkel, also die geometrische Quadratur des Kreises **nicht exakt** möglich ist. **[269]**

Zu erwähnen wäre da noch das, seit den Griechen, quasi ganze Generationen von Mathematikern vorher versucht hatten, eine Lösung der Quadratur mit Zirkel und Lineal zu erreichen. Lindemanns Beweis zeigt demzufolge auch die Aussichtslosigkeit eines solchen Unterfangens.

Was andererseits bedeutet, das vorhandene geometrische Konstruktionen, die Quadratur des Kreises betreffend, als **Näherungslösungen** zu betrachten sind. Und bei Näherungen, das heißt bei ihrer Anwendung und Benutzung, spielt eher die Frage der Genauigkeit eine große Rolle.

3.4.3 - David Hilbert

David Hilbert **[270]** (23. Januar 1862 in Königsberg bis 14. Februar 1943 in Göttingen) war ein deutscher Mathematiker. Er gilt als einer der bedeutendsten Mathematiker der Neuzeit. Viele seiner Arbeiten auf dem Gebiet der Mathematik und mathematischen Physik begründeten eigenständige Forschungsgebiete. Seine Vorschläge zu den Grundlagen der Mathematik veranlassten eine kritische Analyse der Begriffsdefinitionen der Mathematik und des mathematischen Beweises. Diese Analysen führten zum „Gödelschen Unvollständigkeitssatz", **[271]** der unter anderem zeigt, dass das sogenannte *„Hilbertprogramm"* nicht erfüllt werden kann.

Hilberts programmatische Rede auf dem internationalen Mathematiker-Kongress in Paris im Jahre 1900, in der er eine Liste von 23 mathematischen Problemen vorstellte, beeinflusste die mathematische Forschung des 20. Jahrhunderts nachhaltig. **[272]**

Lindemanns Beweis für die Transzendenz von π wurde in den folgenden Jahren und Jahrzehnten noch wesentlich vereinfacht, so etwa durch David Hilbert im Jahre 1893.

3.4.4 - Srinivasa Ramanujan

Srinivasa Ramanujan Aiyangar **[273]** (22. Dezember 1887 bis 26. April 1920) war ein indischer Mathematiker. Er ist vor allem dafür bekannt, sich all sein Wissen autodidaktisch beigebracht zu haben. Von 1914 bis 1919 arbeitete er gemeinsam mit dem britischen Mathematiker Godfrey Harold Hardy **[274]** am Trinity College der Universität Cambridge in England. Während dieser Zeit wurden ihm zahlreiche Ehrungen und Auszeichnungen zuteil. Ramanujans mathematischer Nachlass tauchte erst 1976 wieder auf und besteht aus über 600 Formeln und Sätzen, von denen einige bis heute nicht vollständig bewiesen sind.

Reihenentwicklung für $1/\pi$ nach Srinivasa Ramanujan:

$$\frac{1}{\pi} = \frac{\sqrt{8}}{9801} \cdot \sum_{n=0}^{\infty} \frac{(4 \cdot n!)(1103 + 26390 \cdot n)}{(n!)^4 \cdot 396^{4n}}$$

Im Jahr 1913 erschien eine geometrische Konstruktion von Ramanujan, die ebenfalls auf der Näherung $\pi = 335/113$ beruht.

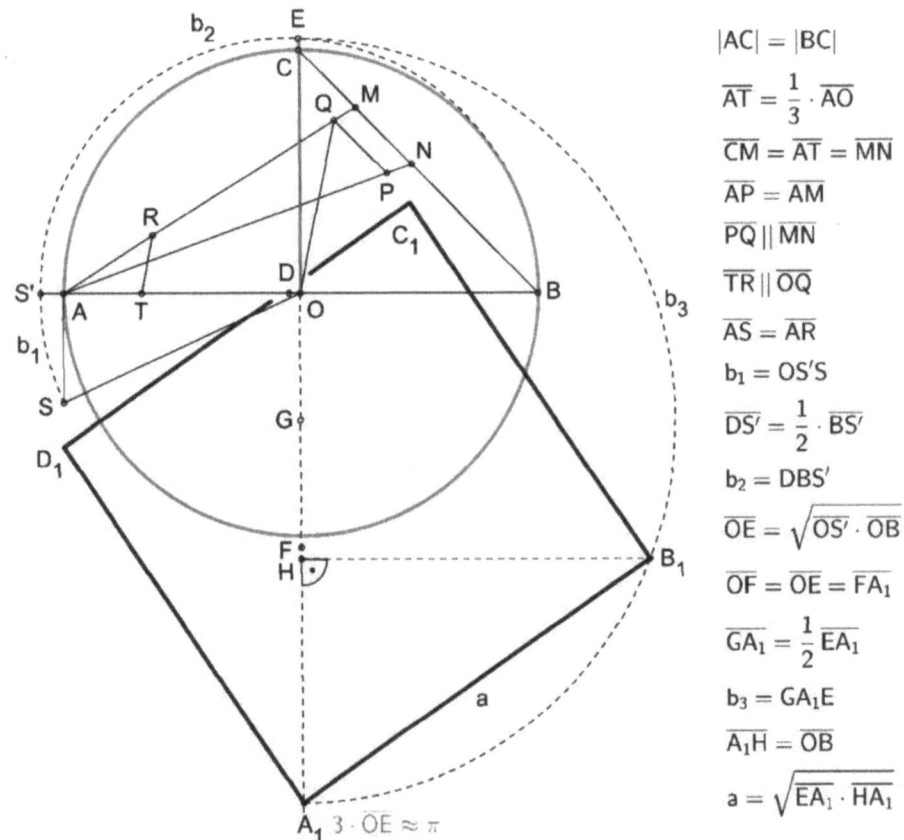

$|AC| = |BC|$

$\overline{AT} = \frac{1}{3} \cdot \overline{AO}$

$\overline{CM} = \overline{AT} = \overline{MN}$

$\overline{AP} = \overline{AM}$

$\overline{PQ} \parallel \overline{MN}$

$\overline{TR} \parallel \overline{OQ}$

$\overline{AS} = \overline{AR}$

$b_1 = OS'S$

$\overline{DS'} = \frac{1}{2} \cdot \overline{BS'}$

$b_2 = DBS'$

$\overline{OE} = \sqrt{\overline{OS'} \cdot \overline{OB}}$

$\overline{OF} = \overline{OE} = \overline{FA_1}$

$\overline{GA_1} = \frac{1}{2} \overline{EA_1}$

$b_3 = GA_1E$

$\overline{A_1H} = \overline{OB}$

$a = \sqrt{\overline{EA_1} \cdot \overline{HA_1}}$

$3 \cdot \overline{OE} \approx \pi$

Abbildung 3.4.4.1 - Quadratur von Ramanujan

Die Näherungskonstruktion von Ramanujan: **[275] [276]**
Es sei AB ein Durchmesser eines Kreises, dessen Zentrum O ist. Halbiere den Kreisbogen ACB in C und drittle AO in T. Verbinde B mit C und trage darauf CM und MN gleich lang wie AT ab. Verbinde A mit M sowie A mit N und trage auf dem Letzteren AP gleich lang wie AM ab. Zeichne PQ parallel zu MN, dabei trifft Q auf AM. Verbinde O mit Q und zeichne TR parallel zu OQ, dabei trifft R auf AQ. Zeichne AS senkrecht auf AO und gleich lang wie AR, anschließend verbinde O mit S. Dann wird die mittlere Proportionale zwischen OS und OB sehr nahe einem Sechstel des Kreisumfanges sein, wobei der Fehler kleiner als ein Zwölftel eines Zolls sein wird, wenn der Durchmesser 8000 Meilen lang ist.

Weiterführung der Konstruktion bis zur gesuchten Seitenlänge des Quadrates:
Verlängere AB über A hinaus und schlage den Kreisbogen b_1 um O mit Radius OS, es ergibt sich S'. Halbiere BS' in D und ziehe den Thaleskreis b_2 über D. Zeichne eine gerade Linie ab O durch C bis zum Thaleskreis b_2, sie schneidet b_2 in E. Die Strecke OE ist die oben beschriebene mittlere Proportionale zwischen OS und OB auch genannt geometrisches Mittel, sie ergibt sich aus dem Höhensatz des Euklid. Verlängere die Strecke EO über O hinaus und übertrage EO darauf noch zweimal, es ergeben sich F und A_1 und somit die Länge der Strecke EA_1 mit dem oben beschriebenen Näherungswert von , den halben Kreisumfang. Halbiere die Strecke EA_1 in G und zeichne den Thaleskreis b_3 über G. Übertrage die Strecke OB ab A_1 auf die Strecke EA_1, es ergibt sich H. Errichte auf EA_1 eine Senkrechte ab H bis zum Thaleskreis b_3, es ergibt sich B_1. Verbinde A_1 mit B_1, somit ist die gesuchte Seitenlänge für ein nahezu flächengleiches Quadrat $A_1B_1C_1D_1$ konstruiert.

Ramanujan beschäftigte sich während der fünf Jahre in England (1914-1919) hauptsächlich mit der Zahlentheorie. Dabei wurde er durch viele Summenformeln, die Konstanten wie die Kreiszahl π, Primzahlen und Partitionsfunktionen enthalten, berühmt. Zudem erstellte er eine sehr gute Näherungsformel für die Berechnung des Ellipsenumfangs.
Bekannt wurde auch seine Kettenbruchentwicklung, die er noch 1914 veröffentlichte und mit deren Hilfe man in nur zehn Schritten 88 Stellen von π errechnen kann.
1985 gelang es Bill Gosper auf diese Weise, π auf 17.000.000 Stellen hinter dem Komma auszurechnen. Insgesamt fand Ramanujan in Cambridge etwa 3.900 mathematische Resultate, in der Mehrzahl Identitäten und Gleichungen, von denen die meisten im Nachhinein bewiesen werden konnten.

3.5 - Geometrische Näherungskonstruktionen

3.5.1 - Jacob de Gelder

1849 erschien in Grünerts Archiv eine einfache Konstruktion von Jacob de Gelder **[277]** (1765 bis 1848). Das war 64 Jahre früher, als die Veröffentlichung der vergleichbaren Konstruktion von Ramanujan.

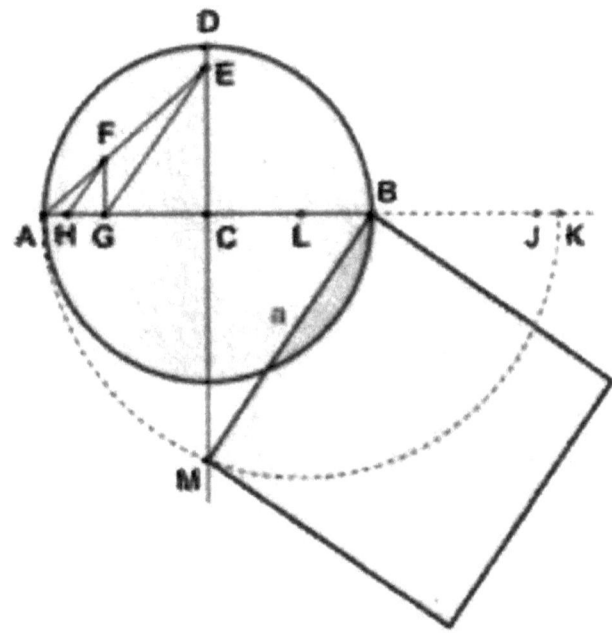

Abbildung 3.5.1.1 - Konstruktion von Jacob de Gelder

Die Näherungskonstruktion von Jacob de Gelder:
Zeichne zwei zueinander senkrechte Mittellinien eines Kreises mit Radius CD = 1 und bestimme die Schnittpunkte A und B. Lege die Strecke CE = fest und verbinde E mit A. Bestimme auf AE und ab A die Strecke AF = . Zeichne FG parallel zu CD und verbinde E mit G. Zeichne FH parallel zu EG, dann ist AH = Bestimme BJ = CB und anschließend JK = AH. Halbiere AK in L und ziehen den Thaleskreis um L ab A, dabei ergibt sich der Schnittpunkt M. Die Strecke BM ist die Wurzel aus AK und damit die Seitenlänge a des gesuchten nahezu flächengleichen Quadrates.

178

3.5.2 - Ernest William Hobson

Eine einfache und gut nachvollziehbare Konstruktion stammt von Ernest William Hobson **[278]** aus dem Jahr 1913. Sie benötigt für die Seite des Quadrates nur drei Halbkreise und zwei zueinander rechtwinklig stehende Strecken.

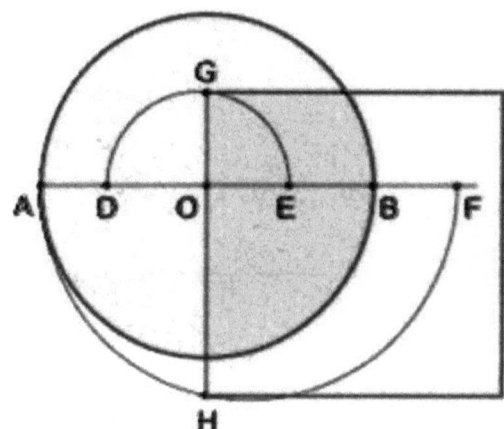

Abbildung 3.5.2.1 - Konstruktion von E.W.Hobson

Die Näherungskonstruktion von Hobson:
Gegeben ist ein Kreis mit Durchmesser AOB
$OD = 3/5 \cdot r$, $OF = 3/2 \cdot r$, $OE = 1/2 \cdot r$
Zeichne die Halbkreise DGE, AHF als Durchmesser. Errichte abschließend die Senkrechte zu AB durch O.
Die dadurch erzeugten Schnittpunkte G und H liefern die Seitenlänge des gesuchten Quadrates. **[279]**

3.5.3 - Louis Loynes

Eine Methode veröffentlichte Louis Loynes 1961. **[280]** Sie beruht auf der Feststellung, dass der Flächeninhalt des Umkreises eines rechtwinkligen Dreiecks gleich dem Quadrat über der größeren Kathete ist, wenn der Tangens des kleineren Winkels, also das Verhältnis von kleinerer zu größerer Kathete $\sqrt{4\pi-1}$ beträgt, ein Wert, der sehr nahe an dem Bruch 23/44 liegt. Daraus ergibt sich eine einfache Näherung, indem man das rechtwinklige Dreieck mit dem Katheten-Verhältnis 23:44 zur Quadratur benutzt.

Der angenäherte Wert für die Kreiszahl von π ≈ 7744/2465 ist etwas besser als bei der Konstruktion von Kochański.
Die Näherungskonstruktion von Louis Loynes:

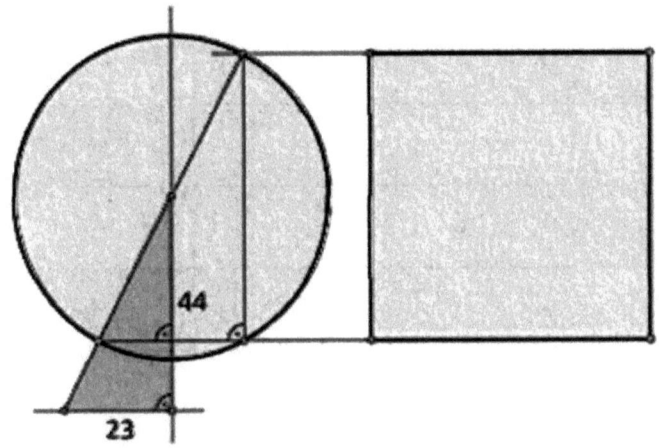

Abbildung 3.5.3.1 - Konstruktion von Louis Loynes

3.5.4 - Eduard Gregori

Eduard Gregori, ein Südtiroler Handelsmann, zeichnete kurz nach dem 2. Weltkrieg eine Näherungskonstruktion. Die Erstveröffentlichung erfolgte im Jahr 1947 von Georg Innerebner in *„Der Schlern"*, einer Monatszeitschrift für Südtiroler Landeskunde. **[281]** Im Jahr 2020 beschrieb und bewies Heinrich Hemme die Konstruktion in der Monatszeitschrift *„Spektrum der Wissenschaft"*. **[282]**

Die Näherungskonstruktion von Gregori:
Es beginnt mit einem Kreis mit beliebigem Radius r um den Mittelpunkt M. Anschließend wird das Quadrat ABCD so eingezeichnet, dass dessen Seiten Tangenten des Kreises sind. Nach dem Ziehen der beiden Diagonalen AC und BD ergibt sich nahe dem Eckpunkt A der Schnittpunkt E.
Der nun folgende Kreisbogen um A mit Radius AE erzeugt den Schnittpunkt F auf der Quadratseite AD.
Es geht weiter mit einem kurzen Kreisbogen um F mit Radius EM der Schnittpunkt G ist auf der Quadratseite AB.
Nun bedarf es nur noch der Konstruktion des Punktes H auf AB, dessen Abstand zum Eckpunkt A ein Viertel der Strecke AG beträgt.

Die abschließende Parallele zur Quadratseite AD ab H bis zur Diagonalen BD liefert die Seite HK des gesuchten Quadrates HBIK.

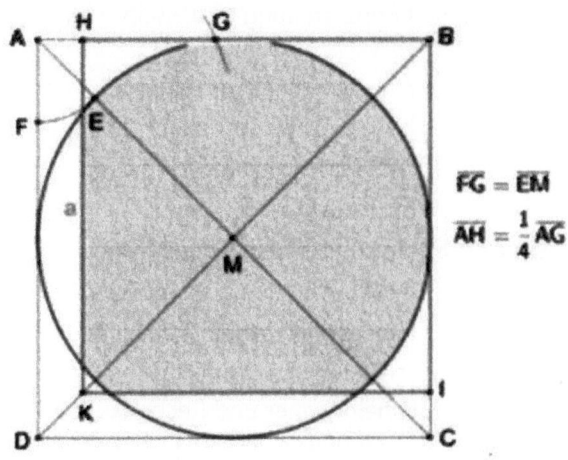

Abbildung 3.5.4.1 - Konstruktion von Eduard Gregori

3.6 - Bailey, Borwein, Plouffe

David Harold Bailey (14. August 1948) ist ein US-amerikanischer Mathematiker und Informatiker. **[283]**

Peter Benjamin Borwein (5. Oktober 1953 in St Andrews) ist ein kanadischer Mathematiker, der als Mit-Entdecker der Bailey-Borwein-Plouffe-Formel (nach D. Bailey, P. Borwein und S. Plouffe) zur Berechnung einer beliebigen hexadezimalen Stelle von π (ohne Kenntnis vorheriger Ziffern) bekannt wurde. Er ist als Vertreter der Experimentellen Mathematik bekannt. **[284]**

Simon Plouffe (11. Juni 1956 in Saint-Jovite, Québec) ist ein kanadischer Mathematiker. **[285]**

Zusammen mit Peter Borwein und Simon Plouffe wurde David Harold Bailey 1996 durch die Veröffentlichung der BBP-Reihe für π bekannt.
Diese Reihe wurde mit Hilfe des „PSLQ-Algorithmus" für die Auffindung einer ganzzahligen linearen Abhängigkeit (Ganzzahlbeziehung) vorgege-

bener reeller Zahlen entdeckt. Der PSLQ Algorithmus wurde 1992 durch Bailey und Helaman Ferguson entwickelt. **[286]**

1996 entdeckte David Bailey, zusammen mit Peter Borwein und Simon Plouffe, eine neuartige Reihendarstellung (BBP-Reihe) für π: **[287]**

$$\pi = \sum_{k=0}^{\infty} \left(\frac{1}{16^k} \cdot \left(\frac{4}{8k+1} - \frac{2}{8k+4} - \frac{1}{8k+5} - \frac{1}{8k+6} \right) \right)$$

3.7 - Die Jagd nach Stellen von π

3.7.1 - Johann Zacharias Dase

Johann Martin Zacharias Dase **[288]** (23. Juni 1824 bis 11. September 1861) war ein deutscher Schnellrechner und Rechenkünstler.

Dase zeigte schon in seiner Jugend eine leidenschaftliche Vorliebe für das Rechnen und widmete der Übung darin fast jede freie Stunde. Seit 1839 trat er in Deutschland, Österreich und England als Rechenkünstler auf.

So multiplizierte er in Wien eine 40-ziffrige Zahl mit einer anderen 40-ziffrigen in 40 Minuten, in Wiesbaden eine 60-ziffrige mit einer anderen 60-ziffrigen in 2 Stunden 59 Minuten bei lebhafter Unterhaltung der Gesellschaft und zog in München die Quadratwurzel aus einer 60-ziffrigen Zahl in 20 Minuten und eine aus einer 100-ziffrigen in 52 Minuten.

In sechs Stunden intensiven Kopfrechnens erkannte er die „Repunitzahl" R11 als zusammengesetzte Zahl.

Auf Empfehlung von C. F. Gauß fand er später eine Anstellung, bei der er Tafeln für Logarithmen- und Hyperbelfunktionen berechnete.

Johann Dase verwendete 2 Monate seines Lebens darauf, 200 Stellen der Zahl π zu berechnen.

3.7.2 - Weitere Berechnungen

1837
J. F. Callet veröffentlicht in Paris 152 Stellen.

1841
William Rutherford bestimmt 208 Stellen.

1847

Thomas Clausen findet mit Hilfe der Machinschen und Eulerschen Formeln 248 Nachkommastellen.

1853

Rutherford zieht mit 440 Stellen nach.

1853

William Shanks übertrifft Rutherford noch im selben Jahr mit 707 Stellen. Später fand man aber heraus, dass er sich ab der 528. Stelle verrechnet hatte.

1945

Ferguson wies den Fehler in Shanks' Berechnungen mit Hilfe eines "Tischrechners" nach.

1949

Der Computer ENIAC berechnete neunzig Stunden lang an den ersten 2037 Stellen von π.

1961

Am 29. Juli wurden auf einer IBM 7090 in New York 100.265 Dezimalstellen von π in 8 Stunden berechnet.

1967

Der französische Computer CDC 6600 berechnete 500.000 Stellen von π.

1988

waren es bereits 16.777.216 Stellen, die Yoshiaki Tamura und Tasumasa Kanada mit einem Computer berechneten.

Zurzeit sind mehr als 1 Milliarde Stellen von π bekannt.

3.8 - Tabelle zur Entwicklung der Stellenzahl von π

Mathematiker	Jahr	berechnete Stellen
Vieta	1580	10
van Roomen	um 1600	15
van Ceulen	um 1605	35
Abraham Sharp (1651-1742)	1706	72
John Machin	1707	100
Thomas de Lagny	1719	127
Georg von Vega(1756-1802)	1793	140
Thibaut	1822	156
William Rutherford	1841	208
Zacharias Dase	1844	200
Thomas Clausen(1801-1885)	1847	248
William Rutherford	1853	440
Prof. Richter (Elbing)	1855	500
William Shanks (GB)	1874	707
D. F. Ferguson (GB)	1946	730
John W. Wrench Jr. und Levi B. Smith	1947	808
G. W. Reitwieser (USA) auf ENIAC	1949	2 035
S. C. Nicholson und J. Jeenel auf NORC	1954	3 089
Felton auf Pegasus	1958	10 000
F. Genuis (Paris) auf IBM 704	1958	10 000
J. M. Gerard (London) auf IBM 7090	1961	20 000
Daniel Shanks und John W. Wrench Jr. auf IBM 7090	1961	100 265
Guilloud und Bouyer auf CDC 7600	1973	1 000 000
Yoshiaki Tamura und Yasuma Kanada (Japan) auf HITAC M-280H	1983	16777216
Gosper auf Symbolics	1985	17 000 000
D. H. Bailey auf Cray-2	1986	29 360 000
Kanada auf SX 2	1987	134217728
Kanada	1988	201 326 000
Kanada auf HITAC S-820/80	1989	1 073 740 000

TEIL 4 – Quadratur und Geomantie

4.1 - Einführung in die Geomantie

4.1.1 - Was ist Geomantie?

Es gibt zurzeit drei Richtungen, die eine Begründung der europäischen Geomantie liefern. Einerseits wird die Geomantie als Importprodukt gesehen, dass aus den arabischen Ländern, etwa zur Zeit Karls des Großen, nach Europa kam. Andererseits wird die Geomantie als Produkt der in Europa ansässigen Kulturen, also der Kelten und Germanen, erklärt. Und dann existiert noch die Sicht, dass es eine noch frühere Urkultur (Atlantis?) gab und die Geomantie ein erhaltenes Erbe dieser Zivilisation darstellt. Nach wie vor liegen die Anfänge der Geomantie hier in Europa im Dunkeln. Überschaubar ist aber die Forschung zur Geomantie in Europa.

Nach einer gängigen Interpretation soll sich der Begriff Geomantie auf eine arabische Form der Weissagung bezogen haben, die sich Ende des ersten Jahrtausends, von den moslemischen Ländern aus, nach Europa und nach Afrika hin verbreitete. Noch heute wird in vielen Lexika Geomantie als Wahrsagungsmethode z.B. aus Erdbeben oder ähnlichen Phänomenen erklärt. Im *„Lexikon der Magischen Künste"* von H. Biedermann **[289]** (1998) steht:
„Eine kulturhistorisch interessante Disziplin der Mantik, erwähnt u.a. in der ‚Occulta Philosophia' des Agrippa von Nettersheim (II. Buch, Kap. 48). Es handelt sich um eine uralte, aber noch in neuerer Zeit geschätzte ‚Punktierkunst', bei welcher der Wahrsager rasch und ungezielt 16 Reihen von Punkten in Wachs, Sand, Ton oder auf Papier macht, diese mit Hilfe eines aus 12 Feldern bestehenden Quadrates, des ‚geomantischen Spiegels', geordnet und nach astrologischen Gesichtspunkten interpretiert werden (Parallelen in China, Westafrika, Vorderasien)."

Dass diese Beschreibung eine Verzerrung geomantischer Phänomene bedeutet, soll im Folgenden gezeigt werden.

Die asiatische, sprich chinesische Form der Geomantie wird als "**Feng-Shui**" bezeichnet, und lautet in der Übersetzung ganz einfach Wind und Wasser.
In der klassischen chinesischen Literatur findet man noch den Begriff "**ti-li**" was mit "Beschaffenheit der Landschaft" übersetzt wird und, in modernerer Ausdrucksweise, als Geographie bezeichnet werden könnte.

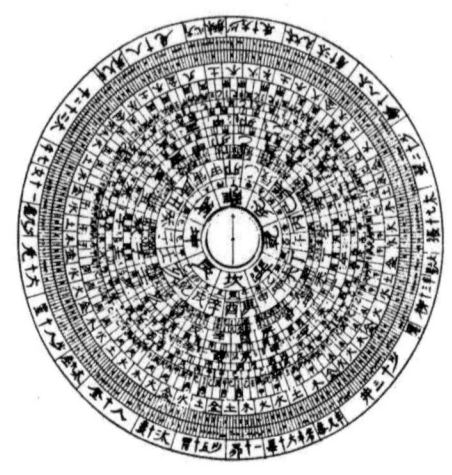

Wie Stephen Skinner in seinem Buch "*Chinesische Geomantie*" **[290]** zeigt, existiert noch ein dritter Begriff, nämlich der des "**kan-yü**". Wörtlich übersetzt bedeutet dies "Wagen des Himmels und der Erde" und soll sich auf die runde Platte des Kompasses (Himmel) beziehen, der in die quadratische Erdplatte eingesetzt ist.

"kan-yü" war wahrscheinlich die ursprüngliche Bezeichnung für die Kompass-Schule und beinhaltete die alten Theorien der taoistischen Philosophie über die Wechselwirkungen zwischen Himmel und Erde.

Dagegen präsentiert "Feng-Shui" die Form-Schule, die sich mehr mit dem Zyklus der fünf Elemente und ihren Ausdrucksformen in Landschaft und Architektur beschäftigt.

Die chinesische Form der Geomantie lässt sich als Theorie und Praxis der Standortbestimmung in Harmonie mit den Elementen und dem Himmel interpretieren.

Der englische Missionar E.J. Eitel war der erste Europäer, der sich mit dieser chinesischen Variante der Geomantie beschäftigte. 1873 erschien sein Werk „*Feng-Shui*". Die Bezeichnung "Geomantie" wurde in seiner Zeit dann von anderen Schriftstellern aufgegriffen, um "Feng-Shui" zu übersetzen. **[291]**

Der Begriff Geomantie, in seiner heute gebräuchlichen Form, wurde in den 1980. Jahren durch Nigel Pennick in England geprägt. In seinem Buch "*Die alte Wissenschaft der Geomantie*" interpretiert er diesen Begriff als "**Gespür für die Erde**". **[292]**

In dem 1998 von Andreas Lentz veröffentlichtem Werk "*Geomantie / Tiefenökologie*" wird Geomantie als "**Gewahrsein der Erde**" beschrieben. **[293]**

Für den modernen westlichen Menschen erscheint die von Nigel Pennick vorgenommene Klassifizierung der Geomantie als Wissenschaft etwas befremdlich. Was für sogenannte "Sensitive" selbstverständlich und plausibel sein mag, ist für viele Menschen eher ein rein subjektiver Vorgang.

In Anlehnung an die Bezeichnung Geomantie als **„königliche Kunst"** könnte man Geomantie heute eher als Kunstform begreifen. Ein gutes Beispiel dazu geben die Projekte von Marco Pogačnik, dessen bekannteste Schöpfung das geomantische System in der Parkanlage des Schlosses von Kerpen Türnich ist. In seinem Buch "*Die Erde heilen*" ist dieses System ausführlich dargestellt. **[294]**

4.1.2 - Historisches zur Geomantie

Man sollte nicht vergessen, dass die traditionelle Wissenschaft viele Jahrhunderte lang eine ganzheitliche Sichtweise pflegte, und sich daher auch keine Einzeldisziplinen im modernen Sinne ausbildeten. Dies geschah erst im Zuge der Aufklärung, also ab dem 17. Jahrhundert.

Insbesondere die Herausbildung der sogenannten Naturwissenschaften gingen mit dem Wunsch nach "objektiven" Daten einher. Das kausal Beweisbare stellte die pure Erfahrung infrage. Diesem Differenzierungsprozess fielen auch die bis dato noch nicht beweisbaren esoterischen Elemente in der Wissenschaft zum Opfer. In Folge wurden diese Teile auch in der Geomantie einfach fallengelassen, jedenfalls von offizieller Seite aus.
Im Laufe der Zeit, durch Tradierung zum Allgemeingut geworden, sank die Geomantie eher auf das Niveau einer Glaubensfrage herab oder geriet ganz in Vergessenheit.

Eine Ausnahme bildet hier Island. Es ist das einzige Land in Europa, in dem sich geomantische Praxis seit uralten Zeiten bis auf den heutigen Tag erhalten hat! Offiziell scheint die Geomantie in Theorie und Praxis heute verschwunden zu sein.

Das Wahrnehmen der Erde, in ihren Formen und Wesen, mitsamt der Beziehungen zwischen diesen Teilen und ihre Beschreibungen ist allerdings erst eine Hälfte der Geomantie. Die andere Hälfte besteht daraus, dass Erspürte und Erkannte umzusetzen, durch Formung und Erhaltung von Landschaftsstrukturen.

Durch die Untersuchungen von Alfred Watkins Anfang des 20. Jahrhunderts, der sogenannten "**ley-lines**" in England, wurde Geomantie wieder ein Gegenstand der Forschung. **[295]**

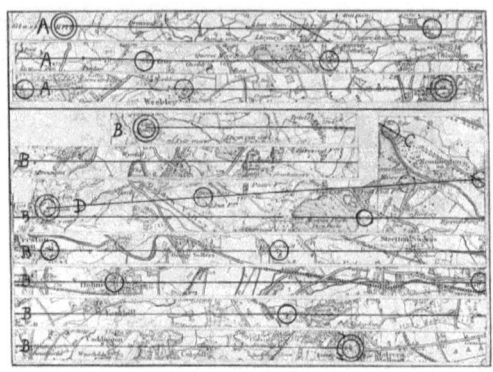

Abbildung 4.1.2.1 - Leylines von Alfred Watkins

Der Begriff Ley-Linien leitet sich ursprünglich von Aufreihungen englischer Ortschaften mit den Endungen **-leigh** bzw. **-ley** (altenglisch für „Lichtung, Rodung") ab. Also von Orten die durch eine Linie verbunden werden konnten. Ihre Existenz wurde zum ersten Mal 1921 von dem Engländer Alfred Watkins formuliert. **[296]**

1969 brachte der Schriftsteller John Michell (*The View Over Atlantis*) Ley-Linien mit spirituellen und mythischen Theorien in Verbindung, die zu einer neuen Interpretation der Linien führte. **[297] [298]**

In der heutigen Geomantie versteht man laut Marco Pogačnik (*Die Erde heilen*) unter Ley-Linien Linien mit einer bestimmten energetischen Charakteristik. **[294]**

„Auf der Linie pulsiert die sogenannte Herzschlagkernschwingung und Energie wird teilweise spiralförmig (Yin-Wirbel) abgegeben."

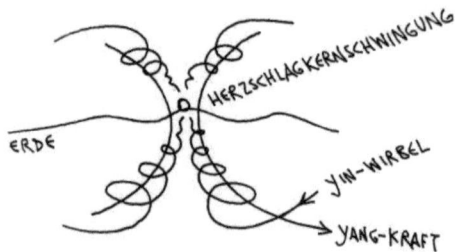

Abbildung 4.1.2.2 - Leylinie von Marco Pogačnik

Seit Alfred Watkins gibt es in den angelsächsischen Ländern eine durchgehende Forschungstätigkeit. Die auch, bis auf den heutigen Tag, durch Nigel Pennick, **[299]** John Michell, **[300]** Paul Devereux **[301]** und andere fortgesetzt wird.

188

In Frankreich finden sich ebenso geomantisch orientierte Menschen wie Dennis Boudaille, Jean Circare, Guy-René Doumayrou, Xavier Guichard und Maurice Guinguand.
Die Situation in Deutschland gestaltet sich dagegen deutlich komplizierter.

4.1.3 - Geomantie in Deutschland

Anfang des 20. Jahrhunderts bzw. schon im Kaiserreich bis ins Dritte Reich hinein, gab es auch eine ausgeprägte Forschung auf dem Gebiet der Geomantie in Deutschland.
In den 1930er Jahren existierten in Deutschland ebenfalls Untersuchungen geomantischer Art. Die Studien von Wilhelm Teudt, **[302]** Hermann Wirth **[303]** und Josef Heinsch kamen zu ähnlichen Ergebnissen wie die von Watkins, nämlich der Existenz großräumiger Landschaftsstrukturen in Europa.
Wilhelm Teudt und Josef Heinsch sind die **Begründer der deutschen Geomantie** (damals Kultgeographie genannt) und haben mit ihren Studien die Geomantie in Deutschland in der Vergangenheit wesentlich beeinflusst.

Heinsch äußerte sogar *„dass die deutsche Landschaft in ihrer urtümlichen sakralen Raumordnung eine riesige, umfassend einheitliche Hieroglyphe darbietet".*

Von Josef Heinsch sind Dokumente übermittelt (Nigel Pennick *„Hitlers Secret Sciences"*) die belegen, dass er Studien zu Stonehenge in England und zu Ordy in der ehemaligen Tschechoslowakei betrieb. **[304]**
J. Heinsch beschreibt 1937 in der *"Ortung in kultgeometrischer Sinndeutung"* den sogenannten **Gottesberg** als Ausdruck bzw. Entsprechung des Weltenbaumes **Yggdrasil. [305]**
Gottesberge sind natürliche oder künstlich geschaffene Hügel. Die keltische Weltenesche war ein dreistämmiger oder -ästiger Baum, der mit seinen Ästen den Himmel und mit seinen Wurzeln die Erde fest hält.
Josef Heinsch fand, dass "heilige Berge" den Beginn von Ley-Linien darstellten. Das ist dann später von Paul Devereux übernommen und nach England transportiert worden.

„Dementsprechend ist es auch ein natürlicher Ausdruck dieser kosmisch-sakralen Himmelsbildvorstellung, dass die als urtümliche Zentren für das kultische wie völkische Gemeinschaftsleben überall in Erscheinung treten-den Gottesberge sich regelmäßig in allen deutschen Gauen noch heute

*nachweisen lassen und dass sich überdies von ihnen ausgehend die um-
liegende Landschaft in ihren Grenzen mit allen irgendwie bedeutsamen
Örtlichkeiten allenthalben nach den gleichen Maßeinheiten und Maßverhältnissen in den Richtungsbeziehungen einheitlich geortet zeigt."*

Von Josef Heinsch stammt das Werk *„Vorzeitliche Raumordnung als Ausdruck magischer Weltschau"* (1937). Überliefert sind auch Beiträge in Zeit-
schriften und einzelne Schriftstücke. Josef Heinsch **[306]** war ebenfalls
zeitweise mit dem „Ahnenerbe" **[307]** involviert.
Wilhelm Teudt kam zu der Erkenntnis, dass heilige Orte durch ein Netz ge-
rader Linien miteinander verbunden sind. Sein Buch "*Germanische Heiligtümer*" (1926) besaß für die Nationalsozialisten quasi Kultstatus. **[308]**

Teudts grundlegende These zur germanischen Vorgeschichte besagt, dass
die auf dem Gebiet des späteren Deutschlands lebenden Germanen bereits vor ihrer Berührung mit Römern und Westfranken eine eigene hoch-
stehende Kultur gehabt hätten.
Wilhelm Teudt avancierte zeitweise zum Leiter von Heinrich Himmlers
„Ahnenerbe". Das deutsche *„Ahnenerbe"* beschäftigte sich mit allem, was
die germanischen Traditionen betraf. Dazu gehörten alte Lieder und Tän-
ze, Folklore, Legenden, Runen, Symbolismus, rassische Studien, die Geomantie, Megalithen und ebenso das Paranormale.
Wie E. Carmin in seinem Buch "*Das schwarze Reich*" **[309]** zeigt, hatten die
inneren Zirkel des nationalsozialistischen Systems, allen voran Himmler,
einen überaus okkulten, heute würde man sagen „esoterischen" Hintergrund und Zweck.
Himmler erhob Teudt zum Direktor eines Programms, das die Wiederbe-
lebung der Externsteine als heiliges Monument anstrebte.
Teudt hatte von Himmler eine direkte Weisung, die Externsteine als sakra-
les Monument „des deutschen Geistes" wieder zu beleben, wie es angeblich 1200 Jahre vorher gewesen sein soll.
Geplant war auch eine Replik der „Irminsul" auf den Externsteinen zu platzieren. Die Irminsul war eine heilige Säule oder heiliger Baum der Sachsen.
Die Replik der Irminsul sollte auf dem höchsten Punkt der Externsteine
angebracht werden. Teudt war sogar der Ansicht, dass die originale Irminsul, also die von Karl dem Großen zerstörte, ehemals an den Externsteinen
gestanden habe.

Anfang des 20. Jahrhunderts bzw. schon im Kaiserreich bis ins Dritte Reich
hinein gab es auch eine ausgeprägte Forschung auf dem Gebiet der Geomantie in Deutschland.

Durch die Beteiligung von Hermann Wirth, Wilhelm Teudt, Joseph Heinsch und anderer Geomanten am Ahnenerbe lässt sich erklären wieso die Geomantie, im Zuge der Entnazifizierung nach dem zweiten Weltkrieg, als nationalsozialistisches Gedankengut eingestuft wurde.

Folgerichtig kam es in Deutschland nach dem zweiten Weltkrieg zu einem abrupten Ende jedweder Forschung im geomantischen Bereich.

So wurde dann die Geomantie in Deutschland derart verschwiegen und tabuisiert, dass sie für die folgenden Jahrzehnte fast vollkommen in Vergessenheit geriet oder lediglich als Kuriosität bzw. Glaubenssache angesehen wurde. Beispielhaft sind hier die alten Leute, die noch mit Ruten oder Pendeln Wasseradern aufspüren konnten.

Das Interesse der Nationalsozialisten für die Geomantie hatte noch weitere fatale Folgen. Um ihre Geheimnisse zu bewahren, vernichteten die Nationalsozialisten bei Kriegsende zahlreiche unersetzliche Dokumente.

Nach dem Krieg beschlagnahmten sowohl die Amerikaner als auch Britische Sondereinheiten (denen das Interesse der Reichsregierung durchaus bekannt war, da sie nach ähnlichen Kriterien arbeiteten), das übrig gebliebene Material und transportierten es ab.

Neben der Zerstörung vieler Archive durch Bombardements in den Kriegsjahren ist dies der Hauptgrund, warum in Deutschland in vielen Städten keine oder nur lückenhafte Aufzeichnungen über architektonische und landschaftsstrukturierende Gebilde der letzten 100 Jahre vorhanden sind und das, obwohl gerade in diesen Zeiten eine überaus rege Bautätigkeit stattgefunden hat.

4.1.4 - Ein neuer Anfang

Erst die in den 90er Jahren des 20. Jahrhunderts aufkommende New Age- und Esoterikwelle hat das Thema der Geomantie wieder nach Europa und daher auch nach Deutschland gespült und salonfähig gemacht.

Vielen Menschen sind die Begriffe Energielinien oder Orte der Kraft oder Feng-Shui, als Kunst des Wohnens, schon einmal begegnet und erzeugen auch ein gewisses Interesse. Aber was es mit diesen Linien und Orten bzw. Energien auf sich hat, das kann kaum jemand erklären.

Die meisten mehr oder weniger esoterischen Erklärungsversuche bzw. Modelle sind zwar für sogenannte "Sensitive" hinreichend plausibel, doch esoterische Begriffe wie Wasser- oder Feuerenergie sind, vom wissenschaftlichen Standpunkt aus, in ihrer Existenz (noch) nicht bewiesen. Sie sind demzufolge auch bisher kein Objekt wissenschaftlicher Forschung.

Die Veröffentlichung einer naturwissenschaftlich ernstzunehmenden Untersuchung erfolgte hier erst 1988, als das Buch von Jens M. Möller "*Geo-*

mantie in Mitteleuropa" erschien. **[310]** Das darin gezeigte Lichtmeßsystem bietet einen Ansatz für eine **geometrische** Begründung der Geomantie, obwohl diese Methode auch nicht immer erkannt wird.

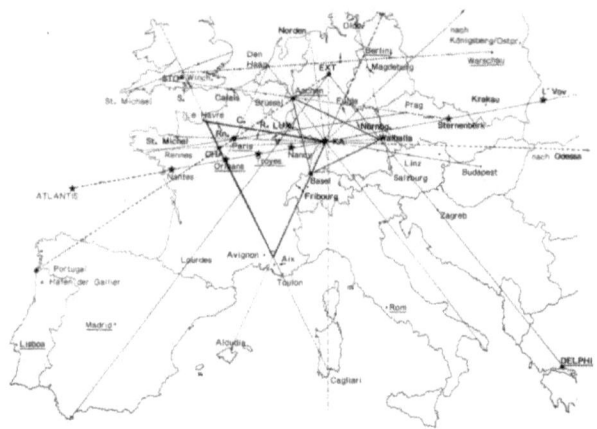

Abbildung 4.1.4.1 - Linien von Jens M. Möller

Die Benutzung und Einbeziehung von Bergen und/oder Türmen in Verbindung mit Licht- und Spiegelsystemen bzw. deren Ausrichtung nach astronomischen Begebenheiten (Sonne bzw. Mond) gestattet eine **geophysikalische Ableitung** und auch Bestimmung von Linien auf der Erdoberfläche.

Abbildung 4.1.4.2 - Lichtmess-System

Von ganzheitlichen Standpunkten aus betrachtet, bilden lebende Wesen und ihre Umwelt eine Einheit. Daher kann Formung der Landschaft auch immer als Formung der darin lebenden Wesen verstanden werden.
Ganzheitlich betrachtet, erzeugen raumgreifende Landschaftsstrukturen (mit den hinreichenden Energiequellen), durchsetzt mit architektonischen Konstruktionen, die nach bestimmten Mustern geordnet sind (um die Energien zu leiten), auch Wirkungen auf die darin lebenden Wesen, gleich welcher Art.

Nach Jens M. Möller ist *„Geomantie die alte Kunst, Energiezentren auf der Erdoberfläche auszumachen und durch künstliche Veränderung der Land-schaft, durch den Bau von Heiligtümern und Konstruktionen, zu verstärken oder zu verändern. Mit Hilfe der Geomantie sollten die künstlich von Men-schen geschaffenen Siedlungen in Einklang mit den Energieströmen der Erde und des Kosmos gebracht werden."*

So verstanden ist die Geomantie ein Instrument, welches (aus einem ganz-heitlichen Verständnis) die Macht besitzt, **Kulturen zu schaffen und zu formen**.
So ist es also nicht verwunderlich, wenn die königliche Kunst eben eher als Kunst der Könige gehandelt wurde. Also die Kunst der Eingeweihten und Mächtigen.

4.1.5 - Geometrische Begründung

Wenn gestaltende Kräfte, mit welchem Hintergrund und mit welcher Ab-sicht auch immer, auf eine Landschaft einwirken und sie strukturieren, so entsteht ein Gebilde aus Objekten und deren Beziehungen untereinander - kurz: Ein komplexes System von physikalischen Manifestationen und Re-lationen, ein **geomantisches System**.

Mathematik ist die Wissenschaft der formalen Systeme. Wobei unter ei-nem formalen System eine Sammlung von Axiomen zu verstehen ist, die erstens voneinander möglichst unabhängig und zweitens zueinander wi-derspruchsfrei sein sollten. „Axiome" sind Grundsätze oder auch Regeln, allgemein also Aussagen, die Eigenschaften von Systemteilen und damit das Verhalten des Gesamtsystems definieren.

Ein formales System besteht also insgesamt aus einer Menge von Axio-men, die dann eine weit größere Menge von Schlussfolgerungen, Sätzen, Konsequenzen und eventuell Realisationen erzeugen.

Demnach lässt sich ein geomantisches System auch als formales System im mathematischen Sinne auffassen. Die Definitionen von bestimmten Eigenschaften und Regeln (innerhalb der Geomantie) bilden dabei die Menge der Axiome, und die Landschaftsstrukturen stellen deren Realisationen dar.

Geomantische Systeme sind dem zufolge physikalisierte formale Systeme. Physikalisierte Mathematik ist bekannt unter dem Namen **Geometrie**. Daher sind geomantische Systeme stets auch geometrische Systeme.
Die Existenz oder Nichtexistenz von Geometrie bzw. bestimmten Geometrien in einer Landschaft ist nachweisbar bzw. widerlegbar.

Geomantie als Geometrie kann und muss daher auch Gegenstand wissenschaftlicher Forschung sein. Diesen Teil könnte man dann **Geomantische Geometrie** nennen und durchaus als Teilgebiet der historischen Forschung ansehen. **[202]**

Durch Abstands- und/oder Winkelmessungen bzw. Bestimmungen lassen sich, über Vergleiche und anschließender Konstruktion und/oder auch Berechnung, vorhandene Geometrien finden und nachweisen.

Einen Vorteil bietet dabei die **optische** Erfassungsgabe des Menschen. Durch Anwendung geometrischer Kriterien lassen sich nämlich Techniken entwickeln, mit denen alle Geometrien direkt, d.h. auf optischem Wege und ohne aufwendige Berechnungen, erkennbar werden.

4.2 - Linien

4.2.1 - Die Linien von Jens M. Möller

Eine naturwissenschaftlich ernstzunehmende Untersuchung von Linien erfolgte in Deutschland 1988, als das Buch von Jens M. Möller "*Geomantie in Mitteleuropa*" erschien. Das darin publizierte Lichtmeßsystem bietet einen Ansatz für eine **geometrische** Begründung der Geomantie.

Möller veröffentlicht in seinem Buch eine Reihe von Linien, die als Listen von Orten vorliegen und zum größten Teil auch Namen besitzen.
Es erfolgt eine grafische Darstellung der Situation in Deutschland und Europa und danach eine tabellarische Auflistung der Linien:

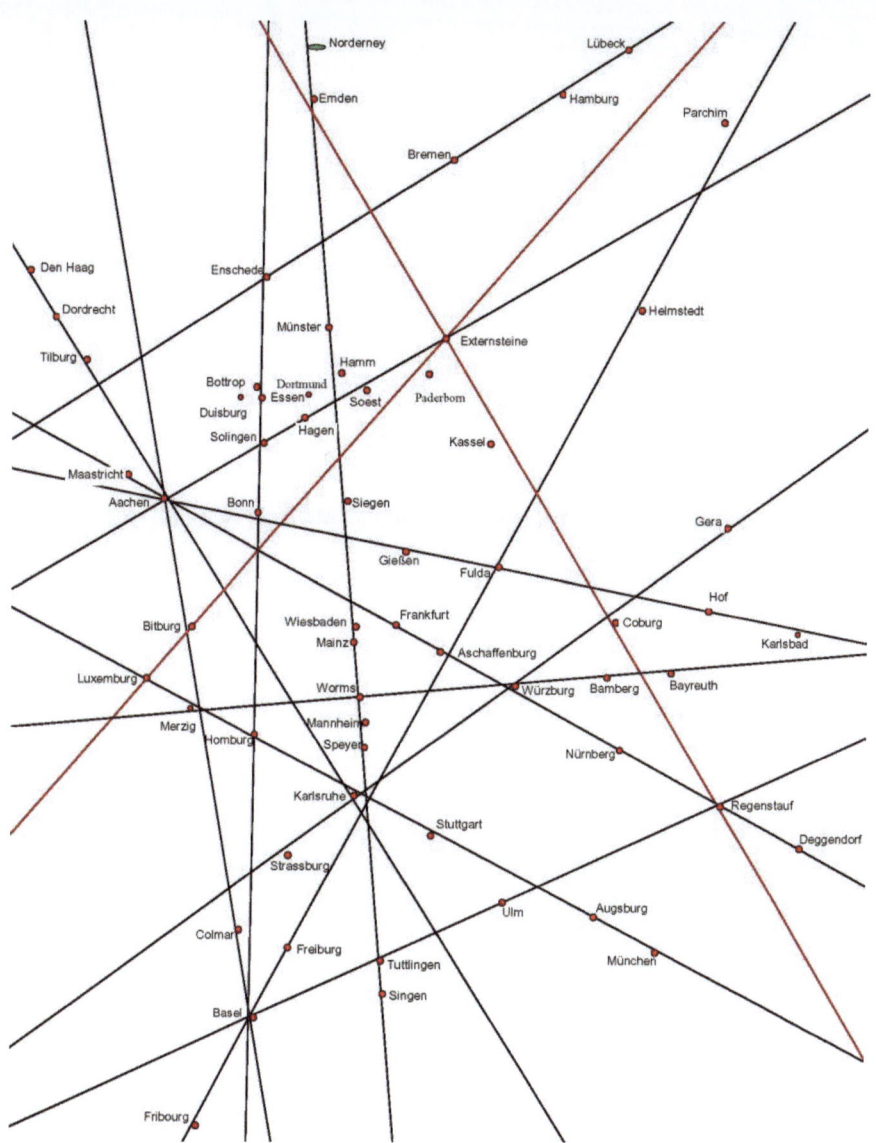

Abbildung 4.2.1.1 - Linien von Jens M. Möller in Deutschland

195

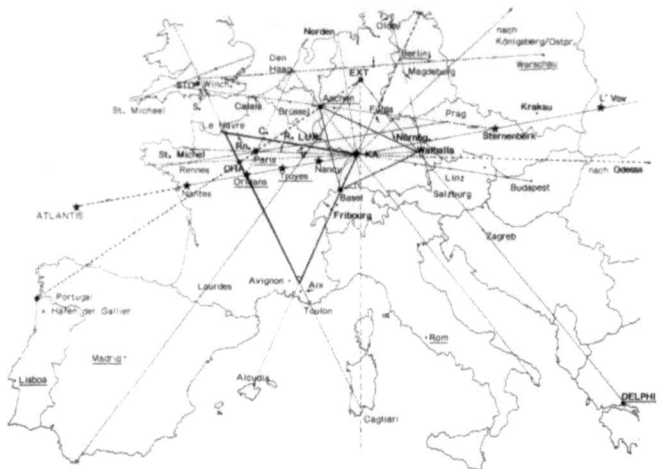

Abbildung 4.2.1.2 - Linien von Jens M. Möller in Europa

Weiterhin kann Jens Möller in seinem Werk zeigen, dass ein Teil dieser Linien zusammen mit bestimmten Orten im süddeutschen Raum, hauptsächlich um Karlsruhe herum, eine überaus komplexe Geometrie erzeugen, in die Figuren, wie 5- oder 6-Ecke und auch so genannte Cheopspyramiden bzw. Quadraturdreiecke einbezogen sind.

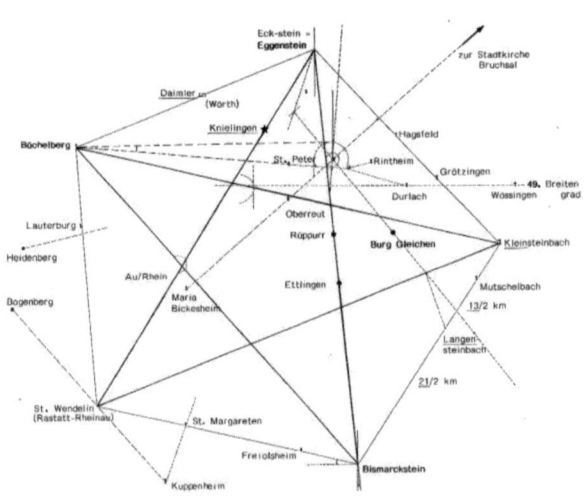

Abbildung 4.2.1.3 - Pentagramm von Karlsruhe von Jens M. Möller

Nr	Name der Linie	Orte auf der Linie
1	Externstein-Pyramide	
1a	Ostlinie	Externsteine (Horn), Kassel, Regenstauf, Zagreb, Delphi (Cheops)
1b	Westlinie	Externsteine, Bitburg, Luxemburg (Lichtburg), Lourdes, Gibraltar, Kanadische Inseln (Atlantis)
1c	Meridian	Externsteine, Marsberg, Marburg, Neckargmünd, Kloster Maulbronn, Haigerloch, Hohentwiel (Singen), Genua, Cagliari
2	Atlantis-Linie	Nordspitze Portugal, Chartes, Paris, Aachen, Soest, Externsteine
3	Kelten-Linie	Cancarneau, Quimperle, Rennes, Chartes, Karlsruhe, Donaustauf (Walhalla)
4	Michaels-Linie	Mont St. Michel, Paris, Chalon, St. Mihiel, Karlsruhe, Straubing, Deggendorf, Odessa
5	Drei-Kaiserdom-Linie	Norderney, Hamm, Werl, Kreuztal, Siegen, Mainz, Worms, Speyer, Karlsruhe, Berneck, Hohentwiel (Singen)
6	Siegfried-Linie	Rennes, Paris, Burg Esch, Worms, Lorsch, Michelstadt, Würzburg, Bayreuth, Prag
7	Normandie-Linie	Le Havre, Rouen, Campiegne, Reims, Verdun, Metz, Karlsruhe, Landshut, Linz, Budapest (Kriegs und Blutgürtel Europas)
8	Deutschland-Linie	Aix-en-Provence, Fribourg (Belchen-Schweiz), Basel, Belchen (Freiburg), Herrenalb, Karlsruhe, Neckargmümd, Schloss Mespelbrunn, Fulda, Brocken, (Eisenach?), Helmstedt
9	Logen-Linie	Perth, Den Haag, Aachen, Kirn, Kalmit, Karlsruhe, Bebenhausen, Lichtenstein, Zwiefalten, Bussen, Stein (Allgäu), Nebelhorn, Leuca
10	Bonifacius-Linie	Southampton, Brüssel, Aachen, Fulda, Prag, Sternberk
11	Artus-Linie	Belfast, Winchester, Le Havre, Chartes, Orleans, Toulon, Cagliari
12	Grals-Linie	Nantes, Orleans, Troyes, Nancy, Eschbach, Eschbourg, Fleville, Pfaffenhofen, Durmersheim, Karlsruhe, Kloster Maulbronn, Schwäbisch Hall, Wolframseschenbach, Sternberk (CSSR), L'Vov (Lemberg/Ukraine)

Nr	Name der Linie	Orte auf der Linie
13	Kaiser-Linie	Aachen, Karlsruhe (Eggenstein), Habichegg (Teil der Logenlinie)
14	Königs-Linie	Hochkönigsbourg (Elsaß), Königsbach/Stein, Baden-Baden, Karlsruhe, Bretten, Königsberg (Bayern), Haßfurt (Bayern), Veste Coburg, Gera, Königsberg (Preußen-Kaliningrad)
15	Keltenfürsten-Linie	Saarluis, Blieskastel, Burg Esch, Karlsruhe, Hochdorf, Hohenstaufen, Dillingen, Scherneck, St.Wolfgang
16	Kaspar-Hauser-Linie	Karlsruhe, Burg Zähringen, Kaiseraugst (Basel/Dornach) (Teil der Deutschlandlinie)
17	Hohenzollern-Linie	Burg Riehen (Basel), Burg Hohenzollern, Hoheneuffen, Burg Teck, Hohenstaufen, Ellwangen, Dinkelsbühl, Nürnberg
18	Nornen-Linie	Donaustauf (Walhalla), Nürnberg, Würzburg, Frankfurt (Main), Königstein (Taunus), Aachen
19		Basel, Hochkönigsburg, Trier, Aachen
20		Basel, Beuron, Zwiefalten, Ulm, Dillingen, Donaustauf (Walhalla)
21		Basel, Homburg (Saar), Idar-Oberstein, Bonn, Essen, Enschede
22		Luxemburg, Dahn, Bergzabern, Karlsruhe, Stuttgart, Esslingen, Augsburg, Königsbrunn, Marquartstein
23		Stuttgart, Frankfurt, Wetzlar, Soest, Beckum, Norderney
24		Enschede, Bremen, Hamburg, Lübeck
25		Gera, Weissenfels, Berleburg, Magdeburg, Oldenburg (Holstein)

Im Folgenden wird gezeigt wie, anhand der geographischen Ortsdaten, Linien geodätisch beschrieben und behandelt werden können.

4.2.2 - Linienanalyse

Es gibt zwei Methoden mit Linien in Landschaften umzugehen und beide werden benötigt, da sie sich ergänzen.

METHODE 1

Die erste Möglichkeit besteht darin die Linien direkt auf Karten, also **mit dem Lineal**, zu übertragen. Dabei fällt auf, dass man die Linien mit einem Spielraum von 1 bis 2 Grad in eine Landschaft legen kann, ohne das Verhältnis der Orte zur Linie zu beeinträchtigen.

Bei den Linien von Jens Möller kommt noch hinzu, dass hier Orte zur Linie zugeordnet werden, die nach den Kriterien zur Geometriebestimmung eigentlich neben der Linie liegen.

Eine Differenzierung ist hier durch die Kriterien zur Geometriebestimmung möglich. Man nimmt die Punkte die **auf** bzw. **an** der Linie liegen als eigentliche Linienorte und die nebenliegenden Orte werden quasi nur noch zur ergänzenden Betrachtung benötigt.

Nach Anwendung dieser Kriterien, also Reduzierung auf die erkennbar richtungsweisenden Punkte, kann man eine Linie schon relativ exakt auf einer Karte positionieren, wenn man Karten benutzt die **maximal** etwa Deutschland enthalten. Bei Karten, die größeren Umfang besitzen, treten durch die Erdkrümmung bedingt größere Fehler auf, die ein Arbeiten mit dem Lineal nur noch beschränkt möglich machen.

Durch die Anwendung der Kriterien zur Geometriebestimmung [202] und die Einschränkung auf Deutschland ergibt sich aber keine Einschränkung der Allgemeinheit.

METHODE 2

Mit den selektierten Daten kann man aber auch zur zweiten Methode übergehen. Diese besteht darin die Linien zu **berechnen** und damit eine genaue geodätische Angabe für eine Linie bzw. ihre Ausrichtung zu schaffen. Das sei hier erst einmal allgemein erläutert.

4.2.2.1 - Berechnung der mittleren Richtung

Sind die geographischen Koordinaten (Breite, Länge) von zwei Orten bekannt, so kann man mit der sogenannten **zweiten geodätischen Hauptaufgabe** den Abstand als auch die Richtungen der Orte zueinander berechnen.

Der Abstand X (als Winkel) der beiden Punkte zueinander ergibt sich mit:

$$\cos X = \sin B_1 \cdot \sin B_2 + \cos B_1 \cdot \cos B_2 \cdot \cos(L_2 - L_1)$$

Der Winkel Alpha vom Ursprungsort aus gesehen lautet:

$$\sin \alpha = \frac{\cos B_2 \cdot \sin(L_2 - L_1)}{\sin X}$$

Ausgehend von einem Ursprungsort lassen sich jetzt die Winkel zu den einzelnen Orten auf der Linie berechnen.
Bildet man aus den gefundenen Werten den Mittelwert, so erhält man auch hier die **mittlere Ausrichtung der Linie**.

4.2.2.2 - Berechnung der Abstände

Mit der gefundenen mittleren Richtung lässt sich jetzt noch die Entfernung bestimmen, die ein Ort von der mittleren Linie besitzt. Wenn X die Entfernung zwischen den zwei Punkten ist, und α die Richtungsdifferenz zur mittleren Richtung, dann lässt sich der Abstand eines Ortes zur Linie nach folgender Gleichung berechnen:

$$\sin s = \sin X \cdot \sin \Delta\alpha$$

Werden die Winkel in Bogenmaß benutzt, dann lässt sich annähernd der **Abstand** eines Ortes (in Kilometer) zur Linie berechnen:

$$s = 6370 \cdot \arcsin(\sin X \cdot \sin \Delta\alpha)$$

Hierbei stehen 6370 km für den physikalischen Erddurchmesser.

4.2.2.3 - Differenzierung der Orte

Nach den Kriterien zur Geometriebestimmung **[202]** muss eine Linie durch mindestens **vier** Punkte gekennzeichnet sein.

Zur Differenzierung nimmt man nur die Punkte die, nach den Kriterien zur Geometriebestimmung, **auf** bzw. **an** einer Linie liegen als eigentliche Linien-Orte. Die nebenliegenden Orte werden dann nur noch zur ergänzenden Betrachtung benötigt.

Nach den Kriterien zur Geometriebestimmung heißt eine Umgebung eines beliebigen geographischen Ortes mit einem Radius, der größer als 1000 Meter ist, Gebietsumgebung des Ortes. Zur Behandlung der hier angegebenen Orte und ihr Verhältnis zur mittleren Linie dürften Gebietspunkte ausreichen.

Die Beziehungen eines Ortes zu einer Linie nach der bisherigen Definition für Umgebungspunkte lassen sich dann einfach auf die Gebietspunkte übertragen.

Berücksichtigt man, dass der 1000 Meter Radius eines Gebietspunktes gerade den Ortskern einer heutigen Stadt darstellt, lassen sich die Kriterien für Punkte noch etwas differenzieren:

Beziehung zur Linie	Radius
genau auf	**bis 500 m**
auf	**500 bis 1000 m**
an	**1000 bis 5000 m**
in der Nähe	**5000 m bis 50 km**

Mit diesem Verfahren lassen sich alle anzugebenden Linien, also auch die von Jens M. Möller und Walther Machalett, in ihrer Ausrichtung quantifizieren. Man erhält gleichzeitig einen guten Überblick wie genau die Orte auf der Linie liegen. Im Folgenden wird dieses Verfahren am Beispiel einiger Linien verdeutlicht.

4.2.2.4 - Bemerkung

In allen Linienuntersuchungen werden die Beziehungen der Orte zur Linie streng gehandhabt, wie in der Tabelle dargestellt. Es ist aber zu berücksichtigen, dass z.B. ein Abstand von 6 bis 7 km zur Linie für eine heutige Stadt bedeuten kann, noch an der Linie zu liegen. Bei Großstädten kann dies sogar bedeuten, dass der Ort noch auf der Linie liegt.

Daher kann die Einstufung einiger Orte in ihrer Beziehung zur Linie noch etwas moderater formuliert werden, wenn man dazu vorher die Sachlage klärt.

4.3 - Die Externsteine

4.3.1 - Die Quadratur des Kreises

Durchschneidet man die Cheopspyramide in nord-südlicher oder ost-westlicher Richtung, so bildet der Querschnitt ein spezielles Dreieck.
In diesem Dreieck treten ganz bestimmte Winkel- und Streckenverhältnisse auf (14:11 = 4/π), die darauf hinweisen, dass hier die Quadratur des Kreises bzw. eine Näherung benutzt worden ist, also die Zahl π (bzw. eine Näherung) in die Konstruktion eingeht.

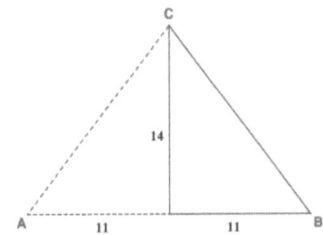

Abbildung 4.3.1.1 - Quadraturdreieck

Der deutsche Mathematiker Ferdinand von Lindemann (1852-1939) bewies im Jahre 1882, das π eine transzendente Zahl ist, d.h. unter anderem: π ist unendlich und unperiodisch.
Die Konsequenz ist, dass eine Konstruktion der Zahl π durch Lineal und Zirkel, also die geometrische Quadratur des Kreises nicht exakt möglich ist.
Das bedeutet, dass die vorhandene geometrische Konstruktion, die Quadratur des Kreises betreffend, als Näherungslösung zu betrachten ist.
Die Quadratur, basierend auf dem 14:11 Dreieck, wird in der Regel wie im folgenden Bild dargestellt:

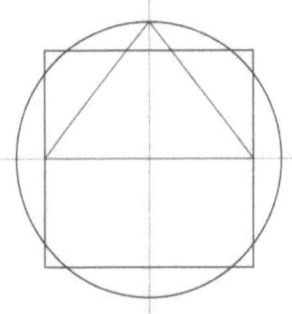

Abbildung 4.3.1.2 - Quadratur des Kreises

Die Grundseite des Dreiecks entspricht einer Quadratseite und die Höhe des Dreiecks ist gleich dem Radius des Kreises. Kreis und Quadrat besitzen dann den gleichen Umfang.
So erklärt sich auch, dass das **Quadraturdreieck** als **Cheops-Pyramide** bezeichnet wird.

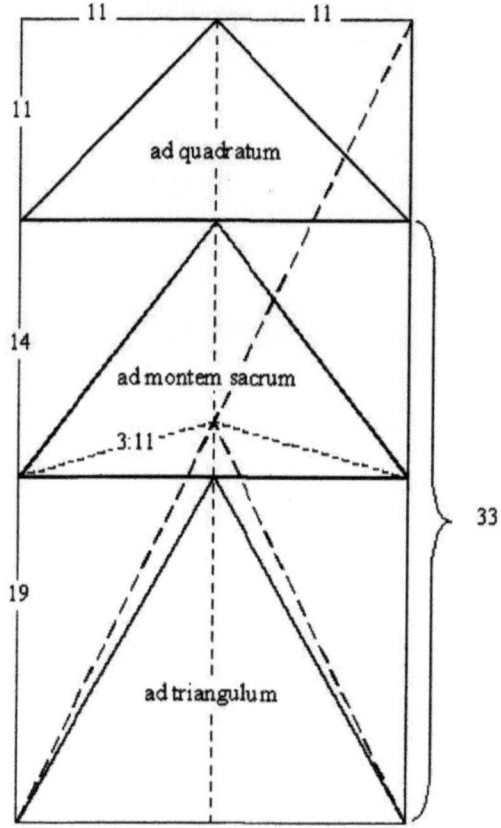

Abbildung 4.3.1.3 - Niedersachsens kosmischer Maß-Schlüssel

Die Abbildung zeigt Niedersachsens kosmischen Maß-Schlüssel, und ist Teil einer Studie von Dr. Joseph Heinsch, aus "*Vorzeitliche Raumordnung als Ausdruck magischer Weltschau*" **[306]** entnommen. Das Buch wurde 1959 veröffentlicht.

Die Quadratur des Kreises bzw. die zugehörigen Zahlenverhältnisse (14:11) spielen darin eine bedeutende Rolle.

4.3.2 - Die Externstein-Pyramide

Erwähnenswert im Zusammenhang mit der Quadratur ist hier die sogenannte **Externstein-Pyramide** nach W. Machalett. **[311] [312]** Die Spitze
dieses Quadraturdreiecks wird durch die Externsteine **[313]** gebildet.
Die Externsteine sind eine markante Sandstein-Felsformation im Teutoburger Wald. Die Externsteine liegen im Gebiet der Städte Horn-Bad
Meinberg im Kreis Lippe in Nordrhein-Westfalen.

Abbildung 4.3.2.1 - Externsteine

Die beiden anderen Ecken des Quadraturdreiecks ergeben sich durch die
Orte Salvage (Atlantis – heute etwa Lanzarote, Teneriffa) und Gizeh (Cheops-Pyramide).
Die Externstein-Pyramide umfasst dabei einen Raum, in welchem die wichtigsten Mysterienorte und Kultplätze für die Entwicklung Mitteleuropas
untergebracht sind.

Abbildung 4.3.2.2 - Externsteine Einflussbereich

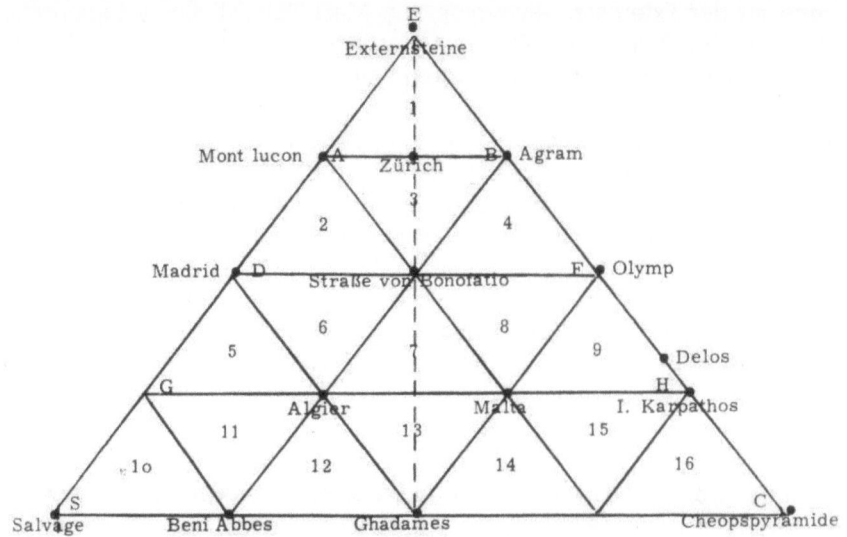

Abbildung 4.3.2.3 - Externstein-Pyramide

Jens M. Möller gibt für die Westlinie der Externstein-Pyramide folgende Orte an:

Externsteine – Bitburg – Luxemburg – Lourdes – Gibraltar - Kanarische Inseln.

Die Ostlinie bilden folgende Orte:

Externsteine – Kassel – Donaustauf – Zagreb – Delphi - Gizeh.

Die Meridianlinie bilden folgende Orte:

Externsteine, Marsberg, Marburg, Neckargmünd, Kloster Maulbronn, Haigerloch, Hohentwiel (Singen), Genua, Cagliari, Ghadames.

Schaut man sich die Karte von Machalett genauer an, so erkennt man, dass Gizeh nicht direkt auf der Ecke des Dreiecks liegt, sondern knapp daneben. Dies ist korrekt dargestellt, denn Gizeh liegt etwa 200 km neben der eigentlichen Linie.
Rechnet man die Orte (von Möller) und die zugehörige Ost- bzw. Westlinie durch, so zeigt sich, dass fast alle anderen Orte in etwa auf der jeweiligen Linie liegen, d.h. der Abstand zur Linie beträgt weniger als 20 km. Auf-

fallend an der Externstein-Pyramide von Machalett ist die systematische Ausfüllung des Dreiecks mit Ost bzw. Westlinien. Demzufolge ging Machalett von einem **Europa umspannenden Netz** aus.

Wenn eine größere Geometrie existiert, ist zu erwarten, dass es sie auch in einem kleineren, sprich regionalen, Rahmen gibt. Oder umgekehrt: **die alten regionalen Strukturen sind dann einfach als Spiegelungen übergeordneter geomantischer Netzwerke oder Gitter zu verstehen.**

4.3.3 - Meridian-Externstein-Pyramide

Um die Externstein-Pyramide mit ihrer Ost- und West-Linie zu analysieren, bedarf es erst der Bestimmung der Meridian-Linie.
Der "Meridian" der Externstein-Pyramide verläuft nämlich nicht parallel zu einem geographischen Meridian, sondern ist etwas gekippt dazu. Dadurch liegt auch die gesamte Quadraturpyramide der Externsteine etwas schräg in der Landschaft. Dies muss in der Richtungsbestimmung der Linien berücksichtigt werden. Aus den Angaben von Möller und Machalett ergeben sich folgende Orte auf der Meridian-Linie der Externstein-Pyramide:
Externsteine, Marsberg, Marburg, Neckargmünd, Kloster Maulbronn, Haigerloch, Hohentwiel (Singen), Genua, Cagliari, Ghadames.

Für alle angegebenen Orte lauten die geographischen Koordinaten:

	geographische Breite			geographische Länge		
	Grad	Minuten		Grad	Minuten	
Externsteine	51	52	N	08	55	E
Marsberg	51	27	N	08	51	E
Marburg	50	49	N	08	46	E
Neckargemünd	49	24	N	08	48	E
Kloster Maulbronn	49	00	N	08	49	E
Haigerloch	48	22	N	08	48	E
Singen	47	46	N	08	50	E
Genua	44	25	N	08	57	E
Cagliari	39	13	N	09	07	E
Ghadames	30	08	N	09	30	E

Das Einzeichnen in eine Deutschland-Karte führt zu dem Bild 4.3.3.1 auf der nächsten Seite.

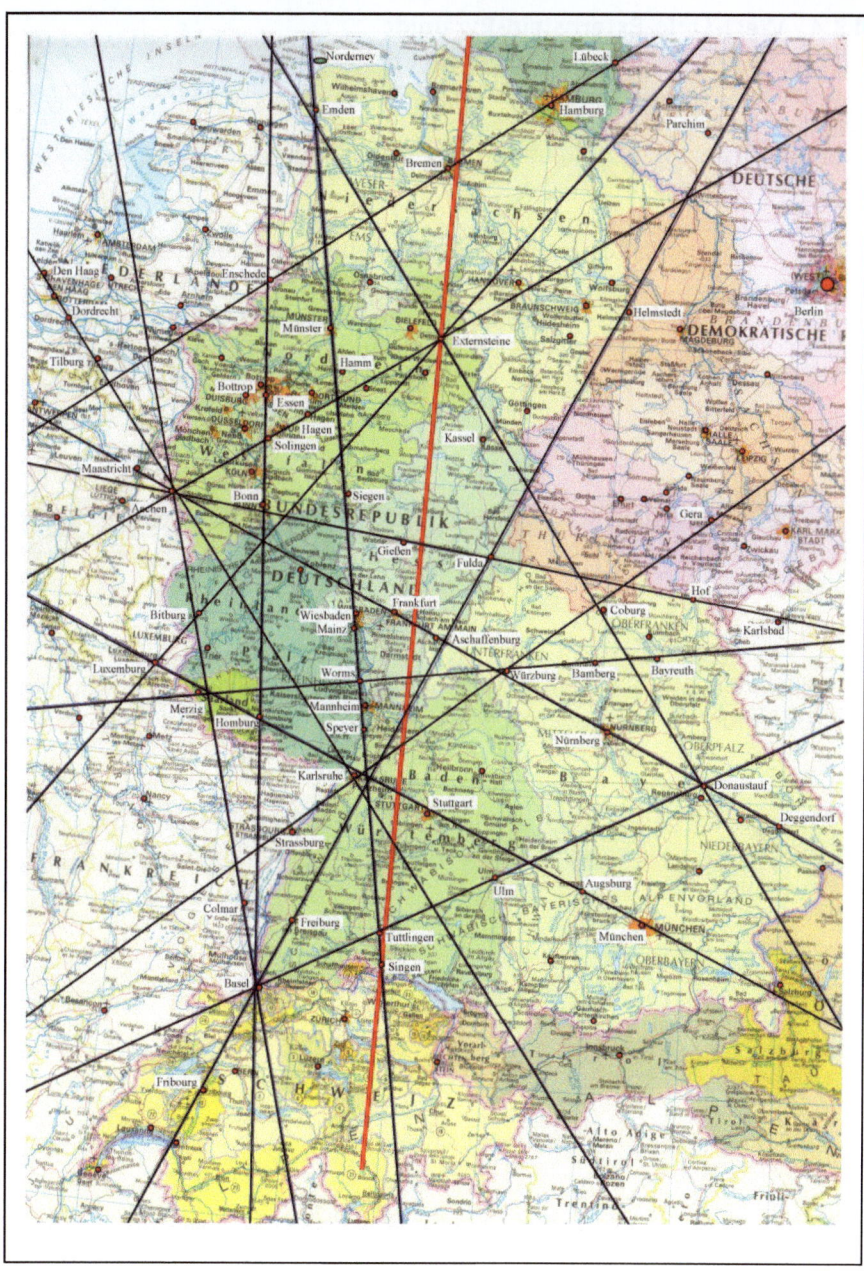

Abbildung 4.3.3.1 - Meridian-Linie Externstein-Pyramide

4.3.4 - West-Linie-Externstein-Pyramide

Aus den Angaben von Jens M. Möller und Walther Machalett ergeben sich folgende Orte auf der West-Linie:
Externsteine, Bitburg, Luxemburg, Lourdes, Madrid, Gibraltar, Lanzarote (Richtung Atlantis).

Für die angegebenen Orte lauten die geographischen Koordinaten:

	geographische Breite			geographische Länge		
	Grad	Minuten		Grad	Minuten	
Externsteine	51	52	N	08	55	E
Bitburg	49	58	N	06	32	E
Luxemburg	50	00	N	06	00	E
Lourdes	43	06	N	-00	03	W
Madrid	40	25	N	-03	42	W
Gibraltar	36	08	N	-05	21	W
Lanzarote	29	03	N	-13	37	W

Mit der gefundenen mittleren Richtung von **41,4074 NO** lässt sich jetzt die Entfernung **s** wie gehabt bestimmen. Es ergeben sich folgende Abstände:

Ort	Abstand [km] zur Linie
Externsteine	0
Bitburg	10,047
Luxemburg	21,785
Lourdes	68,851
Madrid	19,080
Gibraltar	108,993
Lanzarote	187,967

Das Einzeichnen in eine Deutschland-Karte führt zu der Abbildung 4.3.4.1 auf der nächsten Seite.

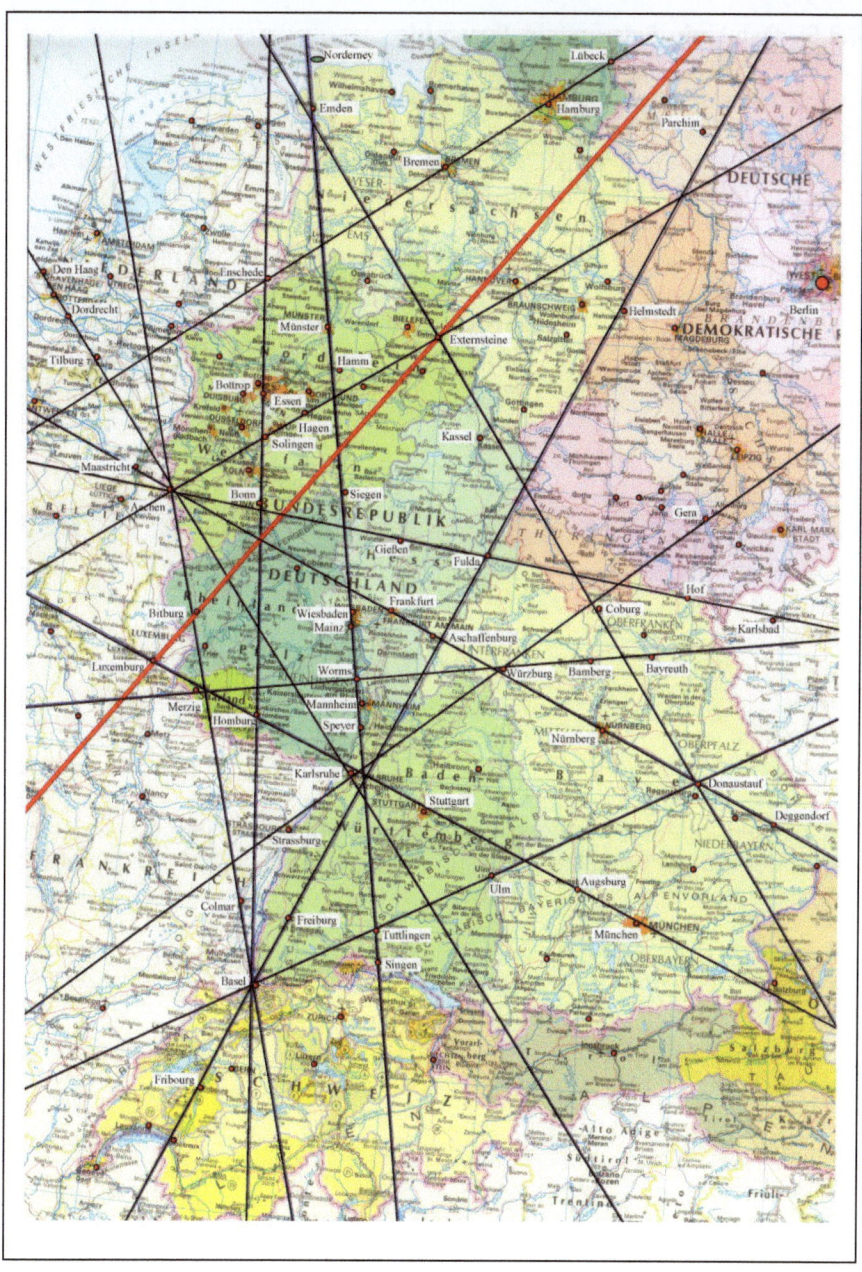

Abbildung 4.3.4.1 - West-Linie Externstein-Pyramide

4.3.5 - Ost-Linie-Externstein-Pyramide

Aus den Angaben von Jens M. Möller und Walther Machalett ergeben sich folgende Orte auf der Ost-Linie: Externsteine, Kassel, Donaustauf (Walhalla), Zagreb(Agram), Olymp, Delphi, Delos, Kappathos, Gizeh. Aus der Karte ergeben sich noch folgenden zusätzlichen Orte: Emden, Coburg.

Für alle angegebenen Orte lauten die geographischen Koordinaten:

	geographische Breite			geographische Länge		
	Grad	Minuten		Grad	Minuten	
Emden	53	22	N	07	12	E
Externsteine	51	52	N	08	55	E
Kassel	51	19	N	09	30	E
Coburg	50	16	N	10	58	E
Donaustauf (Walhalla)	49	02	N	12	14	E
Zagreb (Agram)	45	48	N	15	59	E
Olymp	40	05	N	22	21	E
Delphi	38	29	N	22	30	E
Delos	37	24	N	25	16	E
Kappathos	35	35	N	27	08	E
Gizeh (große Pyramide)	29	59	N	31	08	E

Mit der gefundenen mittleren Richtung von **42,8328 NW** lässt sich jetzt die Entfernung **s** wie gehabt bestimmen. Es ergeben sich folgende Abstände:

Ort	Abstand [km] zur Linie
Emden	37,664
Externsteine	0
Kassel	11,946
Coburg	12,925
Donaustauf	34,002
Zagreb	39,216
Olymp	17,020
Delphi	69,235
Delos	71,997
Kappathos	111,993
Gizeh	134,447

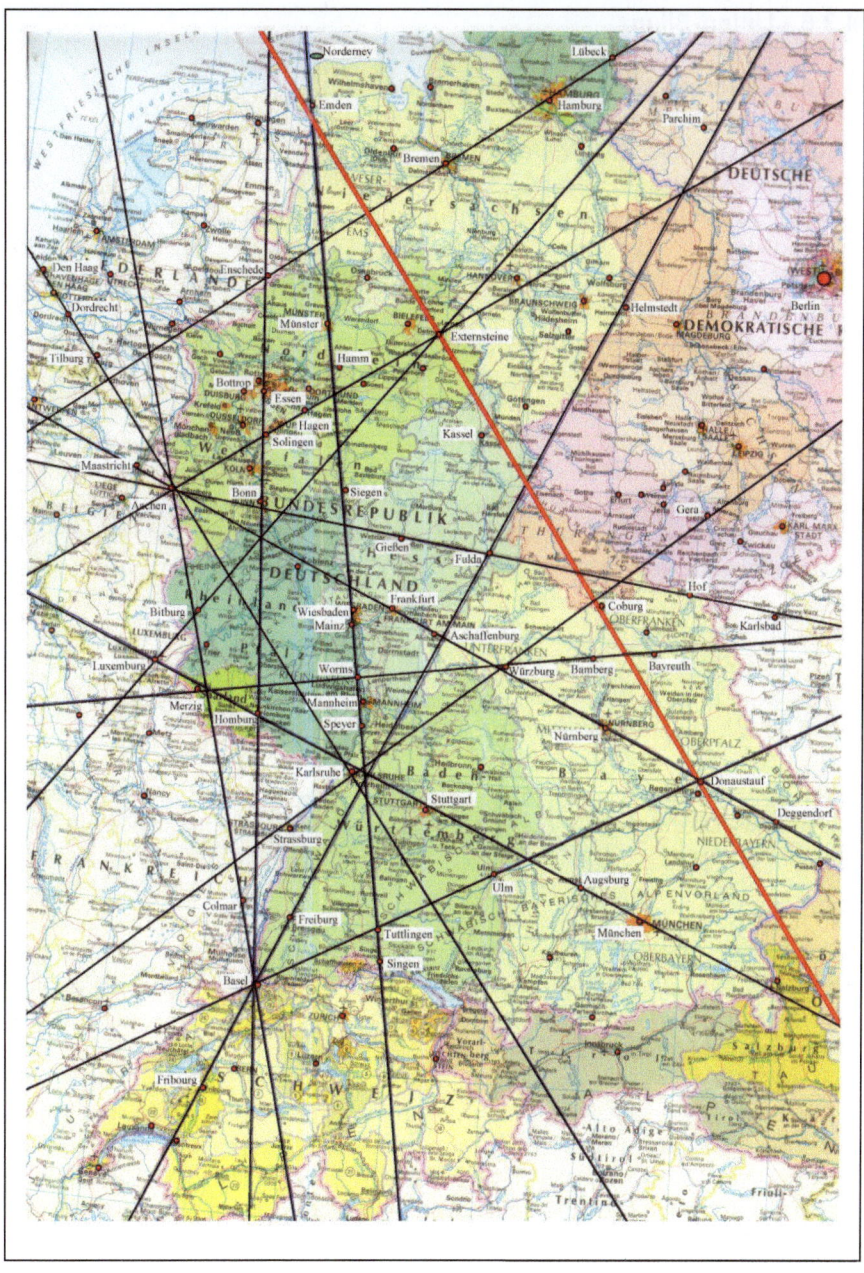

Abbildung 4.3.5.1 - Ost-Linie Externstein-Pyramide

211

4.3.6 - Linien-Bilanz

4.3.6.1 - Meridian-Externstein-Pyramide

Externsteine, Marsberg, Marburg, Neckargmünd, Kloster Maulbronn, Haigerloch, Hohentwiel (Singen), Genua, Cagliari, Ghadames werden als Orte benannt, die mit der Externstein-Meridianlinie in Verbindung stehen.
Entlang der Linie zwischen Externsteine und Ghadames also einer Strecke von 2417 Km befinden sich alle Orte in einem Schlauch von maximal ±12,6 km links und rechts neben der Linie.
Die mittlere Ausrichtung der Meridian-Linie beträgt 1,0545 Grad NO bzw. 178,9455 Grad NW.

Nimmt man den geographischen Meridian der Externsteine als Bezugslinie dann liegen, außer Ghadames, alle Orte in einem Schlauch von maximal ±17 km links und rechts neben der Linie.
Der Winkelunterschied von 1 Grad zwischen Externstein-Meridian-Linie und dem geographischen Meridian der Externsteine ist so gering, dass beide Linien als Bezugslinien benutzt werden können, ohne die Gesamtgeometrie wesentlich zu beeinflussen.

4.3.6.2 - West-Linie-Externstein-Pyramide

Externsteine, Bitburg, Luxemburg, Lourdes, Madrid, Gibraltar, Lanzarote werden als Orte benannt, die mit der Externstein-Westlinie in Verbindung stehen.

Nimmt man die Externstein-Meridianlinie als Bezugslinie und den Quadraturwinkel als Richtungsvorgabe dann befinden sich, außer Madrid und Lanzarote, alle Orte entlang der Linie zwischen Externsteine und Gibraltar also einer Strecke von 2080 Km, in einem Schlauch von maximal ±33 km links und rechts neben der Linie.

Nimmt man den geographischen Meridian der Externsteine als Bezugslinie und den Quadraturwinkel als Richtungsvorgabe dann befinden sich, außer Madrid und Lanzarote, alle Orte entlang der Linie zwischen Externsteine und Gibraltar, in einem Schlauch von maximal ±38 km links und rechts neben der Linie.
Zu berücksichtigen ist noch das die Angabe von Lanzarote, von Seiten Möllers aus, nur eine Richtungsangabe darstellt (Richtung Atlantis) und der Abstand von 300 Km daher hinreichend ist.

Insgesamt kann man bei der Westlinie sowohl den geographischen Meridian der Externsteine als auch die Externstein-Meridianlinie als Bezugslinie verwenden. Der Quadraturwinkel wird von allen Orten, außer Madrid, mit hinreichender Genauigkeit erfüllt.

4.3.6.3 - Ost-Linie-Externstein-Pyramide

Externsteine, Kassel, Coburg, Walhalla (Donaustauf), Zagreb(Agram), Olymp, Delphi, Delos, Kappathos, Gizeh werden als Orte benannt, die mit der Externstein-Ostlinie in Verbindung stehen.

Nimmt man die Externstein-Meridianlinie als Bezugslinie und den Quadraturwinkel als Richtungsvorgabe, dann liegen lediglich die Orte in Deutschland mit hinreichender Genauigkeit längs der Linie. Von Zagreb aus werden die Distanzen zur Linie immer größer, je weiter südlich man kommt. Bis auf 427 Km, wenn man den Breitengrad von Gizeh erreicht.

Nimmt man den geographischen Meridian der Externsteine als Bezugslinie und den Quadraturwinkel als Richtungsvorgabe, dann liegen lediglich die Orte in Deutschland mit hinreichender Genauigkeit an der Linie. Von Zagreb aus werden die Distanzen zur Linie immer größer, je weiter südlich man kommt. Bis auf 373 Km, wenn man den Breitengrad von Gizeh erreicht.

Insgesamt passt bei der Ostlinie der geographische Meridian der Externsteine als Bezugslinie etwas besser als die Externstein-Meridianlinie. Für deutschen Raum bzw. etwa bis Zagreb stimmen die Orte, mit hinreichender Genauigkeit, gut mit dem Quadraturwinkel überein.

Südlich von Zagreb werden die Distanzen zur Linie immer größer, was auf einen systematischen Fehler bei der Linienbestimmung hinweist. Die Abweichungen lassen sich nämlich erklären, wenn man sich dazu folgende Karte anschaut:

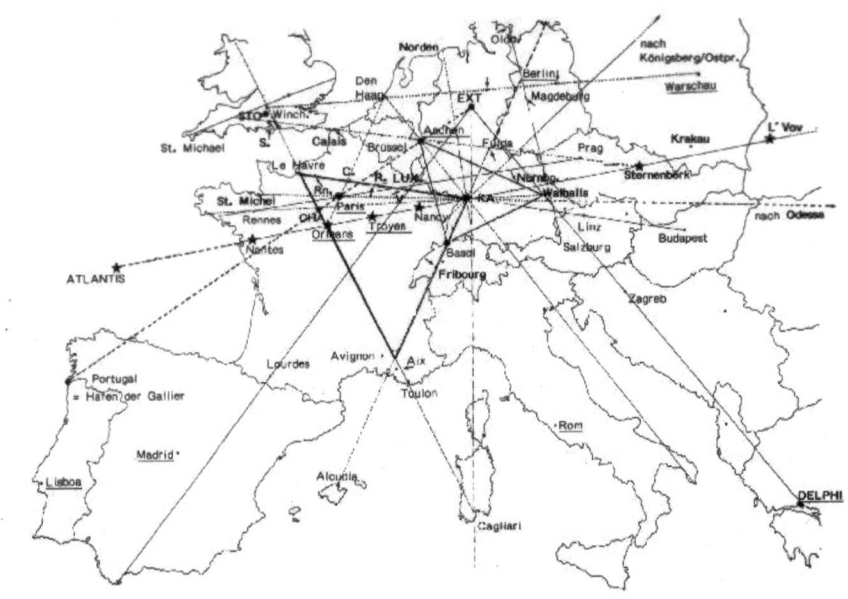

Abbildung 4.3.6.3.1 - Linien von Jens M. Möller

In der Karte 4.3.6.3.1 ist zu sehen, dass Externsteine, Zagreb und Delphi auf einer Linie liegen. Das kommt daher, dass hier die Erdkrümmung nicht berücksichtigt worden ist.

Auf Karten mit europaweitem oder größerem Umfang spielt die Erdkrümmung schon eine Rolle. Daher kann man keine Studien mit Lineal mehr betreiben, sondern muss die Linien berechnen.

Auch die Linien von Möller sind letztlich nichts anderes als Ausschnitte von Großkreisen und sind damit gekrümmt. Gerade Linien wie auf der hier gezeigten Karte sind lediglich idealer Natur und allenfalls als Hinweis zu gebrauchen. Annähernd genau kann man nur auf Karten arbeiten die nicht größer als Deutschland sind

Wird das nicht beachtet führt es zu Fehlern bzw. Differenzen die bei größerer Entfernung auch immer größer werden. Wie am Beispiel der Ostlinie und Gizeh zu sehen ist.

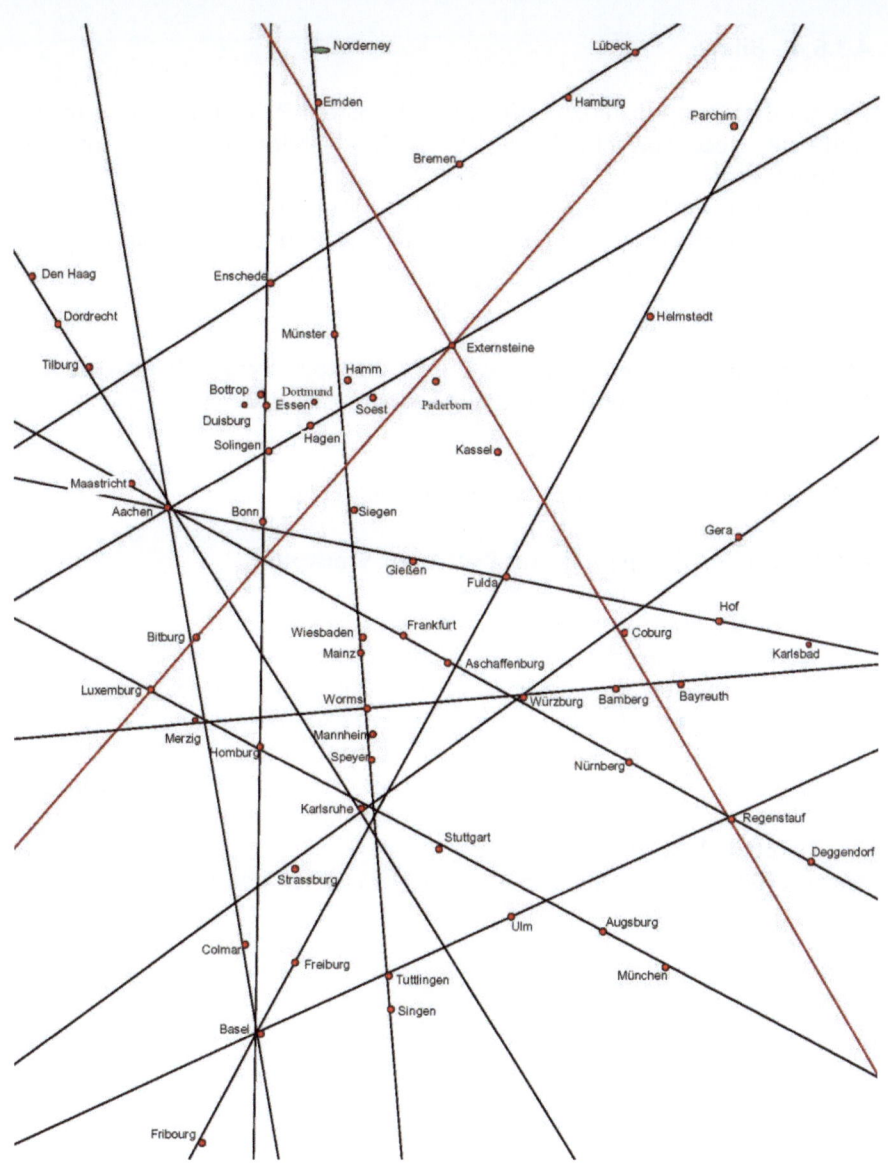

Abbildung 4.3.6.3.2 - Linien von Jens M. Möller und Externstein-Pyramide

215

4.3.6.4 - Bilanz

Die größte Passgenauigkeit für die Externstein-Pyramide wird erreicht, wenn der geographische Meridian der Externsteine als Bezugslinie genommen wird.
Die Westlinie wird mit hinreichender Genauigkeit durch die genannten Orte besetzt. Die Orte auf der Ostlinie erfüllen bis Zagreb den Quadraturwinkel, weiter südlich werden die Abweichungen der Orte zur Linie aber immer größer (bis auf 370 Km).

Im mitteleuropäischen Raum ist die Externstein-Pyramide als Quadratur-Dreieck hinreichend genau gegeben.

4.4 - Eine Parallele zur Externstein-Ost-Linie

4.4.1 - Der Ausgangspunkt im Bottroper Stadtpark

1092 wird Borgthorpe erstmalig in den Besitzregistern des Klosters Werden erwähnt. 1150 erfolgte die erste urkundliche Erwähnung von Borthorpe im Heberegister des Klosters Werden. Die Namensbezeichnung weist auf ein besonderes Gehöft hin (Bor = hochliegend, -thorpe = Gehöft, Dorf). 1155 besitzt das Kloster Deutz in Borthorpe eine abgabenpflichtige Kirche. Damit wird aus der Streusiedlung ein Kirchspiel ("Kerspel Borthorpe"), dass fünf Bauerschaften umfasst und dadurch einen gemeinsamen Übernamen erhält.
Bottrop **[314]** entwickelte sich erst seit 1863, durch den Kohlebergbau, zu einer Stadt. Die Stadtrechte erhielt Bottrop 1919.
Bottrop liegt mitten im Herzen des Ruhrgebiets. Und wie fast jede andere Stadt besitzt Bottrop auch einen Stadtpark, der allerdings eine im Ruhrgebiet einmalige Eigenschaft besitzt.
Im Bottroper Stadtpark existiert ein sogenannter ausgezeichneter geographischer Punkt. Die geographische Besonderheit dieses Punktes besteht darin, dass seine Koordinaten, also Länge und Breite, keine Sekundenanteile enthalten.

Bis zur kommunalen Neuordnung 1976 wurde dieser Punkt als geographische Position von Bottrop angegeben. In Atlanten, wie z.B. Knaurs Weltatlas/1988, findet man daher immer noch diese Koordinaten:

φ	51° 32′ N	geographische Breite
λ	06° 55′ E	geographische Länge

Hinweis:
Die geographischen Koordinaten gelten für Karten die vor 2000 angefertigt wurden. Seit etwa 2000 orientieren sich Karten am GPS-System und so kommen bei modernen Karten dann Verschiebungen bis zu 100 m zustande.

Abbildung 4.4.1.1 - Festwiese im Bottroper Stadtgarten

Das Bild zeigt die Festwiese im Stadtpark zwischen Overbeckshof und dem Marien-Hospital im Hintergrund. Landschaftsmäßig ist der ausgezeichnete geographische Punkt (Pfeil) allerdings gar nicht weiter auffällig, da lediglich durch eine Buschgruppe, am linken Rande der Festwiese, flankiert.

Abbildung 4.4.1.2 - Brunnen auf der Festwiese vor Overbeckshof

Der Teich mit der Wasserfontäne vom Marienhaus aus gesehen. Im Hintergrund im Bild ist der Overbeckshof (aus dem 14. Jahrhundert) zu erkennen.

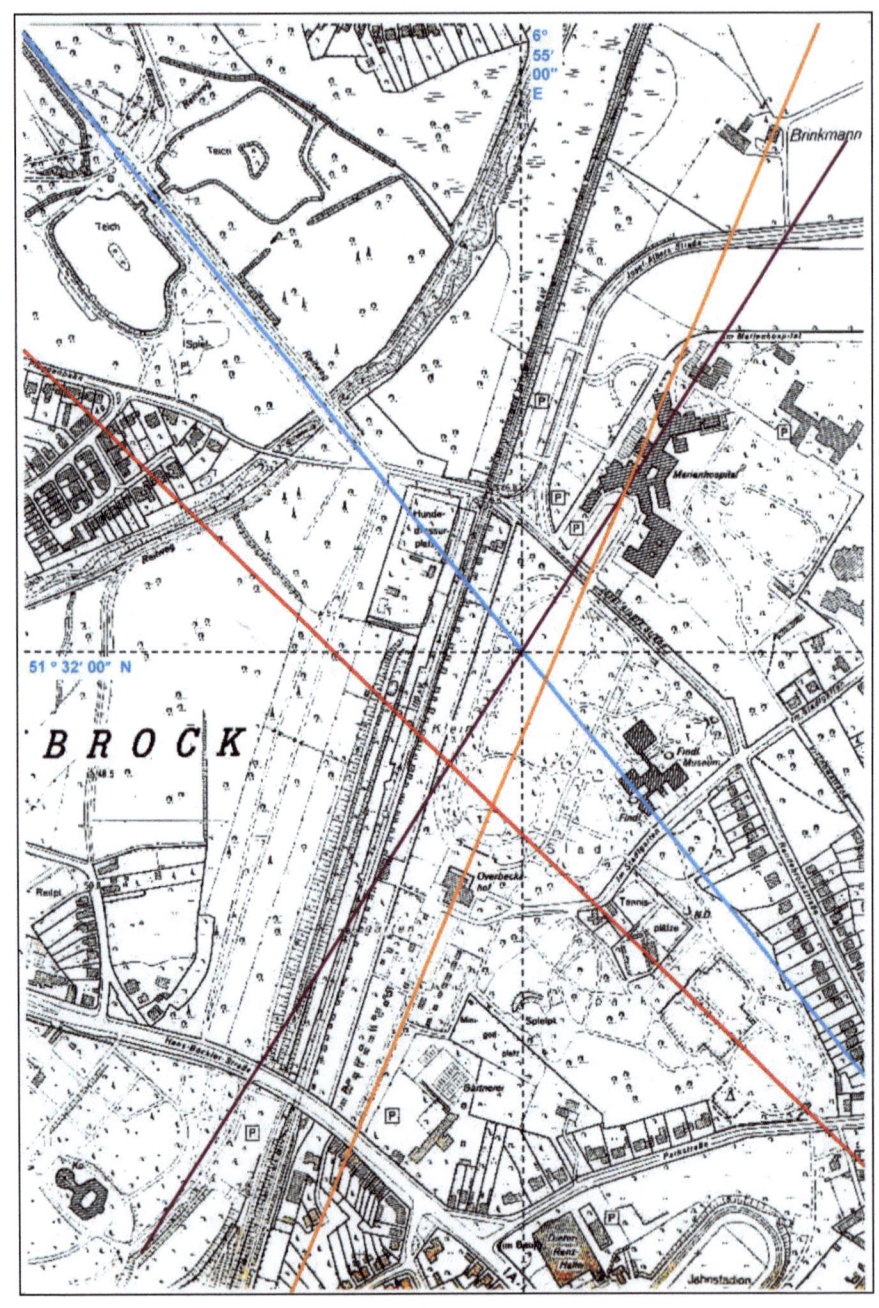

Abbildung 4.4.1.3 - Linien im Bottroper Stadtgarten

Zeichnet man die Koordinaten des ausgezeichneten Punktes in eine Karte des Stadtparks von Bottrop ein, so ergibt sich die Abbildung 4.4.1.3.

Die waagerechte und die senkrechte (gestrichelte) Linie stellen das geographische System dar, und sind auch mit den jeweiligen Längen- und Breitenangaben versehen.

Wie zu sehen ist existieren mehrere Achsen im Stadtpark Bottrop. Die Allee, die zwischen den Stadt-Teichen (früher Schlageter-Teiche) verläuft, ist auf den geographischen Punkt ausgerichtet.

Der Anfang der Allee ist im Bild oben links erkennbar, auf der blauen Linie. Wie zu sehen ist, liegt auf der Linie noch das alte Heimatmuseum das heute ins Quadrat eingegliedert ist, und dieselbe Ausrichtung aufweist.

4.4.2 - Der Gauß-Krüger-Punkt

Zeichnet man in die topographische Karte (4407-Bottrop) die geographischen Koordinaten für den ausgezeichneten Punkt und die Hauptlinien im Stadtpark ein, so ist auffallend, das die Allee zwischen den Stadt-Teichen bzw. deren Verlängerung als Weg zur Lindhorst-Straße hin, einen weiteren besonderen Punkt enthält.

Neben dem geographischen System existiert noch ein zweites Koordinatensystem, das Gauß-Krüger-System. [315]
Und wie bei dem ersten Punkt existiert hier auch ein Punkt, dessen Positionsangaben nur aus ganzen Zahlen besteht.

Rechtswert 25_{63}

Hochwert 57_{12}

Auf topographischen Karten (1:25000) sind immer zwei Systeme (am Kartenrand) vorhanden:

1) das geographische System

2) das Gauß-Krüger-System

Das Gauß-Krüger-System ist ein Koordinatensystem das von C. F. Gauß (1777-1855) gefunden und von Krüger (1857-1923) weiterentwickelt wurde.

Ergänzung:

Für die Abbildung eines Ellipsoids in die Kartenebene wird die Ellipsoidoberfläche des Besselellipsoids in sogenannte Meridianstreifen zerlegt. Jeder Meridianstreifen ist ein ebenes rechtwinkliges Koordinatensystem mit einem Hauptmeridian (Mittelmeridian) als x-Achse und dem Äquator als y-Achse.

Die Schreibweise ist etwas ungewöhnlich und sie hat folgende Bedeutung:

Rechtswert: ^{25}**63** bedeutet 2563000 Meter vom Nullmeridian (Greenwich) entfernt.

Hochwert: ^{57}**12** bedeutet 5712000 Meter vom Äquator entfernt.

Das Gauß-Krüger-System wird für Katasterkarten benutzt und ist daher in kommunalen Einrichtungen weit verbreitet. Es ist auch auf vielen Stadtplänen zu finden. Dort wird aber, in der Regel, eine andere Bezeichnungsweise verwendet.

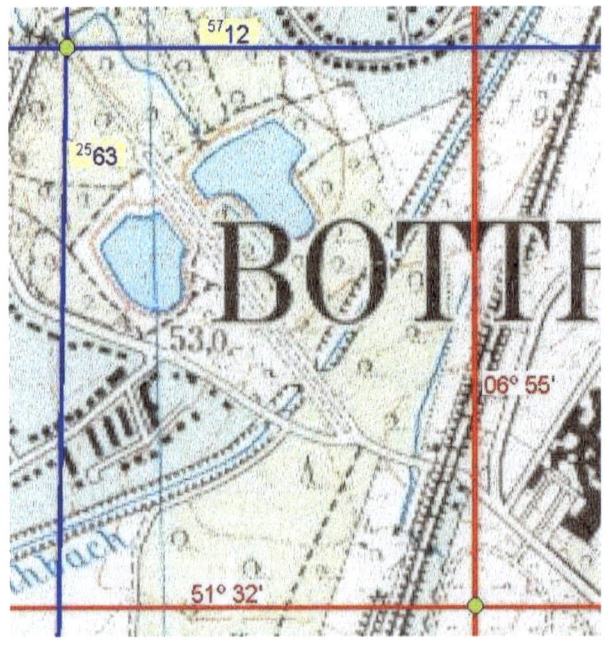

Abbildung 4.4.2.1 - Punkte im Bottroper Stadtgarten

Es ist auch nicht notwendig sich mit dem Gauß-Krüger-System weiter auseinander zu setzen, da eine Umrechnung der Gauß-Krüger-Koordinaten in
geographische Koordinaten erfolgt.

Sind die geographischen Ortskoordinaten zweier Punkte bekannt, lassen
sich alle gesuchten Teile wie Entfernung und Winkel mit Hilfe der geodätischen Rechnung bestimmen. Die Umrechnung der Gauß-Krüger-Koordinaten für den gegebenen Punkt in geographische Koordinaten ergibt folgendes Ergebnis:

φ	51° 32′ 25,083" N	geographische Breite
λ	06° 54′ 29,419" E	geographische Länge

4.4.3 - Die Koordinatenstrecke

Die Alle zwischen den Teichen (und die Verlängerung als Weg bis zur
Lindhorst-Straße) liegt genau auf der Verbindung vom Gauß-Krüger-Punkt
zum geographischen Punkt.

Diese Verbindung der beiden Punkte wird in allen folgenden Betrachtungen als **Koordinatenstrecke** bezeichnet. In der folgenden Abbildung ist
die Koordinatenstrecke (Magenta) eingezeichnet.

Abbildung 4.4.3.1 - Die Koordinatenstrecke im Bottroper Stadtgarten

Die Koordinatenstrecke bzw. deren Verlängerung stellt für das Stadtzentrum von Bottrop eine Hauptachse dar.

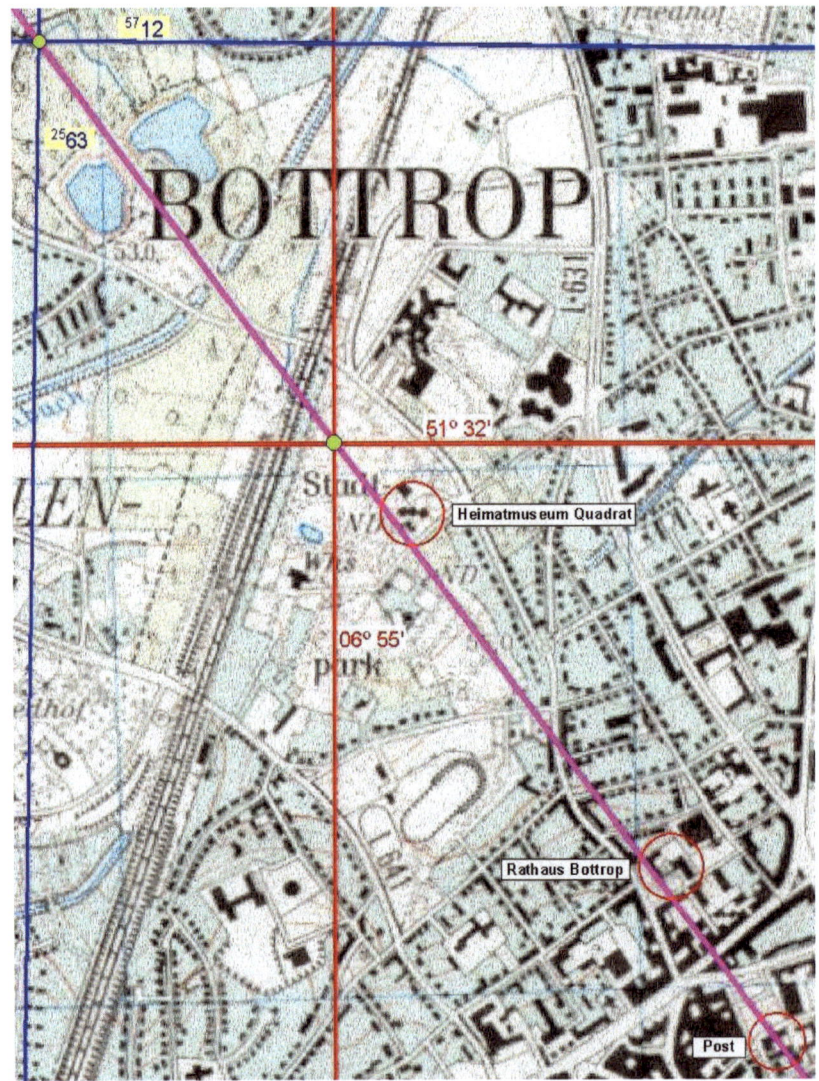

Abbildung 4.4.3.2 - Die Trappe-Linie in Bottrop

Die Verlängerung der Koordinatenstrecke in Bottrop wird von jetzt ab als **Trappe-Linie** bezeichnet.

4.4.4 - Der Geometer Trappe

Im Stadtarchiv von Bottrop existiert ein Zeitungsausschnitt aus dem Jahre 1940, der einen Hinweis darauf liefert, dass bis zum dritten Reich die Existenz einer Geometrie durchaus bekannt war.

1891 hatte der Geometer T r a p p e diesen Platz erworben, um ihn als den n e u e n S t a d t m i t t e l p u n k t grosszügig auszubauen. In der früheren Zeit ist dieser Platz "Neumarkt" bekannt gewesen. Aus der ganzen Planung ist aber nichts geworden. Lediglich das neue Gebäude der Bottroper H a u p t p o s t wurde hier errichtet.
Wenn auch die Wochenmärkte seit ein paar Jahren auf dem Trappenkamp abgehalten werden, so kann das doch nichts daran ändern, das dieser jüngste Bottroper Platz bis heute ein t o t e r P l a t z geblieben ist. Erst wenn das zu Ostern 1939 bekannt gegebene Projekt zur städtebaulichen Erschliessung und Verschönerung später einmal Wirklichkeit geworden ist, und der Trappenkamp mit dem Platz der SV. verwachsen sein wird und eine Einheit bildet, dann wird man tatsächlich sagen können, dass hier d e r Mittelpunkt der Stadt sein wird.

Die Hauptpost von Bottrop 1940 und heute:

Abbildung 4.4.4.1 - Die Post in Bottrop

Die Hauptpost steht immer noch. Von einem toten Platz kann keine Rede mehr sein, da der Berliner Platz mit seinem Wochenmarkt heute eindeutig zur Stadtmitte gehört. So ist die Planung des Geometer Trappe bzw. der Bottroper Stadtväter doch noch aufgegangen hier den Mittelpunkt der Stadt zu errichten.

Die Ausrichtung der Alle zwischen den Teichen, exakt nach der Koordinatenstrecke, ist **architektonischer und geodätischer Fakt**. Und auch die historischen Hinweise deuten ja darauf hin, dass diese Ausrichtung als Orientierungslinie nicht nur zur Planung der Allee, sondern auch zur Planung der Stadt Bottrop durchaus bewusst benutzt worden ist.

4.4.5 - Der Rathausturm in Bottrop

Das Amtshaus Bottrop wurde 1879 erstmals erbaut und 1902 musste es erweitert werden. 1909 beschließt die Gemeinde einen Neubau.
Das Rathaus von Bottrop, **[316]** im Stil der Neorenaissance vom Architekten Ludwig Becker erbaut, wird 1916 fertiggestellt. 1914-1918 findet eine Erweiterung des Bottroper Rathauses auf die zu sehen heute noch erhaltene Form statt.

Abbildung 4.4.5.1 - Das Rathaus in Bottrop und Michaelsdarstellung

Im Rathausturm von Bottrop existieren Hinweise das hier ein ganz bestimmter geomantischer Akt stattgefunden hat – nämlich eine **Pfählung**. Und Pfählungen stehen immer für zentrale geomantische Orte bzw. Orientierungspunkte.
Der erste Hinweis befindet sich im ersten Stock des Turmes. Es handelt sich um ein Denkmal zu Ehren der Toten des ersten Weltkrieges, dass durch eine Darstellung des Erzengels Michael gekrönt wird, der den Erddrachen pfählt.
Ungewöhnlich ist es, Michael hier anzutreffen, der ansonsten nur in Michaelskirchen bzw. -kapellen zu finden ist, also nur in sakralen Gebäuden.

St. Michael im Kampf mit dem Drachen nach einer Radierung von Martin Schongauer (1450-1491).

Der in den Boden gerammte Stab bzw. Speer dient hierbei als Instrument, um die kosmischen und irdischen Kräfte zu vereinen.

Gleichzeitig bedeutet es die Reinigung des Erdgeistes vom Gift des Drachen. Zu beachten ist noch, dass in der Schongauerdarstellung der Drache mit dem Speer nur in Schach gehalten, aber nicht getötet wird. Es handelt sich also nicht um eine Tötung, sondern um eine **Transformation**.

Abbildung 4.4.5.2 - St. Michael

Direkt **gegenüber** der Michaelsdarstellung befindet sich ein Fenster, in dem ein weiterer Hinweis zu finden ist. Die Erdkugel, die durch ein spatenförmiges Instrument gepfählt wird.
Siehe dazu die Bilder 4.4.5.3 und 4.4.5.4:

Abbildung 4.4.5.3 - Rathausfenster in Bottrop

In den Ausschnittvergrößerungen ist das spatenähnliche Instrument und die Erdkugel deutlich zu erkennen.

Abbildung 4.4.5.4 - Ausschnitte Rathausfenster

4.4.6 - Die Quadrierungslinie

Das Bottroper Rathaus wird von der Trappe-Linie an der linken Seite des Gebäudes flankiert. Der Rathausturm liegt etwa 10-15 Meter neben der Trappe-Linie.
Die Linie wird, aus dem oben genannten Grund der Pfählung, daher vom geographischen Punkt im Bottroper Stadtpark direkt über den Rathausturm gezogen. Die Koordinaten des Rathausturmes:

φ	51° 31´ 33,6" N	geographische Breite
λ	06° 55´ 33,3" E	geographische Länge

Die Richtung vom geographischen Punkt im Stadtpark zum Rathausturm beträgt **141° 48´ 9,3" NO** gemessen (von Norden aus mit dem Uhrzeigersinn). Das sind nur **2,5** Bogenminuten Unterschied zur Ausrichtung der Kreis-Quadratur !!! Was man als hinreichend exakt ausgerichtet ansehen kann.

Die Linie vom ausgezeichneten geographischen Punkt zum Rathausturm (blau) ist eine Quadrierungslinie und damit eine **Parallele zur Ostlinie der**

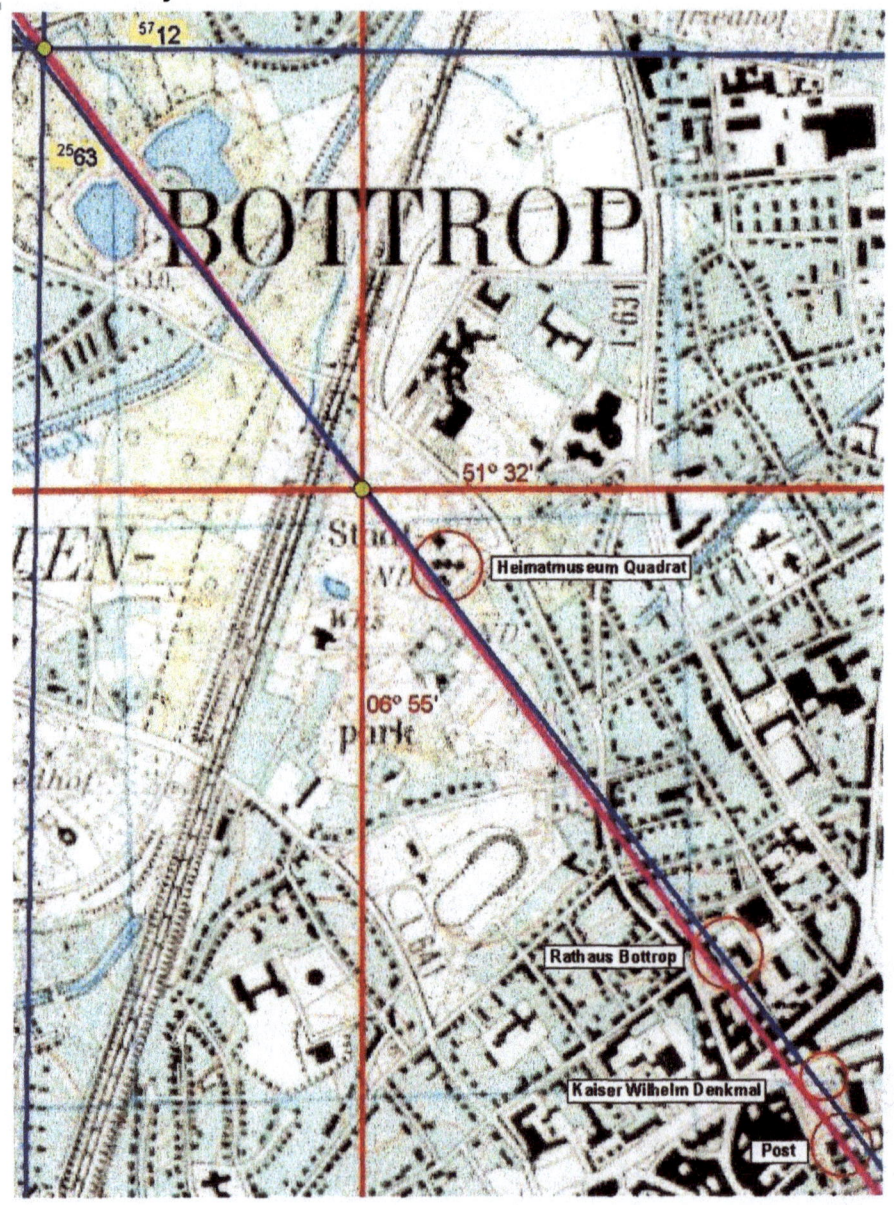

Abbildung 4.4.6.1 - Trappe-Linie (rot) und Quadrierungslinie (blau)

4.4.7 - Das Essener Münster

Bei Weiterführung der Quadrierungslinie kommt man, nur ein paar hundert Meter von der Marktkirche entfernt, zum Essener Münster. **[317]** Dort steht man dann an einem der ältesten Orte des Ruhrgebietes. Das **Essener Münster** war ursprünglich ein Frauenstift auf dem Gut Astnidhi (Essen). Gegründet 845 n.Chr. durch den sächsischen Adligen Altfrid.

Der Name Essen (seit etwa 1500) leitet sich ab von Essende (1216) bzw. Esnide (1142), und dieses wiederum stammt von Astnithi (1074) bzw. Astnide (874 n.Chr.) ab und bedeutet so viel wie „der Ort, wo Schmelzöfen stehen". So ist Metallverarbeitung in Essen seit alters her belegt.

Abbildung 4.4.7.1 - Essener Münster

Die Verbindungslinie vom Bottroper Stadtgarten aus über den Rathausturm führt zum Punkt direkt vor dem Domturm, auf seiner Mittelachse. In der Abbildung kann man den Turm in der linken Bildhälfte erkennen.
Durch die topographische Karte 4508 (Essen) lassen sich die geographischen Daten des Münsters ermitteln. Betrachtet man den **Turm von St. Johann Baptist** auf der topographischen Karte, so erhält man die folgenden Koordinaten:

φ 51° 27′ 25″ N   geographische Breite

λ 07° 00′ 45,55″ E   geographische Länge

Dieser Punkt liegt auf der Mittelachse des Domes und direkt vor dem Dom. Heute ist dieser Platz ein Teil der Einkaufsstraße in Essen, aber zur Zeit der Germanen befand sich hier ein Thing-Platz und bis weit ins 20. Jahrhundert hinein stand hier noch der alte Gerichtsbaum.

Dieser Punkt bzw. Ort heißt von jetzt ab Quadrierungspunkt Essen. Führt man Linie, mit der genauen Ausrichtung, weiter so gelangt man zum Reiterdenkmal von Wilhelm I am Burgplatz.

4.4.8 - Kaiser Wilhelm I Reiterdenkmal in Essen

Führt man die Quadrierungslinie vom Turm des St. Johann Baptist-Teils weiter so gelangt man zum Reiterdenkmal von Kaiser Wilhelm I am Burgplatz.

1898 entstand am Essener Münster das Reiterdenkmal von Wilhelm I.

Abbildung 4.4.8.1 - Wilhelm-Reiterdenkmal am Essener Dom

4.4.8.1 - Kaiser Wilhelm I Denkmal in Bottrop

Ein weiterer Hinweis darauf, dass die **Achtel-Teilung** am Berliner Platz in Bottrop eine ausgezeichnete Stellung einnahm und bekannt war, liegt darin, dass genau **auf dem Achtel-Teilungspunkt das Kaiser-Wilhelm I-Denkmal stand.**

Und zwar vom Jahre 1898 an. Zeitgleich entstand in Essen das Reiterdenkmal von Wilhelm I. Beide Denkmäler liegen genau auf der Quadrierungslinie.

Abbildung 4.4.8.1.1 - Ehemaliges Wilhelm-Denkmal in Bottrop

Das Wilhelm Denkmal in Bottrop war Mittelpunkt von vaterländischen Kundgebungen wie revolutionären Demonstrationen. Vor allem als der erste Weltkrieg verloren war und Kommunisten und Spartakisten mit Regierungstruppen und Freikorpskämpfern um die Macht stritten.

Bis das Denkmal 1919 von Kommunisten und Spartakisten verschleppt wurde. Als es später nach Bottrop zurück gelangte, bekam es einen neuen Standort im Stadtgarten.

Die Nationalsozialisten holten das Denkmal wieder aus dem Stadtgarten heraus und stellten es auf dem zum Kaiserplatz umbenannten Kreuzkamp, mit Blick die Gladbecker Straße (heute vor dem ZOB) hinauf.

Das Denkmal bestand zu 93 Prozent aus Kupfer und zu 7 Prozent aus Zinn. Es wurde daher im September 1942, nach zähem Ringen mit dem Oberbürgermeister, durch die Reichsstelle für Metalle konfisziert und eingeschmolzen.
1980, auf einer stillgelegten Zechenhalde in Duisburg-Obermeiderich, fand man den Marmorsockel des Kaiser-Wilhelm-Denkmals wieder.

Beide Kaiser Wilhelm Denkmäler liegen genau auf der Quadrierungslinie d.h. einer Parallelen zur Externstein-Ost-Linie.

Das Denkmal in Bottrop existierte vom Jahr 1898 bis 1942. Zeitgleich entstand in Essen das Reiterdenkmal von Wilhelm I, dass bis heute erhalten ist.

Dadurch wird ersichtlich, dass **das Wissen um die Externstein-Pyramide bzw. deren Ostlinie schon zur Kaiserzeit gegeben war.**

Die Ostlinie spielte auch 1914-16 beim Bau des Bottroper Rathauses eine Rolle und ebenfalls beim Anlegen des Stadtgartens, was von 1913 bis 1935 geschah.

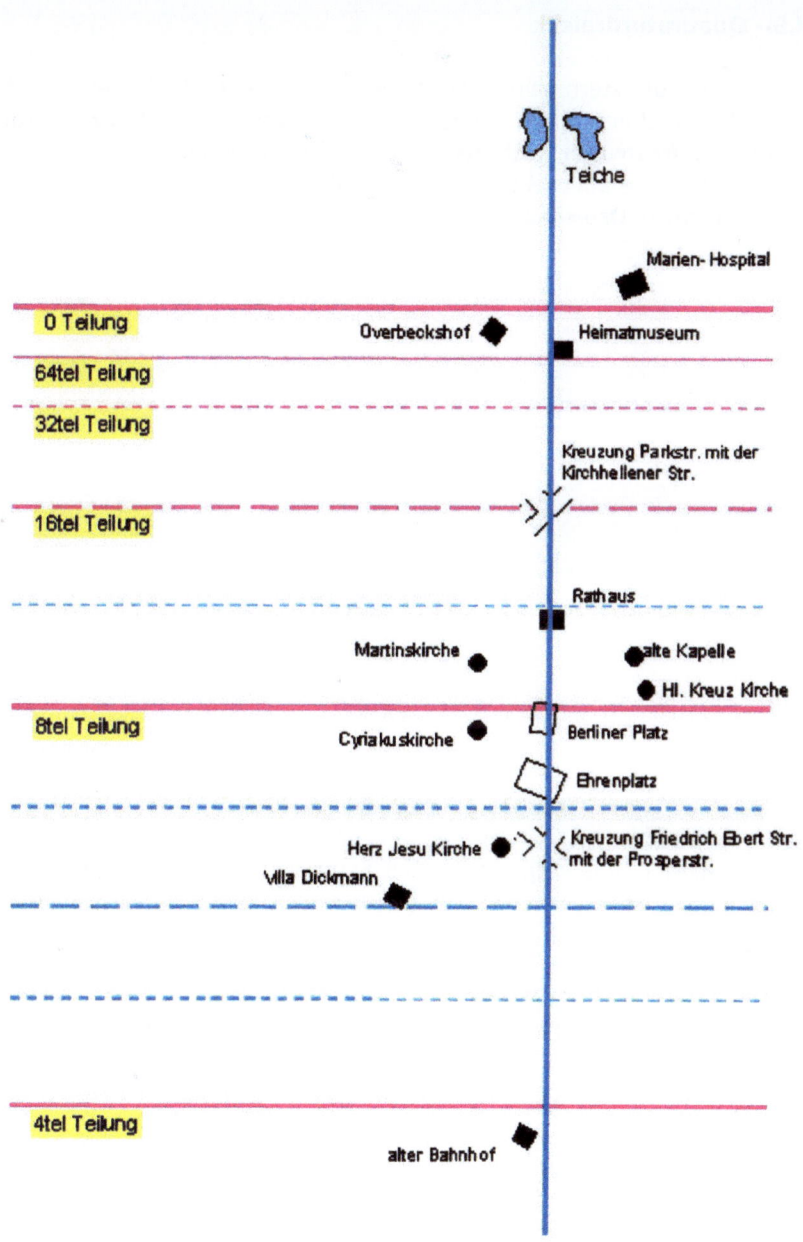

Abbildung 4.4.8.1.2 - Teilungen auf der Quadrierungslinie in Bottrop

4.4.9 - Quadraturdreieck

Die Parallele zur Externstein-Ost-Linie wird durch **drei** Punkte exakt gebildet. Und zwar durch einen ausgezeichneten **Punkt im Bottroper Stadtgarten**, dem **Bottroper Rathaus** und dem **Dom in Essen**.
Damit ist die Linie auch eine sogenannte **Quadraturlinie** d.h. sie ist Seite eines **Quadratur-Dreiecks.**

Abbildung 4.4.9.1 - Quadraturlinie

An und **auf** der Linie liegen noch Gut Fernewald (heute nicht mehr existent), das Heimatmuseum, die Herz-Jesu-Kirche, die ehemalige Knippenburg und die alte Marktkirche in Essen.

4.4.10 - Die Quadratur im Ruhrgebiet

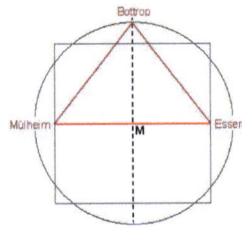

Abbildung 4.4.10.1 - Quadratur im Ruhrgebiet

Die gesamte Quadratur im Ruhrgebiet sieht dann so aus:

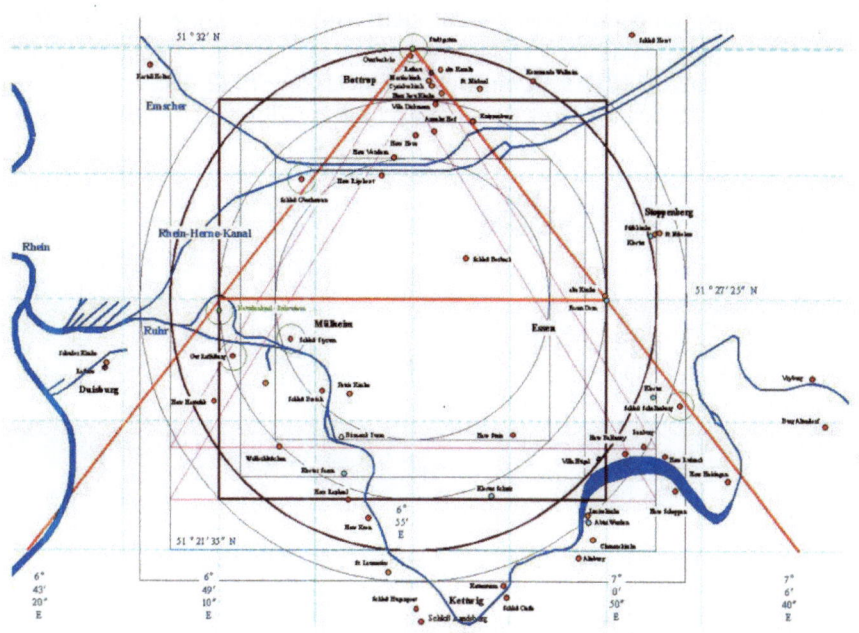

Abbildung 4.4.10.2 - Gesamte Quadratur im Ruhrgebiet

Die drei Orte des Quadraturdreieckes:

Mülheim   Bottrop   Essen

Abbildung 4.4.10.3 - Quadratur-Orte im Ruhrgebiet

4.4.11 - Ehrenmal Wittringen

Mit eines der jüngsten Objekte auf dem **Gitter** ist das Kriegerdenkmal bzw. Ehrenmal in Gladbeck Wittringen (etwa 500 Meter von Schloss Wittringen entfernt). **[318]** Es stammt aus dem Jahren **1932-1939** und wurde mittels einer Maßnahme zur Arbeitsbeschaffung durch die Nationalsozialisten erbaut.

Abbildung 4.4.11.1 - Kriegerdenkmal in Gladbeck Wittringen

Durch Verortung in der topographischen Karte 4407 und anschließender Messung und Umrechnung lassen sich die geographischen Koordinaten des Ehrenmales bestimmen. Das Kriegerdenkmal in Wittringen (Gladbeck) besitzt diese geographische Position (mit einer Genauigkeit von ±0,5"):

φ	51° 33′ 48" N	geographische Breite
λ	06° 58′ 40,5" E	geographische Länge

Mit den Koordinaten des geographischen Punktes und des Ehrenmals lassen sich, über die 2te geodätische Hauptaufgabe, Richtung und Entfernung bestimmen. Von Bottrop aus gesehen liegt das Ehrenmal in 51,823 Grad NO, (Richtung von Norden aus gesehen - im Uhrzeigersinn), und in einer Entfernung von 5402,4 m ±1 m.

Ein Vergleich mit der Quadrierungsstrecke ergibt: Die genaue Richtung der Quadrierung ist 141,843 Grad NO. Die Differenz der Winkel beträgt dann 90,02 Grad, was man hinreichend als senkrechten Winkel bezeichnen kann, da die Abweichung vom rechten Winkel lediglich 1,2 Bogenminuten ausmacht.

Die Länge der Quadrierungsstrecke beträgt 10800 Meter. Die Hälfte davon sind 5400 Meter. Verglichen mit der Ehrenmaldistanz ergibt das eine Differenz von 2,4 Meter. Das kann man quasi als punktgenau bezeichnen.

Demnach verhalten sich die Distanzen geographischer Punkt – Essen Dom und geographischer Punkt – Ehrenmal wie 2:1 und die beiden Strecken stehen senkrecht aufeinander.

Damit ist das sich daraus entwickelnde Gitter identisch mit den **Externstein-System 1. [202]**

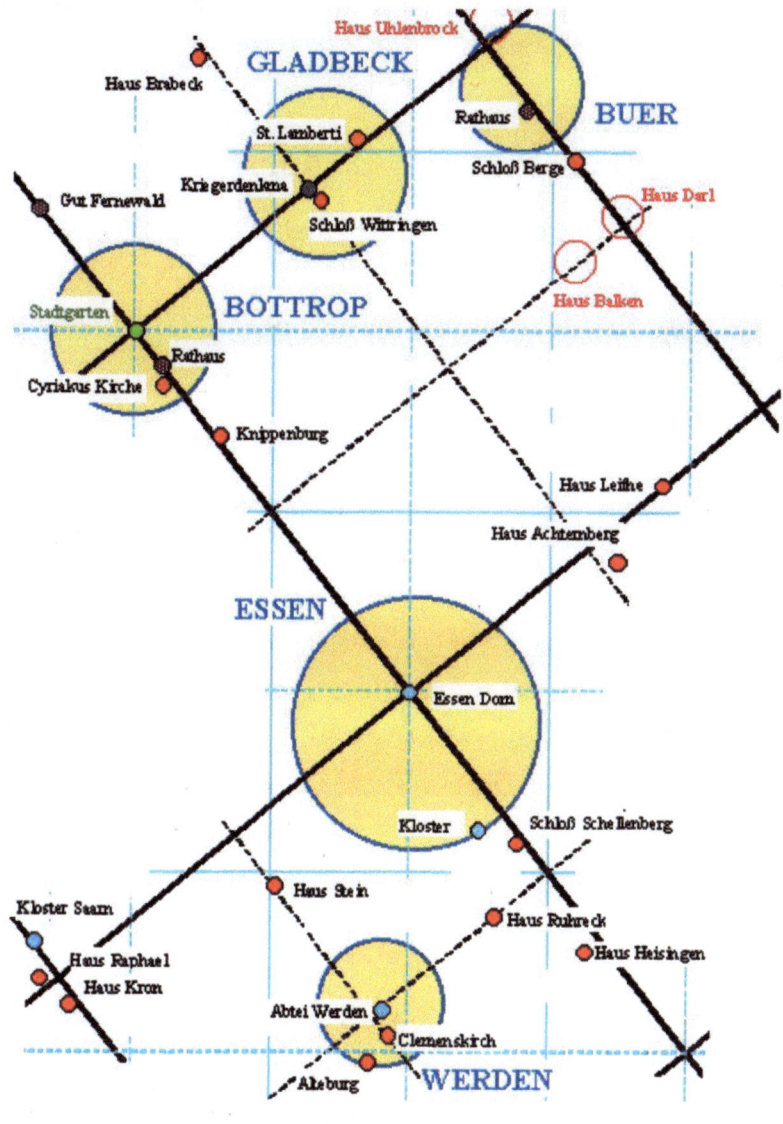

Abbildung 4.4.11.2 - Gitter im Ruhrgebiet

Die punktgenaue Positionierung des Ehrenmals in Gladbeck Wittringen zeigt, dass die Nationalsozialisten genau wussten was sie taten. Sie bauten auf dem alten Wissen auf und versuchten ihre eigenen Orte darin zu platzieren.

Besonders interessant ist der Verlauf der Ruhr im Grundgitter. Verfeinert man das Grundgitter 1 bis auf die 1/4-Teilung lässt sich der Verlauf der Ruhr und die Lage des Baldeneysees, in ihrer Ausrichtung am Gitter, besser erkennen.
Um 1860 war die Ruhr der meistbefahrene Fluss Europas. Meist wurde Kohle verschifft Damals war die Ruhr- Schifffahrt schon fast tausend Jahre alt.
Aber erst als Friedrich II von Preußen Schleusen anlegen ließ (1772-1780), nahm der Schiffsverkehr einen großen Aufschwung.

Während des dritten Reiches haben am See, sowie der Ruhr, noch recht umfangreiche Erdbewegungen stattgefunden.

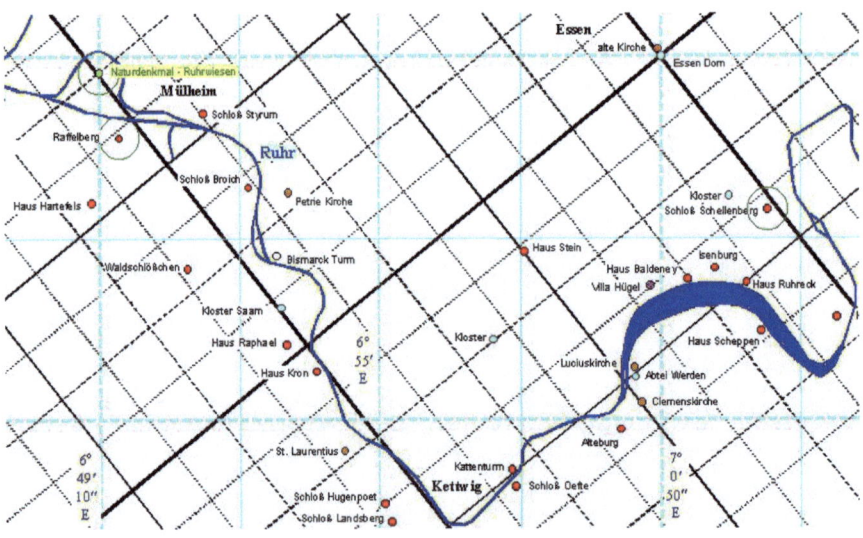

Abbildung 4.4.11.3 - Verlauf der Ruhr im Gitter

Der Baldeney-See stammt, in seinen Ursprüngen, aus dem 19. Jahrhundert. Der See in seiner heutigen Form entstand aber erst 1931/33.

4.4.12 - Vier Elemente

4.4.12.1 - Die Konstruktion

Eine quadratische Bauweise, die exakte Ausrichtung zu den Himmelsrichtungen und den entsprechenden Eingängen lassen vermuten, dass hier ein ganz besonderes geomantisches Konzept benutzt worden ist: der Vier-Elemente-Platz.

Bei geomantischen Studien stößt man des Öfteren auf eine Struktur ‚die vornehmlich in alten Anlagen zu finden ist: ein Quadrat bzw. ein quadratisches Kreuz - verbunden waren damit auch immer die vier Elemente. Die klassisch geomantische Ordnung einer solchen Anlage sieht dann so aus:

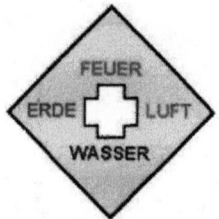 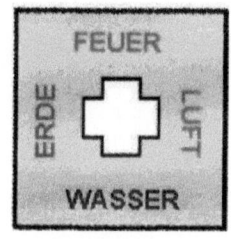 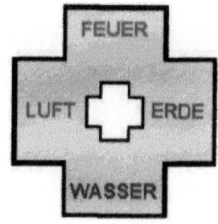

Abbildung 4.4.12.1.1 - Vier Elemente Anordnung

Vor und in den Anfängen der Christianisierung scheint man auf diese Art und Weise Geomantie betrieben zu haben. Die ersten christlichen Kirchen (die meistens auf den alten Kultplätzen angelegt wurden) hatten, in der Regel, noch diese Form. Das Quadrat bzw. das quadratische Kreuz stellen noch die **Ganzheit der Elemente** bzw. die **Einheit des Menschen mit der Natur** dar.
In seinem Buch *„Die Kathedrale"* beschreibt Hans Sedlmayr das die Vierzahl der Welt zugeordnet ist, während die Achtzahl den Himmel darstellt. In den ursprünglichen Quadratkonstruktionen ist, durch die Diagonalen, stets auch die Zahl Acht enthalten.
Allgemein lässt sich also sagen, dass die Gebäude, der vor und anfangschristlichen Zeit, eine Verbindung bzw. den Übergang vom Weltlichen zum Himmlischen repräsentieren.

Die klassische, also aus der Vier-Elemente-Lehre stammende Zuordnung der Elemente zu den Himmelsrichtungen lautet: Feuer-Süden, Luft-Osten, Wasser-Westen, Erde-Norden.

In der geomantischen Praxis wird diese Zuordnung aber nicht benutzt, da unbrauchbar. Aus energetischen Gründen müssen die Elemente stets **polar** angeordnet sein, also **Feuer-Wasser** und **Erde-Luft**.

4.4.12.2 - Der Essener Dom als Vier-Elemente-Platz

 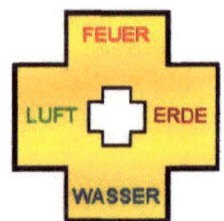

Abbildung 4.4.12.2.1 - Vier Elemente im Essener Dom

4.4.12.3 - Die Quadratur im Essener Dom

Noch besser lässt sich die Situation darstellen, wenn man einen Bauplan des Münsters heranzieht. Im folgenden Bild ist das Magenta Quadrat dann das Quadrat in bzw. auf dessen Ecken die vier angegebenen Punkt, also der **Hochaltar**, das **Atrium**, der **Kreuzgang** und der **Vorplatz** liegen.

Wie wir alle, anhand der heutigen Kirchen, nachvollziehen können, hat sich irgendwann in der Vergangenheit, aus der quadratischen eine etwas abgewandelte Form ergeben. Kirchen entsprechen mehr dem christlichen Kreuz bzw. werden die Seitenschiffe auch ganz weggelassen - und man erhält eine einfache längliche Konstruktion.

Was ist da passiert?

Betrachtet man die obige Elementanordnung in geomantischer Sichtweise, dann ergibt sich die übliche Kirchenstruktur, indem die Elemente Luft und Erde einfach ausgelassen werden.

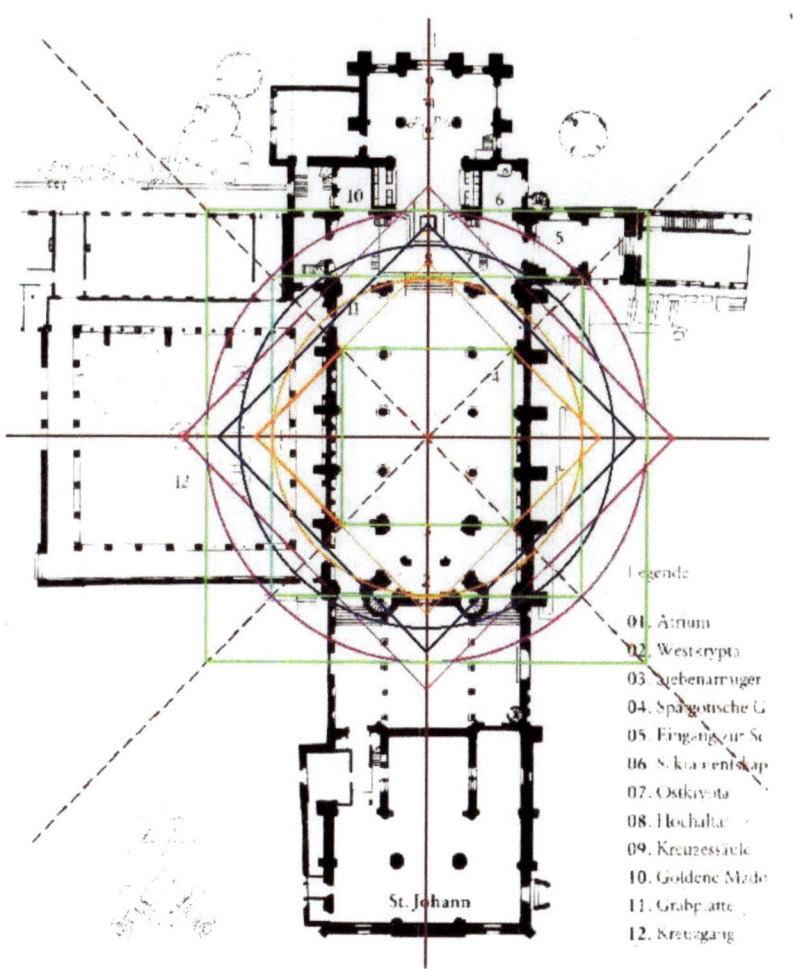

Abbildung 4.4.12.3.1 - Quadratur im Essener Dom

Der Magenta Kreis besitzt dann den gleichen Umfang wie das Magenta Quadrat.

Und so sind die Kirchen aufgebaut: auf dem **Feuerpunkt** steht der Hochaltar oder ist der Platz des Priesters und gegenüber auf dem **Wasserpunkt** befindet sich, in der Regel, eine Säule mit kleinem Wasserbecken – manchmal auch als Taufbecken benutzt. Geomantisch gesehen wird hier die Einheit der Elemente nicht nur zerschnitten, sondern das Gesamte wird auf EIN Polpaar reduziert. Fatalerweise kommt, durch die Christianisierung, noch hinzu das hier Feuer = Licht gesetzt worden ist.

Die Konsequenz ist, das Wasser und die anderen Elemente dann automatisch zur dunklen Seite gehören. Und wenn man dann noch Hell = Gut und Dunkel = Böse setzt, ja dann ist die Verteufelung alles Naturellen ganz einfach vorprogrammiert. Und da die katholische Kirche, als Institution, das gesamte geomantische Netzwerk in Europa systematisch mit ihren Bauwerken überzogen hat, entstand damit auch das morphogenetische Feld eines dualen Weltbildes.

Ein Pol ist ja eigentlich ein Zentrum -wie schon das Sprichwort vom ruhenden Pol berichtet und in der Mathematik als polare Darstellung benutzt wird. Bildlich und symbolisch als Mandala bekannt. Der Begriff Polarität, wie er immer wieder gebraucht wird, beinhaltet aber ein POLPAAR.

Und diese Polpaare werden (fast) immer als gegeneinander gerichtet interpretiert. Das ist aber nur eine Möglichkeit - und zwar eine ziemlich fatale. Sie übersieht schlichtweg, dass Polpaare nur MITEINANDER wirken können - im Sinne einer **Komplementarität** - also einer Ergänzung.

Wenn man das Licht betrachtet, dann existiert zwischen alles Licht (Weiß) und kein Licht (schwarz) ein GANZES SPEKTRUM von verschiedenen Möglichkeiten des Lichtes.

Genauso existiert zwischen jedem Polpaar ein Spektrum von Möglichkeiten. Wenn ein Polpaar als zweidimensional bezeichnet wird, stellt jede Möglichkeit eine weitere Dimension dar. Bei diskreten Spektren entstehen so endlich viele Dimensionen. Bei kontinuierlichen Spektren entstehen unendlich viele Dimensionen. Dies kann man als INNERE Dimensionalität bezeichnen.

Umgekehrt sind Polpaare dann aber nichts anderes als die Grenzen eines zusammenhängenden Bereiches. Sie markieren quasi die Bandbreite einer Eigenschaft. Aus dem Zen: Frage des Meisters: Ist dieser Stock kurz oder lang ? Antwort: Weder noch.

Der Stock verfügt (durch unsere Wahrnehmung) über die Eigenschaft der Länge. Ob kurz oder lang ist Interpretationssache.

Eigenschaften werden über die (physikalischen) Sinne wahrgenommen - und man kann wieder das Licht als Beispiel nehmen. Schwarz-(sichtbares) Spektrum-Weiß ist auch nur ein Ausschnitt aus dem Spektrum der elektromagnetischen Wellen. Und das bedeutet Schwarz-Weiß existieren gar nicht wirklich - sie entstehen durch die BESCHRÄNKTE BANDBREITE unserer Augen - also der Sinnesorgane.

Die Konsequenz ist, dass Polaritätenbildung durch die Beschränktheit unserer Wahrnehmung entsteht - und demzufolge auch kein universelles Wirkungsprinzip sein kann - allenfalls ein menschliches Wahrnehmungsprinzip darstellt. Polaritäten sind daher Bestandteile des **Scheinbaren**.

4.5 - Die Wewelsburg

4.5.1 - Historisches

Die Wewelsburg **[319]** ist ein burgähnliches Renaissanceschloss im Stadtteil Wewelsburg der Stadt Büren im Kreis Paderborn, Nordrhein-Westfalen. Die Höhenburg liegt über dem Tal der Alme und ist eine der wenigen Burgen mit dreieckigem Grundriss in Deutschland.
1123 errichtete Graf Friedrich von Arnsberg die Burg. Nach seinem Tod wurde die Burganlage von Bauern zerstört. Später besaßen die Grafen von Waldeck und die Fürstbischöfe von Paderborn Burgen an dieser Stelle. Das heutige Gebäude wurde von 1603 bis 1609 errichtet.
1802 ging die Wewelsburg schließlich im Zuge der Säkularisierung an den Preußischen Staat über. 1924 wurde schließlich der Kreis Büren Besitzer der Wewelsburg.
Ab 1933 plante Heinrich Himmler, einen zentralen Versammlungsort für die Schutzstaffel (SS) in der Wewelsburg einzurichten. Zunächst als „Reichsführerschule" für SS-Offiziere gedacht, wurden Ende der 1930er Jahre Maßnahmen ergriffen, welche die Wewelsburg mehr und mehr in eine abgeschottete, zentrale Versammlungsstätte für die höchsten SS-Offiziere umformen sollten. Noch gegen Kriegsende ordnete Himmler an, die Wewelsburg solle das „Reichshaus der SS-Gruppenführer" werden.

Die SS hinterließ an der Wewelsburg deutliche Spuren: Das Gebäude bekam eine neue Inneneinrichtung, zum Teil mit SS-Symbolen. Zudem entfernte sie den äußeren Putz, vertiefte die Trockengräben und ersetzte die Zugbrücke. Auf dem Vorplatz entstanden zwei Verwaltungsgebäude. Das "Renaissanceschloss" wurde immer burgähnlicher.

Im Nordturm erhalten hat sich aus dieser Zeit die sogenannte Gruft, ein Kuppelraum mit Hakenkreuzornamenten im Scheitel und an der Wand entlang 12 Rundsockel um ein zentrales rundes Feuerbecken.
Darüber befindet sich der sogenannte „Obergruppenführersaal" mit einem Arkadenumgang und im Fußboden einem Sonnenrad-Mosaik, die sogenannte „schwarze Sonne".
Dabei spielt die Zahl zwölf eine große Rolle. Zu der Zahl Zwölf können Parallelen gezogen werden, zu dem aus zwölf Rittermönchen bestehenden leitenden Konvent des Deutschritterordens in der Marienburg, zu den zwölf göttlichen Asen der Edda, die als Richter über das Menschenschicksal wirken, zu den zwölf Tafelrittern des König Artus und zur Anzahl der SS-Hauptämter.

Die Verehrung der Sonne und des wiederkehrenden Lichtes im ausgehenden Monat Dezember geht auf Traditionen in prähistorischer Zeit zurück. Darauf bauten die Nazis auf. Ziel der Nazis war es eine neue Religion zu etablieren, die auf den alten germanischen Überlieferungen basierte und die christliche Religion ersetzen sollte. So haben sie z.B. auch versucht den Kalender danach umzugestalten. So das Julfest, die Wintersonnenwende, die das christliche Weihnachten ablösen sollte.

Man kann den Sonnenkult als Spitze des Eisbergs bezeichnen und es ist davon aus zu gehen, dass es noch eine geheime Seite gab.
Zusätzlich ordnete Himmler an, eine zweite Burganlage um die Wewelsburg herum zu bauen. Diese sollte in einem Dreiviertelkreis, mit einem Radius von über 600 Metern, auf dem Gebiet des gleichnamigen Dorfes Wewelsburg entstehen – die Bewohner sollten umgesiedelt werden. Um diesen Bauplan des Architekten Hermann Bartels auch während des laufenden Krieges durchführen zu können, errichtete die SS ein Konzentrationslager in dem Dorf. Die gigantischen Pläne wurden durch den Kriegsausbruch nicht mehr durchgeführt.

Abbildung 4.5.1.3 - Planung im dritten Reich für die Wewelsburg

Im März 1945 wurde die Burg auf Befehl von Himmler gesprengt. Die Wewelsburg und das Wachgebäude brannten völlig aus, das Stabsgebäude wurde vollständig zerstört. Wenige Wochen später, am 2. April 1945, wurde die Wewelsburg von amerikanischen Truppen eingenommen.

In den Jahren 1948 und 1949 begann der Wiederaufbau der Wewelsburg. Ab 1950 wurde die Jugendherberge wieder betrieben, zusätzlich wurde die Anlage Sitz des Heimatmuseums des Kreises Büren. Seit 1975 beherbergt sie das Heimatmuseum des Kreises Paderborn. Heute befindet sich das Kreismuseum Wewelsburg in dem historischen Gebäude.

4.5.2 - Geomantie im dritten Reich

Laut dem Buch von Nigel Pennick „*Hitlers Secret Sciences*" **[304]** ging Himmler etwa 1934 davon aus, dass ein geomantisch zentraler Ort es ihm bzw. seinem schwarzen Orden ermöglichen würde, ganz Deutschland psychisch zu beeinflussen. Geomanten im Ahnenerbe wählten für diesen Ort eine alte Festung in Westfalen aus – die Wewelsburg.

Die Wewelsburg steht in direkter Beziehung zu den Externsteinen, was im dritten Reich von höchster Bedeutung war.

Wie weitreichend die nationalsozialistischen geomantischen Pläne waren, zeigt E.R. Carmin in seinem Werk "*Das schwarze Reich*" im Kapitel "*Die Planlandschaften der Zukunft*". **[309]** Schon um 1930 herum existierten umfassende Pläne der Landschaftsgestaltung innerhalb gewisser national-sozialistischer Führungskreise. Carmin berichtet von einem Professor Grünberg, der in der Planungsstelle des Königsberger Gauleiters Koch tä-tig war. Dort steht wörtlich (Zitat Rauschnigg):

"*Er hatte in seinem Institut Karten entwerfen lassen mit Verkehrslinien, Kraftfeldern, Kraftlinien, Autostraßen, Bahnlinien, Kanalprojekten. Genau geplante Wirtschaftslandschaften erstreckten sich über den ganzen Osten bis zum Schwarzen Meer, bis zum Kaukasus. Auf diesen Plänen waren be-reits Deutschland und Westrußland eine riesige wirtschaftliche und ver-kehrspolitische Einheit.*
Selbstverständlich nach Deutschland orientiert, von Deutschland geplant und geführt. Es gab in dieser Planwirtschaft kein Polen mehr, geschweige denn ein Litauen. Hier war das Verbindungsstück eines riesigen kontinen-talen Raumes, der sich von Vlissingen bis Wladiwostok im Fernen Osten erstrecken sollte".

Diese Beispiele verdeutlichen, dass alle größeren architektonischen wie landschaftlichen Projektierungen der Nazis stets auch geomantische Pro-jekte gewesen sind, z.B. Hitlers Hauptquartier die "Wolfsschanze" oder das Ehrenmal in Wittringen. Ebenso wie der Reichparteitag in Nürnberg und die Prachtalleen in Berlin.
Es sollte damit aber auch klar sein, dass die Nationalsozialisten lediglich versuchten auch dieses alte Wissen für ihre Zwecke zu benutzen. Die Kon-sequenz ist, dass (Groß)Geomantie in Deutschland keine nationalsozialisti-sche Konzeption, sondern ein viel viel älterer Plan ist.

4.5.3 - Geomantische Analyse

Durch die Untersuchung des Ruhrgebietes konnte nachgewiesen werden, dass die Ausrichtung der Ostlinie der Externstein-Pyramide und das damit verbundene Gitter bei der landschaftlichen Strukturierung des Reviers ihre Anwendung fanden.
Die Quadrierungsstrecke (die Parallele zur Externstein-Ostlinie) zwischen Bottrop (B) und Essen (E) ergab sich dabei zu **10800 Meter**.

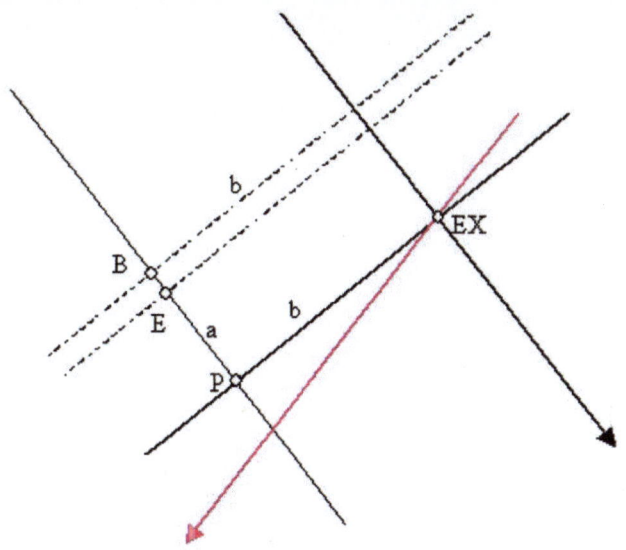

Abbildung 4.5.3.1 - Analyse für die Wewelsburg

Nimmt man die beiden Punkte, also den Punkt in Essen (E) und die Externsteine (EX) als Grundlage, (da durch beide Punkte jeweils eine Gerade verläuft und diese parallel zueinander sind) so lässt sich der Abstand der beiden Geraden voneinander (Strecke b), durch ein Näherungsverfahren, ermitteln. Es ergibt sich eine Distanz von **131382,6 m ± 300 m**.

Die Quadrierungsstrecke von 10800 Meter passt etwa **12**-mal hinein. Geht man hin und teilt den Abstand der Parallelen (Strecke b) durch zwölf, liefert dies einen Wert von 10948,5 m ± 25 m.

Die Magenta Linie im Bild ist die Westlinie der Externstein-Pyramide. Betrachtet man nun die Externsteine als Zentrum eines Koordinatensystems dann ist die Ostseite der Externstein-Pyramide die y-Achse des Systems. Nimmt man den Wert von **10948,5 m** als Gittergröße ergibt sich für die Wewelsburg ein überraschendes Resultat.

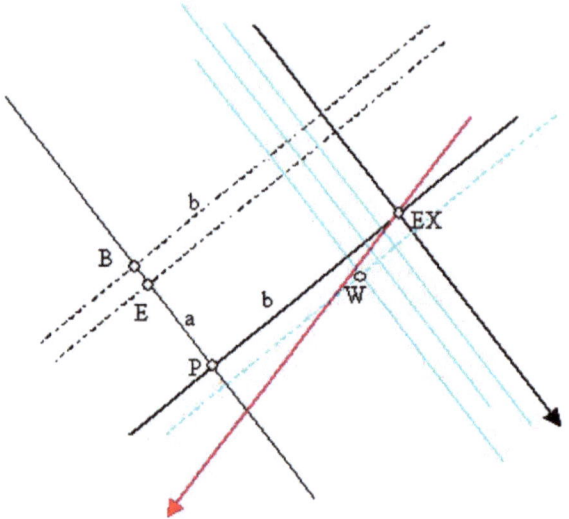

Abbildung 4.5.3.2 - Analyse für die Wewelsburg

Wie im Bild 4.5.3.2 zu sehen ist braucht man nur drei Gitterlängen waagerecht und eine Gitterlänge senkrecht in das Koordinatensystem einzutragen um zur Wewelsburg zu gelangen.

Damit liegt die Wewelsburg im 1:3 Gitter

Hinzu kommt noch, dass die Westseite der Externstein-Pyramide (Strecke P-EX) in der Nähe der Wewelsburg verläuft und die Lage der Burg in der Spitze der Externstein-Pyramide angebracht ist.

Damit ergibt sich ein dreifacher Bezug der Wewelsburg zu den Externsteinen:

1) Die Wewelsburg liegt in der Spitze der Externstein-Pyramide

2) Die West-Linie der Externstein-Pyramide verläuft in der Nähe

3) Die Wewelsburg liegt im 1:3 Gitter des Externstein-Systems 1

Eine geometrisch/geodätische bzw. zeichnerische Analyse der Wewelsburg liefert folgendes Ergebnis:

248

Abbildung 4.5.3.3 - Wewelsburg und Externsteine

Die Wewelsburg besitzt in ihrer Architektur einen **direkten Bezug** zu den Externsteinen.

So hat die Burg gegenüber den Externsteinen einen direkten **vierfachen Bezug** und ist dadurch eindeutig **an den Externsteinen orientiert**. Das ist sozusagen das **geomantische Geheimnis** der Wewelsburg.

Und das mag auch das geomantische Interesse Himmlers an der Wewelsburg erklären: Er erhoffte wohl über den Bezug zu den Externsteinen Einfluss auf das deutsche bzw. europäische Gittersystem zu erhalten.

Das lässt sich **als energetischer bzw. geomantischer Angriff der Nationalsozialisten auf die geomantischen Fundamente Europas werten**.

249

LITERATURVERZEICHNIS

1   https://de.wikipedia.org/wiki/Kreiszahl

2   Guilelmo William Oughtred: Theorematum in libris Archimedis de Sphæra & Cylyndro Declaratio. Rerum quarundam denotationes. In: BSB Bayerische StaatsBibliothek digital. Oughtred, William, Verlag: Lichfield, Oxoniae, 1663, S. 3

3   William Oughtred: Theorematum in libris Archimedis de Sphæra & Cylyndro Declaratio. 1663.
In: Clavis Mathematicae. Lichfield, Oxford 1667
S. 201–214, hier S. 203.

4   https://de.wikipedia.org/wiki/Isaac_Barrow

5   David Eugene Smith: History of Mathematics. Band 2.
Dover, New York 1953, S. 312 (The Symbol π)

6   William Jones: Synopsis Palmariorum Matheseos. Palmariorum Matheseos
S. 243, In: Göttinger Digitalisierungszentrum.
J. Matthews, London, 1706

7   https://de.wikipedia.org/wiki/Leonhard_Euler

8   Jörg Arndt, Christoph Haenel: PI: Algorithmen, Computer, Arithmetik
2. neu bearbeitete und erweiterte Auflage.
Springer, Berlin 2000, ISBN 3-540-66258-8, S. 10, 203.

9   Otto Forster: Analysis 1. Differential- und Integralrechnung einer Veränderlichen
12. Auflage. Springer Spektrum, Wiesbaden 2016,
ISBN 978-3-658-11544-9, S. 150–151.

10   Michell/ Wagner: Maßsysteme der Tempel
Neue Erde Verlag, 1988
ISBN : 3-89060—009-3

11   Mark Lehner, Das erste Weltwunder, S. 17
        ECON Verlag, 1997
        ISBN 3-430-15963-6

12   https://de.wikipedia.org/wiki/Zwölfknotenschnur

13   https://de.wikipedia.org/wiki/Ägyptische_Zahlschrift

14   Alan Gardiner: Egyptian Grammer: being an introduction to the
        study of hieroglyphs
        3. überarbeitete Ausgabe, Griffith institute/ Ashmolean museum
        Oxford, 1979, ISBN 978-0-900416-35-4, S. 191–192.

15   Kurt Vogel: Vorgriechische Mathematik. Band I: Vorgeschichte
        und Ägypten (= Mathematische Studienhefte. Nr. 1).
        Schroedel, Hannover; Schöningh, Paderborn 1958. S. 34-44

16   Helmuth Gericke: Mathematik in Antike und Orient.
        Springer, Berlin u. a. 1984, S. 58–60
        ISBN 978-0-387-11647-1.

17   https://de.wikipedia.org/wiki/Alte_Maße_und_Gewichte_
        (Altes_Ägypten)

18   Wolfgang Helck: Maße und Gewichte [pharaonische Zeit].
        in Wolfgang Helck, Wolfhart Westendorf (Hrsg.): Lexikon der
        Ägyptologie
        Band 3, Harrassowitz, Wiesbaden 1980
        ISBN 3-447-02100-4.

19   Adel Kamel: Maße und Gewichte
        In: Wissenschaft im Alten Ägypten
        Kemet Heft 4, 2000. Kemet, Berlin 2000
        ISSN 0943-5972, S. 38–40.

20   Sven P. Vleeming: Maße und Gewichte in den demotischen Texten
        In: Wolfgang Helck, Wolfhart Westendorf (Hrsg.): Lexikon der
        Ägyptologie. Band III, Harrassowitz, Wiesbaden 1980,
        ISBN 3-447-02100-4, S. 1209–1214.

21   https://de.wikipedia.org/wiki/Harpedonapten

22   https://de.wikipedia.org/wiki/Pythagoreisches_Tripel

23   https://de.wikipedia.org/wiki/Menes

24   https://de.wikipedia.org/wiki/Djoser

25   https://de.wikipedia.org/wiki/Djoser-Pyramide

26   https://de.wikipedia.org/wiki/Snofru

27   https://de.wikipedia.org/wiki/Meidum-Pyramide

28   https://de.wikipedia.org/wiki/Cheops-Pyramide

29   https://de.wikipedia.org/wiki/Cheops

30   https://de.wikipedia.org/wiki/Chephren-Pyramide

31   https://de.wikipedia.org/wiki/Große_Sphinx_von_Gizeh

32   https://de.wikipedia.org/wiki/Chephren

33   https://de.wikipedia.org/wiki/Mykerinos-Pyramide

34   https://de.wikipedia.org/wiki/Mykerinos

35   https://de.wikipedia.org/wiki/Grab_der_Chentkaus_I.

36   https://de.wikipedia.org/wiki/Niuserre-Pyramide

37   https://de.wikipedia.org/wiki/Niuserre

38   Helmut Zott: Mathematische Randerscheinungen – Φ – Band II

39   Petrie, William Matthew Flinders: The Pyramids and Temples of Gizeh Field & Tuer, Simpkin, Marshall &Co., Hamilton, Adams & Co., London; Scribner & Welford, New York, first edition, 1883

40   Cole, J. H.: Determination of the Exact Size and Orientation of the Great Pyramid of Giza.
Survey of Egypt Paper No. 39
Government Press, Cairo (1925) 7 ff.

41   Stadelmann, Rainer: Die grossen Pyramiden von Giza
      (ADEVA 1990, ISBN 3-201-01480-X)

42   https://de.wikipedia.org/wiki/Papyrus_Moskau_4676

43   Heinz-Wilhelm Alten, 4000 Jahre Algebra
      Springer, Heidelberg 2003
      ISBN: 978-3-540-85551-4, S. 12.

44   Guy Rachet: Lexikon des Alten Ägypten
      Neuausgabe, Patmos, 2002
      ISBN 978-3-491-69049-3.

45   Originaltext Moskauer Papyrus Aufgabe 10
      http://www.math.buffalo.edu/mad/Ancient-
      Africa/mad_ancient_egypt_geometry.html#moscow10

46   https://www.britishmuseum.org/collection/object/Y_EA10057

47   https://de.wikipedia.org/wiki/Papyrus_Rhind

48   Annette Imhausen: Mathematics in Ancient Egypt. A Contextual
      History
      Princeton University Press, Princeton (NJ) u. a. 2020
      ISBN 978-0-691-20907-4, S. 65 f.

49   Kurt Vogel: Vorgriechische Mathematik. Teil 1: Vorgeschichte und
      Ägypten
      Mathematische Studienhefte für den mathematischen Unterricht
      an höheren Schulen
      Band 1, ZDB-ID 255205-X, Schroedel u. a., Hannover 1958
      S. 66.

50   Peter Mäder: Ein historischer Überblick zur Berechnung der Kreis-
      zahl
      Aus: Zentralblatt für Didaktik der Mathematik (ZDM) 89/2

51   https://aeraweb.org/projects/gpmp/

52   https://de.wikipedia.org/wiki/Babylonische_Mathematik

53   Norbert Froese: Pythagoras & Co. - Griechische Mathematik vor Euklid
        https://www.antike-griechische.de/Pythagoras.pdf
        S. 10 (PDF; 887 kB)

54   Wiesenbauer, J.:Algorithmen zur numerischen Berechnung von pi.
        In: Anwendungsorientierte Mathematik in der Sekundarstufe II
        In der Schriftenreihe: Didaktik der Mathematik.
        Verlag Johannes Heyn, S.301-308 Band 1 Klagenfurt 1976

55   https://de.wikipedia.org/wiki/Thales

56   https://de.wikipedia.org/wiki/Pythagoras

57   https://de.wikipedia.org/wiki/Hippasos_von_Metapont

58   https://de.wikipedia.org/wiki/Pappos

59   https://de.wikipedia.org/wiki/Anaxagoras

60   Donald Kagan: The Peloponnesian War
        Athens and Sparta in Savage Conflict 431-404 BC,
        Harper Collins Publishers, 2003, S. 12.

61   Christof Rapp: Vorsokratiker. München 1997

62   https://de.wikipedia.org/wiki/Aristoteles

63   Aristoteles, Teile der Tiere IV 10, 687a 8–10

64   Carl-Friedrich Geyer: Die Vorsokratiker zur Einführung
        Hamburg 1995, S. 124

65   https://de.wikipedia.org/wiki/Plutarch

66   https://de.wikipedia.org/wiki/Hippokrates_von_Chios

67   Leonid Zhmud: Wissenschaft, Philosophie und Religion im frühen Pythagoreismus
        Berlin 1997, S. 175f.

68   Aristoteles: Sophistische Widerlegungen 171b12-16.

69   https://de.wikipedia.org/wiki/Möndchen_des_Hippokrates

70   https://de.wikipedia.org/wiki/Hippias_von_Elis

71   George B. Kerferd, Hellmut Flashar: Hippias aus Elis
      In: Hellmut Flashar (Hrsg.): Grundriss der Geschichte der Philoso-
      phie
      Die Philosophie der Antike, Band 2/1
      Schwabe, Basel 1998, S. 64–68.

72   Proklos: Kommentar zum ersten Buch von Euklids „Elementen"
      272,7–272,10 = Diels/Kranz, Fragmente der Vorsokratiker 80B21.

73   https://de.wikipedia.org/wiki/Quadratrix_des_Hippias

74   https://de.wikipedia.org/wiki/Deinostratos

75   Carl Benjamin Boyer: A History of Mathematics. 1991
      S. 96–97

76   https://de.wikipedia.org/wiki/Nikomedes_(Mathematiker)

77   https://de.wikipedia.org/wiki/Konchoide

78   https://mathshistory.st- andrews.ac.uk/Biographies/Nicomedes

79   https://de.wikipedia.org/wiki/Proklos

80   https://de.wikipedia.org/wiki/Iamblichos_von_Chalkis

81   https://de.wikipedia.org/wiki/Antiphon_(Sophist)

82   George B. Kerferd, Hellmut Flashar: Antiphon aus Athen
      In: Hellmut Flashar (Hrsg.): Grundriss der Geschichte der Philoso-
      phie
      Die Philosophie der Antike, Band 2/1
      Schwabe, Basel 1998, S. 69–80, hier: S. 69.

83   Hermann Diels, Walther Kranz (Hrsg.): Fragmente der Vorsokrati-
      ker B13.

84   Flashar Hellmut: Grundriss der Geschichte der Philosophie
Die Philosophie der Antike, Band 2/1,
Schwabe, Basel 1998, S. 69–80, hier: S. 72–74

85   https://de.wikipedia.org/wiki/Exhaustionsmethode

86   https://de.wikipedia.org/wiki/Eudoxos_von_Knidos

87   Hans-Joachim Waschkies: Von Eudoxos zu Aristoteles
Amsterdam 1977, S. 308–318.

88   François Lasserre: Die Fragmente des Eudoxos von Knidos
Berlin 1966, S. 20–22, 163–166.

89   François Lasserre: Die Fragmente des Eudoxos von Knidos
Berlin 1966, S. 139 f.

90   https://de.wikipedia.org/wiki/Chrysippos_von_Soloi

91   https://de.wikipedia.org/wiki/Menaichmos_(Mathematiker)

92   https://de.wikipedia.org/wiki/Bryson_von_Herakleia

93   Klaus Döring: Bryson. In: Hellmut Flashar (Hrsg.):
Grundriss der Geschichte der Philosophie. Die Philosophie der Antike
Band 2/1, Schwabe, Basel 1998, S. 212–214, hier: S. 213.

94   Kurt von Fritz: Rezension zu „Die Megariker"
In: Gnomon, Nummer 47, 1975, S. 128–134, hier: S. 133.

95   https://de.wikipedia.org/wiki/Euklid

96   Wilfried Neumaier: Was ist ein Tonsystem?
Frankfurt am Main/ Bern/ New York 1986,
Kap. 6, Die „Teilung des Kanons" des Eukleides

97   Euklid: Die Elemente. Bücher I–XIII.
Clemens Thaer (= Ostwalds Klass. d. exakten Wiss. 235)
4. Auflage. Harri Deutsch, Frankfurt am Main 2003
ISBN 3-8171-3413-4.

98   https://de.wikipedia.org/wiki/Archimedes

99   Ivo Schneider: Archimedes. Ingenieur, Naturwissenschaftler und Mathematiker
Wissenschaftliche Buchgesellschaft, Darmstadt 1979.
ISBN 3-534-06844-0, Neuauflage Springer 2016

100   https://de.wikipedia.org/wiki/Heron_von_Alexandria

101   https://de.wikipedia.org/wiki/Heronsball

102   https://de.wikipedia.org/wiki/Heronsbrunnen

103   https://de.wikipedia.org/wiki/Heron-Verfahren

104   https://de.wikipedia.org/wiki/Heronisches_Dreieck

105   Aage Gerhardt Drachmann: Hero of Alexandria.
In: Charles Coulston Gillispie (Hrsg.): Dictionary of Scientific Biography.
Band 6: Jean Hachette – Joseph Hyrtl. Charles Scribner's Sons
New York 1972, S. 310–314 und 314–315.

106   https://de.wikipedia.org/wiki/Apollonios_von_Perge

107   Zeuthen: Die Lehre von den Kegelschnitten im Altertum,
Denkschr.d.Kopenhagener Akademie 1885, deutsch von Fischer-Benzon, Kopenhagen 1886, in A.Brill, M.Nöther:
Bericht über die Entwicklung der algebraischen Funktionen in älterer und neuerer Zeit, Jahresbericht der Deutschen Mathematiker-Vereinigung, Zeitschriftenband (1894)

108   https://de.wikipedia.org/wiki/Kreis_des_Apollonios

109   https://de.wikipedia.org/wiki/Apollonisches_Problem

110   https://de.wikipedia.org/wiki/Claudius_Ptolemäus

111   Wolfgang Hübner: Klaudios Ptolemaios.
In: Christoph Riedweg u. a. (Hrsg.): Philosophie der Kaiserzeit und der Schwabe
Basel 2018, ISBN 978-3-7965-3698-4, S. 493–512, 528–536

112   https://de.wikipedia.org/wiki/Almagest

113   Paul Kunitzsch: Ptolemäus und die Astronomie: Der Almagest
       In: Akademie Aktuell. Bayerische Akademie der Wissenschaften
       Heft 3, 2013, S. 18–23

114   https://de.wikipedia.org/wiki/Karpos_von_Antiochia

115   Menso Folkerts: Karpos aus Antiocheia.
       In: Der Neue Pauly (DNP).
       Band 6, Metzler, Stuttgart 1999, ISBN 3-476-01476-2,
       Sp. 294–295.

116   https://en.wikipedia.org/wiki/Wang_Fan

117   https://de.wikipedia.org/wiki/Liu_Hui

118   https://de.wikipedia.org/wiki/Jiu_Zhang_Suanshu

119   https://en.wikipedia.org/wiki/Haidao_Suanjing

120   https://de.wikipedia.org/wiki/Suanjing_shi_shu

121   Philip D. Straffin: Liu Hui and the First Golden Age of Chinese
       Mathematics
       Mathematics Magazine, Band 71, Nr. 3, 1998, S. 163–181

122   https://de.wikipedia.org/wiki/Zu_Chongzhi

123   John J. O'Connor, Edmund F. Robertson: Zu Chongzhi.
       In: MacTutor History of Mathematics archive

124   Castellanos, D.: The Ubiquitous pi
       Aus: Mathematics Magazine, S.67-98, Vol.61, No.2,
       April 1988 und S.148-163, Vol.61, No.3, June 1988

125   https://de.wikipedia.org/wiki/Brahmagupta

126   https://en.wikipedia.org/wiki/Brāhmasphuṭasiddhānta

127   https://en.wikipedia.org/wiki/Khandakhadyaka

128 Warsi, Dangerfield, Davis, Farndon, Griffiths, Jackson, Patel, Pope, Beutelspacher: Das Mathematikbuch
DK-Verlag München 2020
ISBN 978-3-8310-4016-2, S. 89

129 https://de.wikipedia.org/wiki/Aryabhata

130 Kurt Elfering: Die Mathematik des Aryabhata I
München 1975, ISBN 3-7705-1326-6

131 https://wiki.yoga-vidya.de/Paulisha_Siddhanta

132 https://en.wikipedia.org/wiki/Paulisa_Siddhanta

133 https://de.wikipedia.org/wiki/Franco_von_Lüttich

134 https://books.google.de/books/about/Boethius_Geometrie_II.html?id=tdBL AAAAMAAJ&rediresc=y

135 Hans Jürgen Rieckenberg: Franco
In: Neue Deutsche Biographie (NDB). Band 5
Duncker & Humblot, Berlin 1961
ISBN 3-428-00186-9, S. 332

136 Guido Grandi: Franco von Lüttich - Quadratura Circuli
Nabu Press, 16 Sept. 2011
ISBN: 978-1245792387

137 Helmuth Gericke: Wissenschaft im christlichen Abendland (6.–10. Jh.), Franco von Lüttich. Mathematik im Abendland: Von den römischen Feldmessern bis zu Descartes
Springer-Verlag, 2013, S. 74 ff.

138 https://de.wikipedia.org/wiki/Leonardo_Fibonacci

139 Heinz Lüneburg: Leonardo Pisanos Liber abbaci.
In: Der Mathematik-Unterricht 42,3 (1996), S. 31–42

140 Fibonacci's De Practica Geometrie (Sources and Studies in the History of Mathematics and Physical Sciences)
Springer; 2008th edition, 15 Dec. 2007
ASIN: B00FB2SD7O

141 https://en.wikipedia.org/wiki/The_Book_of_Squares

142 https://de.wikipedia.org/wiki/Raniero_Capocci

143 https://de.wikipedia.org/wiki/Dante_Alighieri

144 Kurt Leonhard: Dante. Mit Selbstzeugnissen und Bilddokumenten
(= Rororo 50167 Rowohlts Monographien)
9. Auflage, 36.– 37. Tausend.
Rowohlt, Reinbek bei Hamburg 1998
ISBN 3-499-50167-8.

145 https://de.wikipedia.org/wiki/Sieben_freie_Künste

146 https://de.wikipedia.org/wiki/Alhazen

147 Heinrich Suter; Die Kreisquadratur des Ibn el-Haiṯam
Zeitschrift für Mathematik und Physik
Historisch-literarische Abteilung (Leipzig) 44, 1899. pp. 33–47

148 https://de.wikipedia.org/wiki/Dschamschid_Mas`ud_al-Kaschi

149 https://de.wikipedia.org/wiki/Dschamschid_Mas'ud_al-Kaschi

150 Paul Luckey: Der Lehrbrief über den Kreisumfang von Gamsid b.
Mas'ud al-Kasi
Abhandlungen der Deutschen Akademie der Wissenschaften zu
Berlin, Klasse für Mathematik, Jahrgang 1950, Nr. 6. Berlin 1953.

151 https://de.wikipedia.org/wiki/Nikolaus_von_Kues

152 Nikolaus von Kues: De mathematica perfectione
De Gruyter 1967
https://doi.org/10.1515/9783110832181-024

153 Menso Folkerts: Nikolaus von Kues - Scripta mathematica
Meiner, F (Verlag), 2010, 1. Auflage
ISBN: 978-3-7873-1737-0

154 https://cusanus-institut.de/wp-content/uploads/
2018/06/Trierer-Cusanus-Lecture_Heft-13.pdf

155   Guido Grandi: Nikolaus von Kues - Quadratura Circuli
       Nabu Press, 16. Sept. 2011
       ISBN: 978-1245792387

156   https://edition-open-sources.org/media/sources/13/14/
       sources13_chap14.pdf

157   https://edition-open-sources.org/sources/13/9/index.html

158   Band 5: Idiota, De sapientia, De mente.
       Hrsg. von Renate Steiger De staticis experimentis.
       Hrsg. von Ludwig Baur, 2. Auflage, Hamburg 1983
       ISBN: 3-7873-0484-3.

159   Nikolaus von Cues: Die Kalenderverbesserung: De Correctioneka
       lendarii
       Übersetzt von Viktor Stegemann, Verlag F. H. Kerle, 1955

160   Marco Brösch u. a. (Hrsg.): Handbuch Nikolaus von Kues. Leben
       und Werk
       Wissenschaftliche Buchgesellschaft, Darmstadt 2014
       ISBN 978-3-534-26365-3.

161   https://de.wikipedia.org/wiki/Albrecht_Dürer

162   C. J. Scriba, P. Schreiber: 5000 Jahre Geometrie
       2. Auflage. Springer, Berlin/ Heidelberg 2005
       ISBN 3-540-22471-8, S. 273.

163   https://de.wikipedia.org/wiki/Tycho_Brahe

164   Tycho Brahe.
       In: John Lankford (Hrsg.): History of Astronomy: An Encyclopedia
       Routledge, 1997, S. 99.

165   Jürgen Hamel: Astronomiegeschichte in Quellentexten
       Spektrum Akad. Verlag, Heidelberg 1996
       ISBN 3-8274-0072-4, S. 37.

166   https://de.wikipedia.org/wiki/ François_Viète

167   Karin Reich, Helmuth Gericke
       Francois Viète: Einführung in die Neue Algebra
       Historiae scientiarum elementa, Band 5, München: Fritsch 1973
       (Übersetzung der Isagoge von 1591)

168   Ferdinand Rudio: Archimedes, Huygens, Lambert, Legendre
       Vier Abhandlungen über die Kreismessung
       Teubner, Leipzig 1892

169   https://de.wikipedia.org/wiki/Adriaan_Metius

170   https://de.wikipedia.org/wiki/Valentinus_Otho

171   https://de.wikipedia.org/wiki/Georg_Joachim_Rheticus

172   Walter Friedensburg: Geschichte der Universität Wittenberg
       Max Niemeyer, Halle (Saale) 1917

173   https://de.wikipedia.org/wiki/Ludolph_van_Ceulen

174   Kurt Vogel: van Ceulen, Ludolph
       In: Neue Deutsche Biographie (NDB). Band 3
       Duncker & Humblot, Berlin 1957
       ISBN 3-428-00184-2, S. 186

175   https://de.wikipedia.org/wiki/Adriaan_van_Roomen

176   https://de.wikipedia.org/wiki/Christoph_Grienberger

177   Joseph F. MacDonnell: Grienberger, Christopher.
       In: Biographical Encyclopedia of 132 Astronomers
       Springer, New York, NY 2014
       ISBN 978-1-4419-9917-7, S. 853–854
       doi:10.1007/978-1-4419-9917-7_548.

178   https://de.wikipedia.org/wiki/Willebrord_van_Roijen_Snell

179   Willebrordus Snellius: Eratosthenes Batavus De Terrae Ambitus
       Vera Quantitate (1617)
       Kessinger Publishing, LLC, 10. Sept. 2010
       ISBN: 978-1166092399

180   Willebrordus Snellius: Tiphys Batavus: Sive, Histiodromice, de Navium Cursibus, Et Re Navali
Nabu Press (23 Feb. 2010)
ISBN: 978-1145224018

181   Dirk Struik: Snel, (Senllius or Snel van Royen) Willebrord
In: Charles Coulston Gillispie (Hrsg.): Dictionary of Scientific Biography.
Band 12: Ibn Rushd – Jean-Servais Stas. Charles Scribner's Sons, New York 1975, S. 499–502

182   https://de.wikipedia.org/wiki/Christiaan_Huygens

183   Hugh Aldersey-Williams: Die Wellen des Lichts
Christiaan Huygens und die Erfindung der modernen Naturwissenschaft
Hanser Verlag, München 2021
ISBN 978-3-446-27170-8.

184   https://en.wikipedia.org/wiki/Horologium_Oscillatorium

185   Wolfgang Schreier (Hrsg.): Biographien bedeutender Physiker
Eine Sammlung von Biographien. 2. Auflage
Volk und Wissen, Berlin 1988
ISBN 3-06-022505-2.

186   Die Musik in Geschichte und Gegenwart
1986 Bd. 6 «Huygens (Familie)».

187   Christiaan Huygens: De Circuli Magnitudine Inventa (1654)
Kessinger Publishing (10 Sept. 2010)
ISBN: 978-1168936165

188   https://de.wikipedia.org/wiki/Thomas_Hobbes

189   https://de.wikipedia.org/wiki/Elementa_Philosophiae

190   Frithiof Brandt: Thomas Hobbes' Mechanical Conception of Nature
Levin & Munksgaard, Kopenhagen 1928.

191   https://www.academia.edu/36646249/Die_mathematische_Kontroverse_zwischen_Thomas_Hobbes_und_John_Wallis

192   https://de.wikipedia.org/wiki/Adam_Adamandy_Kochański

193   https://proofwiki.org/wiki/Mathematician:Jacob_Marcelis

194   https://de.wikipedia.org/wiki/Jean-Étienne_Montucla

195   https://de.wikipedia.org/wiki/Augustus_De_Morgan

196   https://de.wikipedia.org/wiki/Leonardo_da_Vinci

197   https://de.wikipedia.org/wiki/Goldener_Schnitt

198   https://de.wikipedia.org/wiki/Papierformat

199   https://anthrowiki.at/Heilige_Geometrie

200   https://de.wikipedia.org/wiki/Platonischer_Körper

201   Drunvalo Melchizedek: Die Blume des Lebens
Burgrain, 2004, 2 Bände
ISBN 978-3-929512-57-1, ISBN 3-929512-63-7

202   Piontzik, Klaus: Geomantische Geometrie
Books on Demand, Norderstedt, 2022
ISBN : 9783755742111

203   Hans Sedlmayr: Die Entstehung der Kathedrale
VMA Verlag, 1976
ISBN : 978-3451041815

204   https://www.deutsche-biographie.de/sfz55763.html

205   Manfred Lurker: Der Kreis als Symbol: im Denken, Glauben und
künstlerischen Gestalten der Menschheit
Wunderlich Verlag, Stuttgart 1981, ISBN: 978-3805203494

206   https://de.wikipedia.org/wiki/Thomas_von_Cantimpré

207   https://de.wikipedia.org/wiki/Hildegard_von_Bingen

208   https://de.wikipedia.org/wiki/Johannes_Trithemius

209   https://de.wikipedia.org/wiki/William_Blake

210   https://de.wikipedia.org/wiki/Milda_Petrowna_Wikturina

211   https://de.wikipedia.org/wiki/Johannes_Daniel_Mylius

212   Arthur Avalon (alias Sir John Woodroffe):
       Die Schlangenkraft. Die Entfaltung schöpferischer Kräfte im Men-
       schen.
       Verlag Barth, Weilheim 1961.
       Dritte Auflage: O. W. Barth bei Scherz, München 2003,
       ISBN 978-3-502-61044-1.

213   https://de.wikipedia.org/wiki/John_Wallis

214   Adolf Prag: John Wallis – zur Ideengeschichte der Mathematik im
       17. Jahrhundert
       Quellen und Studien zur Geschichte der Mathematik
       Band 1, Heft 3, 1930, S. 381–412

215   John Wallis: de Loquela Tractatus
       Nabu Press, 6. Sept. 2011
       ISBN: 978-1179657714

216   John Wallis: Mechanica sive de motu tractatus geometricus
       William Godbid for Moses Pitt, London, 1671

217   John Wallis: The Arithmetic of Infinitesimals:
       History of Mathematics and Physical Sciences,1656
       Springer, 1st ed. 2004, edition 29. Nov. 2010
       ISBN: 978-1441919229

218   https://de.wikipedia.org/wiki/William_Brouncker,_2.
       _Viscount_Brouncker

219   https://de.wikipedia.org/wiki/James_Gregory_(Mathematiker)

220   James Gregory: Optica promota, seu, Abdita radiorum reflexorum
       & refractorum mysteria, geometrice enucleata cui subnectitur ap-
       pendix, subtilissimorum astronomiae...
       EEBO Editions, ProQuest, 13. Dezember 2010
       ISBN: 978-1171267102

221   James Gregory: Vera Circuli Et Hyperbolæ Quadratura
        Patavii 1667, Heredes Pauli Frambotti Bibliopolae

222   https://math.knox.edu/aleahy/gregory/WORKING/gpu.html

223   https://de.wikipedia.org/wiki/Isaac_Newton

224   https://de.wikipedia.org/wiki/Philosophiæ_Naturalis_
        Principia_Mathematica

225   J. Ph. Wolfers: Sir Isaac Newton's Mathematische Principien der
        Naturlehre
        Berlin 1872, Unveränderter Nachdruck Minerva, 1992
        ISBN 3-8102-0939-2

226   https://de.wikipedia.org/wiki/Gottfried_Wilhelm_Leibniz

227   https://www.cs.uni-potsdam.de/ti/lehre/03-Logik/05-Leibniz.pdf

228   Wolfgang Lenzen: Gottfried Wilhelm Leibniz - Schriften zur Syllo-
        gistik
        Felix Meiner Verlag; 1. Edition (7. Februar 2019)
        ISBN: 978-3-7873-3616-6

229   https://de.wikipedia.org/wiki/Acta_Eruditorum

230   Karl Immanuel Gerhardt: Leibnizens Mathematische Schriften
        Books on Demand (1. Januar 2010)
        ISBN : 978-1142036911

231   https://de.wikipedia.org/wiki/Abraham_Sharp

232   https://de.wikipedia.org/wiki/John_Flamsteed

233   https://en.wikipedia.org/wiki/Joseph_Crosthwait

234   John Flamsteed: Historia Coelestis Britannica, Tribus Vo
        Gale ECCO
        Print Editions, 22. April 2018
        ISBN: 978-1385135334

235   https://de.wikipedia.org/wiki/John_Machin

236 https://en.wikipedia.org/wiki/Thomas_Fantet_de_Lagny

237 https://de.wikipedia.org/wiki/Georg_von_Vega

238 https://de.wikipedia.org/wiki/Vega-Bremiker

239 Georg Freyherr von Vega: Vorlesungen über die Mathematik
Mannheim Tendler, 1822

240 William Oughtred: Theorematum in libris Archimedis de sphaera
et cylindro declarario
Excudebat Leon. Lichfield, veneunt apud Tho. Robinson, 1652

241 Sir Isaac Newton: Analysis Per Quantitatum Series, Fluxiones, Ac
Differentias: Cum Enumeratione Linearum Tertii Ordinis (1711),
Kessinger Publishing, 10. Sept. 2010
ISBN: 978-1165896516

242 William Jones: Synopsis Palmariorum Matheseos: Or, a new Introduction to the Mathematics: Containing the Principles of Arithmetic & Geometry Demonstrated, in a Short ...
Gale Ecco, Print Editions, 22. April 2018
ISBN: 978-1385162583

243 Leonhard Euler: Introductio in analysin infinitorum, 2 Bände, 1748
Nabu Press, Berlin, 28. Januar 2012
ISBN: 978-1273600098

244 https://de.wikipedia.org/wiki/Datei:Introductio1.pdf

245 Leonhard Euler: Institutiones calculi differentialis, 2 Bände, 1755
Nabu Press, Berlin, 7. November 2011
ISBN: 978-1271521203

246 https://en.wikipedia.org/wiki/Institutiones_calculi_differentialis

247 Leonhard Euler: Mechanica Sive Motus Scientia Analytice Ex posi-
ta
Vol. 1: Instar Supplementi Ad Commentar Acad. Scient. Imper
Forgotten Books, London, 3. Juni 2017
ISBN: 978-0282233402

248   Leonhard Euler: Theoria motus corporum solidorum seu rigidorum
        Cornell University Library, 1. Januar 1765
        ISBN: 978-1429742818

249   https://en.wikisource.org/wiki/Solutio_problematis_ad_
        geometriam_situs_pertinentis

250   https://download.uni-mainz.de/mathematik/Algebraische
        Geometrie/Euler-Kreis Mainz/E53.pdf

251   http://eulerarchive.maa.org/docs/translations/E072de.pdf

252   https://de.wikipedia.org/wiki/Johann_Heinrich_Lambert

253   Lambert's Photometrie
        Vol. 2: Photometria, Sive De Mensura Et Gradibus Luminis, Colo-
        rum Et Umbrae 1760; Theil III, IV und V
        Forgotten Books, London, 24. August 2018
        ISBN: 978-0428479428

254   Johann Heinrich Lambert Neues Organon oder Gedanken uber die
        Erforschung und Bezeichnung des Wahren und Dessen Unter-
        scheidung vom Irrthum und Schein
        Nabu Press, Berlin, 20. April 2010
        ISBN: 978-1149054390

255   https://de.wikipedia.org/wiki/Adrien-Marie_Legendre

256   https://de.wikipedia.org/wiki/Legendre-Symbol

257   Adrien-Marie Legendre: Essai sur la Théorie des Nombres,1798
        Cambridge University Press
        Online ISBN: 9780511693199
        DOI: https://doi.org/10.1017/CBO9780511693199

258   https://de.wikipedia.org/wiki/Carl_Friedrich_Gauß

259   Carl Friedrich Gauß: Skizze der Bahnen der Kleinplaneten Ceres,
        Pallas und Vesta.
        In: „Astronomische Untersuchungen und Rechnungen vornehmlich
        über die Ceres Ferdinandea", 1802
        SUB Göttingen: Cod. Ms. Gauß Handbuch 4, Bl. 1

260   https://de.wikipedia.org/wiki/Joseph_Liouville

261   https://de.wikipedia.org/wiki/Satz_von_Liouville_
        (Funktionentheorie)

262   https://de.wikipedia.org/wiki/Liouvillesche_Zahl

263   https://de.wikipedia.org/wiki/Liouville-Funktion

264   https://de.wikipedia.org/wiki/Charles_Hermite

265   https://de.wikipedia.org/wiki/Hermitesche_elliptische
        _Funktionen

266   https://de.wikipedia.org/wiki/Transzendente_Zahl

267   https://de.wikipedia.org/wiki/Ferdinand_von_Lindemann

268   Ferdinand Lindemann: Ueber die Zahl π
        Mathematische Annalen, Band 20, 1882, S. 213–225

269   https://de.wikipedia.org/wiki/Quadratur_des_Kreises

270   https://de.wikipedia.org/wiki/David_Hilbert

271   https://de.wikipedia.org/wiki/Gödelscher_
        Unvollständigkeitssatz

272   https://www.math.uni-goettingen.de/historisches/
        hilbert/rede.html

273   https://de.wikipedia.org/wiki/Srinivasa_Ramanujan

274   https://de.wikipedia.org/wiki/Godfrey_Harold_Hardy

275   https://www.geogebra.org/m/GUe9pATW

276   S. A. Ramanujan: Squaring the circle
        In: Journal of the Indian Mathematical Society 5.
        The Institute of Mathematical Sciences, 1913, S. 132

277   https://de.wikipedia.org/wiki/Jacob_de_Gelder

278   https://de.wikipedia.org/wiki/Ernest_William_Hobson

279   Ernest William Hobson: The First Period. (PDF)
        In: Squaring the Circle, A History of the Problem.
        Cambridge University Press, 1913, S. 35

280   Louis Loynes: 2978. Approximate quadrature of the circle
        The Mathematical Gazette, Volume 45
        Cambridge University Press, 1961, S. 330

281   Georg Innerebner: Zur Quadratur des Kreises
        In: Der Schlern. Band 21, Nr. 11, November 1947, S. 329–331

282   Heinrich Hemme: Die Quadratur des Kreises
        In: Hemmes mathematische Rätsel
        Spektrum.de, 16. April 2020

283   https://de.wikipedia.org/wiki/David_Harold_Bailey

284   https://de.wikipedia.org/wiki/Peter_Borwein

285   https://de.wikipedia.org/wiki/Simon_Plouffe

286   https://en.wikipedia.org/wiki/Integer_relation_algorithm

287   https://de.wikipedia.org/wiki/Bailey-Borwein-Plouffe-Formel

288   https://de.wikipedia.org/wiki/Zacharias_Dase

289   Biedermann Hans: Lexikon der Magischen Künste
        Vma-Vertriebsgesellschaft, 1998
        ISBN : 978-3928127592

290   Skinner, Stephen: Chinesische Geomantie
        Goldmann Verlag, 1983
        ISBN : 978-3442117864

291   Ernest J. Eitel: Feng Shui
        Graham Brash (Pte.) Ltd ,Singapore, 1. Aug. 1996
        ISBN: 978-9812180377

292   Pennick, Nigel: The ancient sciences of Geomancy
        BAS Printers Limited, Hampshire, 1979
        ISBN : 0 500 05032 5

293   Lentz, Andreas: Geomantie/Tiefenökologie
        Neue Erde Verlag, 1998
        ISBN : 3890604854

294   Pogačnik, Marco: Die Erde heilen
        Eugen Diederichs Verlag, 1989
        ISBN : 978-3424009910

295   https://de.wikipedia.org/wiki/Alfred_Watkins

296   Alfred Watkins: The Old Straight Track: The classic book on ley
        lines
        Abacus, 1 Jan. 1988
        ISBN: 978-0349137070

297   John Michell: The View Over Atlantis
        ABACUS, London, 1 Jan. 1973
        ASIN: B0007AZMZQ

298   John Michell: New View Over Atlantis: The Essential Guide to Me-
        galithic Science, Earth Mysteries, and Sacred Geometry
        Hampton Roads Pub Co Inc
        Revised edition, 1 Nov. 2013
        ISBN: 978-1571747082

299   https://en.wikipedia.org/wiki/Nigel_Pennick

300   https://en.wikipedia.org/wiki/John_Michell_(writer)

301   https://en.wikipedia.org/wiki/Paul_Devereux

302   https://de.wikipedia.org/wiki/Wilhelm_Teudt

303   https://de.wikipedia.org/wiki/Herman_Wirth

304   Pennick, Nigel: Hitlers secret scienes
        Neville Spearman Limited, 1981
        ark:/13960/t3zs7c83g

305   Joseph Heinsch: Vorzeitliche Ortung in kultgeometrischer Sinndeutung
       Allgemeine Vermessungs-Nachrichten
       Heft 22+23, Jahrgang 1937

306   Joseph Heinsch: Vorzeitliche Raumordnung als Ausdruck magischer Weltschau
       Moers, 1959

307   https://de.wikipedia.org/wiki/Forschungsgemeinschaft_
       Deutsches_Ahnenerbe

308   Wilhelm Teudt: Germanische Heiligtümer
       Severus Verlag
       ISBN : 978-3863476526

309   E. Carmin: Das schwarze Reich
       Heyne Verlag
       ISBN : 9783453160187

310   Jens M. Möller: Geomantie in Mitteleuropa
       Aurum Verlag, 1988, Braunschweig
       ISBN : 3-591-08272-4

311   https://de.wikipedia.org/wiki/Walther_Machalett

312   Walther_Machalett: Die Externsteine; Arbeits- und Mitteilungsblatt eines Forschungskreises für die Vor- und Frühgeschichte der Externsteine im Teutoburger Wald
       Heft 1-17 ; Heft 1: Mai 1965
       Heft 2: Februar 1966 – 1 Jan. 1965
       Hallonen-Verlag, Maschen, 1 Jan. 1965
       ASIN: B0BT6VDN42

313   https://de.wikipedia.org/wiki/Externsteine

314   https://de.wikipedia.org/wiki/Bottrop

315   https://de.wikipedia.org/wiki/Gauß-Krüger-
       Koordinatensystem

316   https://de.wikipedia.org/wiki/Rathaus_Bottrop

317   https://de.wikipedia.org/wiki/Essener_Münster

318   https://www.gladbeck.de/sport_freizeit/wittringen/
       ehrenmal.asp

319   https://de.wikipedia.org/wiki/Wewelsburg

Wikipedia   https://de.wikipedia.org/wiki/Wikipedia:Hauptseite

ERGÄNZENDE LITERATUR

Jörg Arndt
Christoph Haenel   Pi – Algorithmen, Computer, Arithmetik
                                     Springer, Berlin 1998, 2000

Bauer, Wolfgang
Dümotz, Irmtraud
Golowin, Sergius   Lexikon der Symbole
                                     Fourier Verlag 2002

Beckmann, Petr   A History of Pi
                                     St. Martin`s Press 1971

Berggren, Lennart
Borwein, Jonathan
Borwein, Peter   Pi: A Source Book
                                     Springer Verlag, New York 1997

Jonathan M. Borwein
Peter B. Borwein   Pi and the AGM
                                     Wiley Interscience, New York 1998

Eugen Beutel   Die Quadratur des Kreises
                                     2. Auflage. Teubner, Leipzig 1920

Blatner, David π, Magie einer Zahl
                                     Rowohlt Verlag 1997

Keith Devlin   Sternstunden der modernen Mathematik
                                     DTV, München 1992

Moritz Cantor   Vorlesungen über Geschichte der
                                     Mathematik
                                     Teubner, Leipzig 1880-1908 (4 Bände)

Egmont Colerus   Vom Einmaleins zum Integral
                                     Mathematik für Jedermann
                                     Rowohlt, Reinbek 1974, 1982

Delahaye, Jean-Paul π - Die Story
                                     Birkhäuser Basel 1999

Helmuth Gericke	Mathematik in Antike und Orient Springer, Berlin 1984
Helmuth Gericke	Mathematik im Abendland Springer, Berlin 1990
Paul Albert Gordan	Transcendenz von e und π In: Mathematische Annalen 43 (1893), S. 222 - 224
David Hilbert	Ueber die Transcendenz der Zahlen e und π In: Mathematische Annalen 43 (1893), S. 216 - 219
Paul Karlson	Vom Zauber der Zahlen. Eine unter- haltsame Mathematik für jedermann 8., völlig neu überarb. Auflage Ullstein, Berlin 1965.
Thomas Little Heath	A History of Greek Mathematics Band 1 Clarendon Press, Oxford 1921 Nachdruck: Dover, New York 1981
Ferdinand Lindemann	Über die Zahl π In: Mathematische Annalen 20 (1882), S. 213 - 225
Klaus Mainzer	Geschichte der Geometrie Bibliographisches Institut, Mannheim u.a. 1980
Jakow I. Perelman	Unterhaltsame Geometrie Volk und Wissen, Berlin 1962 Reinhardt, Fritz
Soeder, Heinrich	dtv-Atlas zur Mathematik dtv Verlag 1976

Ferdinand Rudio

Archimedes, Huygens, Lambert, Legendre
Vier Abhandlungen über die Kreismessung
Teubner, Leipzig 1892

Strathern, Paul

Archimedes & der Hebel
Fischer Verlag 1999

Heinrich Tietze

Mathematische Probleme. Gelöste und ungelöste mathematische Probleme aus alter und neuer Zeit
Vierzehn Vorlesungen für Laien und Freunde der Mathematik
C. H. Beck, München 1990

Theodor Vahlen

Beweis des Lindemann'schen Satzes über die Exponentialfunction
In: Mathematische Annalen 53 (1900), S. 457 – 460

Über den Autor

Klaus Piontzik (*1954) ist Ingenieur der Elektrotechnik, Mathematiker und Autor. Er kann auf eine etwa 30-jährige Laufbahn als Projektingenieur im industriellen Bereich und als Entwickler von Mikroprozessor-Systemen zurückblicken.

Seit 1976 forscht er in den Bereichen Informatik (KI), Mathematik (Geometrie) und der Physik (Magnetfelder).

In den letzten dreißig Jahren kamen noch die Geodäsie (Gestalt der Erde) bzw. Geophysik (Magnetfeld der Erde) und die Geobiologie sowie die Geomantie hinzu.

Seine Tätigkeiten sind ein interdisziplinärer Versuch, der zeigen soll wie die Grenzen der Naturwissenschaft ausgedehnt werden können, um auch Bereiche zu betrachten die bisher als esoterisch oder pseudowissenschaftlich galten, wie z.B. Teile der Geomantie (Landschaftsstrukturen als Teilgebiet der historischen Forschung) oder der Radiästhese (Hartmann Gitter, Curry Gitter, Benker-Kuben-System, Wittmannsche Polpunkte als Subsysteme des Erdmagnetfeldes) oder das UFO-Phänomen.

Seit 2001 kam noch die Tätigkeit als Webautor mit PiMath – Naturwissenschaftliche Randgebiete und seit 2006 als Buchautor hinzu.

Folgende Bücher sind im Buchhandel erhältlich:

Gitterstrukturen des Erdmagnetfeldes
Planetare Systeme der Erde 1
Planetare Systeme der Erde 2
Konvertierung DNA in Farben und Töne
Zur Geschichte der Zahl π
Wahrscheinlichkeiten in der Galaxie für Leben, Intelligenz und Zivilisation
Alien-Hypothese
Neues aus UMMO
Geomantische Geometrie
Bottrops geheime Architektur
Sonnenring am Bodensee
Paul Schultze-Naumburg und die Saalecker Werkstätten
Odysseus 2013

Ein Teil der Bücher ist auch im Internet zugänglich:

www.klaus-piontzik.de
www.pimath.de
www.die-alien-hypothese.de
www.wahrscheinlichkeiten-in-der-galaxie.com
www.odysseus2013.de
www.pimath.eu (Gitterstrukturen des Erdmagnetfeldes)
www.planetare-systeme.com